国家科技重大专项《四川盆地及周缘页岩气形成富集条件、选区评价技术与应用》（2017ZX05035）资助

海相页岩层理及孔隙特征

施振生　孙莎莎　编著

石油工业出版社

内容提要

该书以详实的资料系统阐述了黑色海相页岩层理的基本概念及研究方法，并以四川盆地南部上奥陶统—下志留统五峰组—龙马溪组黑色页岩为例，详细展示了黑色页岩层理类型、典型特征、不同层理类型的平面分布和纵向演化、不同层理和纹层的成因机制、不同层理页岩的储层特征及差异性，对细粒储层地质学和细粒沉积学的建立及页岩气勘探评价等方面都具有借鉴参考意义。

本书可供从事页岩油气勘探与开发研究的地质人员及石油与地质院校相关专业师生参考。

图书在版编目（CIP）数据

海相页岩层理及孔隙特征 / 施振生等编著．—北京：石油工业出版社，2022.2

ISBN 978-7-5183-5274-6

Ⅰ.①海… Ⅱ.①施… Ⅲ.①海相–页岩–孔隙储集层–研究–中国 Ⅳ.① P618.130.2

中国版本图书馆 CIP 数据核字（2022）第 046152 号

出版发行：石油工业出版社
（北京安定门外安华里 2 区 1 号　100011）
网　　址：www.petropub.com
编辑部：（010）64222261　图书营销中心：（010）64523633
经　　销：全国新华书店
印　　刷：北京中石油彩色印刷有限责任公司

2022 年 2 月第 1 版　2022 年 2 月第 1 次印刷
889×1194 毫米　开本：1/16　印张：13.5
字数：380 千字

定价：150.00 元
（如出现印装质量问题，我社图书营销中心负责调换）
版权所有，翻印必究

前言

"页岩"这个术语由 Hooson（1747）首次提出，用以代指已固结的、纹层状的黏土质岩。目前该术语使用非常广泛，统一代指由粒径小于 62.5μm 的细粒沉积物构成的岩石。相关文献中，常见的类似术语有泥质板岩（Argillite）、黏土（Clay）、黏土岩（Claystone）、泥（Mud）、泥岩（Mudrock，Mudstone）、泥质岩（Pelite）、粉砂（Silt）、粉砂岩（Siltstone）、板岩（Slate）和瓦克岩（Wacke）。页岩地表分布广泛，约占沉积岩分布面积的 2/3。它是一种特殊的"语言"，记录了大量地球历史信息，是恢复古构造、古气候及古水体性质的关键。页岩是全球最重要的"碳汇"，影响和控制着全球碳埋藏和碳循环，进而影响全球气候变化和海洋循环。黑色页岩中蕴藏着大量石油、天然气、金属矿产及非金属矿产，构成油气矿产的烃源岩、储层或盖层，决定并改变着全球的能源格局。

与粗碎屑岩和碳酸盐岩相似，黑色页岩中也发育层理构造，从而造成其矿物成分、结构、颜色纵向差异。黑色页岩形成环境复杂，因而层理类型多样。层理的形成与物源性质、搬运营力、水体性质及古生物活动等因素有关，任一因素变化均可留下相应记录，从而造成页岩储层各向异性，并影响体积裂缝扩展规律及体积压裂效果。

近年来，随着非常规油气资源工业化勘探开发的快速发展，非常规油气地质学理论体系逐步建立，"非常规油气沉积学"的概念也得以提出。非常规油气沉积学研究对象是细粒沉积（物）岩，通过分析沉积物质组分、沉积构造等，构建沉积岩形成过程、成因模式及事件沉积等。层理作为细粒沉积构造的一种重要类型，是再现细粒沉积过程和沉积环境的重要依据。

黑色页岩由于粒度细，外形似均质，野外和岩心难以深入描述，再加上黏土矿物含量高，易风化，从而造成多年来地质学家一直只用均质状或块状层理来简单描述其层理类型。针对这一难题，一些地质学家尝试采用试管、沉淀箱及线性再循环水槽等模拟手段来认识页岩层理类型

前言

及成因，这些工作都对认识层理成因起到关键作用。近年来，以 Schieber 等为代表的一些地质学家，创新性地采用环形水槽实验方法，研究结果彻底改变了传统思维，为认识页岩层理类型复杂性和多样性开启了另一扇窗。

本书正是对这些年来国内外页岩层理类型及其成因机理研究的全面系统的总结，也是针对川南地区五峰组—龙马溪组页岩层理对储层控制研究的一部重要专著。

本书共分五章：第一章论述了黑色页岩层理的基本概念、研究意义及研究方法；第二章论述了层理类型、不同层理纵向演变及成因机理；第三章系统展示了长宁双河剖面五峰组—龙马溪组层理类型及照片；第四章系统展示了川南地区五峰组—龙马溪组典型井的层理类型及照片；第五章论述了五峰组—龙马溪组不同层理页岩的储层孔隙特征及差异性成因机制。

本书在撰写过程中得到中国科学院邹才能院士的指导和帮助，以及中国石油勘探与生产分公司、中国石油西南油气田分公司领导和专家的支持，研究团队王红岩教授和董大忠教授等对书稿提出了宝贵的意见，邱振高级工程师和卢斌工程师、张晨晨工程师在样品采集中做了大量工作，北京天和信技术服务有限公司为测试分析提供了大量帮助，国家油气科技重大专项项目（编号：2017ZX05035）给予了经费资助，在此一并致以最衷心的感谢。

由于四川盆地五峰组—龙马溪组页岩气储层特征复杂、资料有限，加之笔者水平有限，不妥之处，敬请批评指正！

目录

第一章 黑色海相页岩层理基本概念及研究方法 ·········· 1
第一节 层理基本概念 ·········· 1
第二节 层理研究步骤及方法 ·········· 7

第二章 川南地区五峰组—龙马溪组层理及孔隙特征 ·········· 15
第一节 层理类型及特征 ·········· 15
第二节 不同层理纵向演化及平面分布 ·········· 26
第三节 不同层理成因机制探讨 ·········· 28

第三章 长宁双河剖面五峰组—龙马溪组层理照片 ·········· 30
第一节 五峰组主要层理类型照片 ·········· 31
第二节 龙马溪组主要层理类型照片 ·········· 99
第三节 五峰组—龙马溪组层理类型纵向演化 ·········· 143

第四章 典型井五峰组—龙马溪组层理照片 ·········· 144
第一节 威202井主要层理类型照片 ·········· 144
第二节 宁211井主要层理类型照片 ·········· 148
第三节 宁212井主要层理类型照片 ·········· 154
第四节 自201井主要层理类型照片 ·········· 155
第五节 阳101H3-8井主要层理类型照片 ·········· 161

第五章 五峰组—龙马溪组不同层理页岩储层特征 ·········· 180
第一节 孔隙类型及特征 ·········· 180
第二节 泥纹层和粉砂纹层储层特征 ·········· 185
第三节 不同层理页岩储层特征 ·········· 193
第四节 不同层理储层差异性成因 ·········· 198

参考文献 ·········· 200

第一章　黑色海相页岩层理基本概念及研究方法

第一节　层理基本概念

一、页岩物质来源

1. 生物成因

海洋环境中，生物成因沉积物主要有两种来源：一是生活于水体中或沉积物—水界面处生物的残骸，二是透光带中初级生产力生产的有机碳。生物活动主要有浮游植物季节性生长、细菌作用和底栖生物扰动。海洋环境中，浮游植物的生长常呈现季节变化，甚至在某一季节勃发（刘东生等，1998；Macquaker 等，2010）。藻类勃发期，其他属种生物生长由于光线、营养物质等缺乏而受到严重抑制。藻类勃发之后可以分解出大量生物骨骼和有机质，从而形成富有机质层和富生物骨骼层。细菌对纹层的形成和改造也会起一定的作用，甚至可以形成深水微生物席，构成纹层（Schieber 等，1999）。另外，细菌的活动能够在沉积物表面聚集多种金属，在沉积速率很低的情况下，可形成富金属尤其是富铁纹层（王冠民和钟建华，2004）。细粒物质形成之后，底栖生物可以在此殖居，对其进行改造和破坏。生物扰动强度与水体含氧量、沉积物沉积速率、沉积物有机质含量等因素有关（胡斌等，1997）。水体含氧量越高、沉积速率和有机质含量越低，生物扰动越强；水体含氧量越低、沉积速率和有机质含量越高，生物扰动越弱。

2. 生物化学成因

海洋环境中，生物化学成因物质主要指由底栖微生物群落通过捕获与粘结碎屑沉积物，或者经与微生物活动相关的无机或有机诱导矿化作用在原地形成的沉积物（岩）（杨孝群和李忠，2018）。其物质成分可由碳酸盐岩、磷块岩、硅质岩、铁岩、锰岩和有机质页岩组成，也可由硫化物、黏土岩和各种碎屑岩组成。其中，微生物碳酸盐岩最为发育。

微生物是所有形体微小的单细胞或个体结构较为简单的多细胞、甚至无细胞结构的低等生物的总称。自地球历史早期，微生物便广泛存在于沉积物表面及内部，广泛参与沉积物的生产、沉积及成岩。微生物类型多样，包括光合原核生物（蓝细菌）、真核微体藻类（如褐藻、红藻、硅藻等）、化学自养或异养微生物（如硫细菌等），以及一些后生物（如介形虫及甲壳类等）（韩作振等，2009）。细菌对页岩物质的形成和改造也会起一定的作用，甚至可以形成深水微生物席，构成纹层（Schieber，1999；Perri 和 Tucker，2018）。另外，细菌的活动能够在沉积物表面聚集多种金属，在沉积速率很低的情况下，可形成富金属尤其是富铁纹层。

3. 碎屑成因

细粒沉积物除了生物化学成因以外，还有碎屑成因。碎屑成因沉积物主要来源于土壤的物理和化学风化产物，少量来源于火山灰（Potter 等，1980）和陆源有机质（Aplin 和 Macquaker，2001）。前人研究表明，下古生界及更年轻土壤层的风化作用产物主要是黏土矿物、石英及少量长石和岩屑组分。硅质碎屑组分中，黏土级颗粒（<2μm）矿物主要为黏土矿物，其多来源于化学风化作用，而粉砂级

颗粒（2～62.5μm）矿物成分主要为石英，其多来源于物理风化作用（Aplin和Macquaker，2011）。碎屑成因沉积物通过水系输入海洋，在水体分层的情况下，随入盆水流输入的碎屑物质可以沿着温跃层或密跃层呈平流或层间流的方式运移至整个深水区。在一定的水体环境条件下，这些平流物质克服自身的内聚力和水体摩擦力沉积下来。内聚力和摩擦力对正常的平流悬移状态起保护作用，免受气候驱动力影响，直到处于某种决定性的机械沉积临界值为止。

二、颗粒类型、搬运方式及沉降机理

1. 颗粒类型

细粒物质可以单颗粒、絮凝颗粒、泥岩内碎屑、岩屑、有机—矿物集合体（"海洋雪"）及浮游动物粪球粒的形式搬运和沉积。现代泥质沉积粒径分析表明，粒径小于10μm的颗粒可通过范德华力结合成絮凝颗粒进行搬运（Winterwerp，2002），絮凝作用受溶液浓度及紊流强度影响（Schieber等，2007）。絮凝颗粒与粒径大于10μm的单颗粒一起构成细粒沉积重要组分。细粒沉积含有大量泥质内碎屑，其由表层泥质侵蚀而成，形状为不规则到圆状，粒径为几十微米到几厘米（Abouelresh，2013；Plint，2013）。泥质内碎屑搬运受含水量影响，含水量越低，搬运过程中越不易分解。而成壤集合体及再改造的冲积泥壳虽然含水量低（含水量一般为30%～40%），但并不适合长距离搬运（Rust和Nanson，1989；Muller等，2004）。来源于完全固化岩石碎片的泥岩岩屑在现代及古代泥质沉积物中也普遍存在，其能够以底载荷的形式搬运几百千米到几千千米（Schieber，2016）。有机—矿物集合体由分散的无定形有机质、黏土级颗粒和黄铁矿组成，其也构成细粒沉积的重要组分（Silver等，1978；Alldredge和Gotschalk，1990）。在现代海洋中，当有机—矿物集合体粒径大于500μm时称为"海洋雪"，当粒径小于500μm时称为植物腐殖质（Macquaker等，2010）。这些聚合体通过浮游动物分泌的胞外多糖、颗粒间的电化学吸引和不规则颗粒之间物理连结结合在一起，含水量与絮凝颗粒相似。粪球粒由浮游生物的排泄物形成，有机质含量高，构成细粒沉积的重要组分（Turner，2002；Macquaker等，2010）。

2. 搬运动力

细粒沉积存在风力、低密度流、重力和底流四大搬运营力（Stow等，2001；Schieber等，2016）。风力搬运存在沙尘暴（Middleton和Goudie，2001；Werne等，2002；Sageman等，2003）和火山灰两种方式，沙尘暴的形成需要大面积分布的物源区和合适的信风模式，而火山灰的形成与火山喷发有关，并可在区域上形成良好标志层（苏文博等，2006）。低密度流搬运常形成于河流入海处，搬运距离一般为几十千米（Warrick等，2007；Falcieri等，2014），甚至可达上百千米（Weight等，2011）。重力搬运有三种类型，即与河流三角洲相伴生的浊流搬运、波浪和水流引发的重力流搬运及风暴作用引发的离岸流搬运。浊流的形成常与三角洲前缘滑塌、河流的异常洪水作用及小型干旱河流产生的高密度流有关（Mulder和Syvitski，1995），地形坡度通常大于0.7°，搬运距离一般为几千米（Pattison，2005）。波浪和水流引发的沉积物重力流与底层泥质沉积物再活化有关（Kineke等，2000），在重力驱动下，可沿坡度为0.03°的斜坡离岸搬运（Ogston等，2008；Macquaker等，2010），并形成正粒序（Martin等，2008）或"三层序列"（Macquaker等，2010）。风暴作用引发的离岸流形成的沉积物远端主要或完全由泥质组成，形成地形坡度为0.03°～0.7°（Plint，2014）。由于受风暴浪基面的限制，以上营力搬运泥质沉积物的距离均很有限，一般小于100km。而对于陆缘海或陆表海上千千米的细粒沉积物搬运，风或潮汐引发的底流起到关键作用，其搬运距离可达1000km以下。同时，多级别的海平面升降旋回也有一定的影响（Schieber，2016）。

3. 剥蚀机理

细粒物质的剥蚀主要受颗粒间粘合力及泥岩固结程度控制，粒径和水流速度并未起到主要控制作用。由于颗粒间粘合力作用，泥质剥蚀所需流速比细砂还大，甚至达到砾石级颗粒的程度。研究表明，泥岩起始剥蚀速度受多种因素影响，包括固结程度（Southard 等，1971；Lonsdale 和 Southard，1974）、黏土矿物类型、空隙比、剪切力，以及其经历的地质过程。对于不同的黏土矿物，在给定的剥饵速度下，伊/蒙混层起始流速最快，高岭石最难剥蚀。泥质的起始剥蚀速度与其沉淀时悬浮溶液浓度（Kämpf，2014）、沉降和固结过程中形成的结构及非均质性分布状况等（Einsele 等，1974）有关。另外，生物因素及有机质也有重要影响，生物扰动强度增加，起始剥蚀速度下降；而对于无生物扰动泥岩，生物席、海草密度、硅藻种群密度及有机质含量对泥质沉积物具有稳定作用（Schieber，1998，1999），有机质含量增加，起始剥蚀速度增大（Young 和 Southard，1978；Schünemann 和 Kühl，1993）。

4. 沉降方式

细粒物质主要有两种沉降方式，第一种是在静水、水体分层的环境中，细粒物质以悬浮物的形式从水体中垂直沉降下来；第二种是在流动水体中，细粒物质以絮凝物的形式从水体中沉积下来，其最大水流流速可达 35cm/s（Schieber 等，2007）。对于第一种沉降方式，洪水作用、浊流作用和高初级生产力区形成的大量细粒物质以羽状流形式在水体中搬运（Macquaker 和 Bohacs，2007）。在特定的水体环境中，由于水体 pH 值、Eh 值、水体盐度等水化学环境变化，细粒物质发生沉降（图 1-1）。

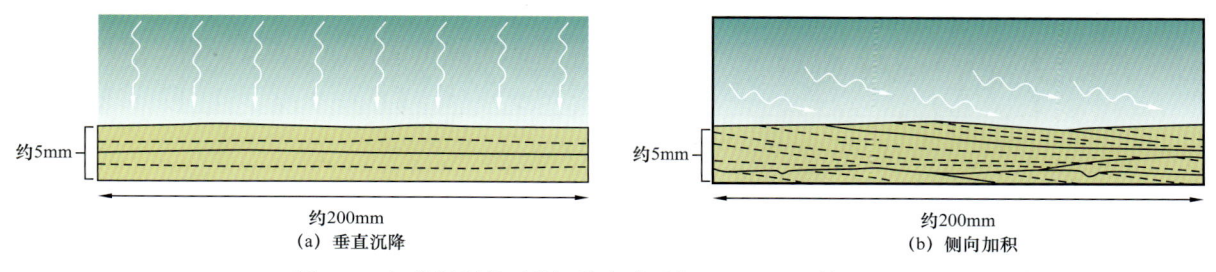

图 1-1 细粒沉积的两种沉降方式（据 Macquaker 等，2010）

(a) 垂直沉降　(b) 侧向加积

静水并非细粒物质沉降的必要条件（Rine 和 Ginsburg，1985；Schieber，2011）。在流速为 15～30cm/s 的水体中，陆源碎屑泥（Macquaker 和 Bohacs，2007；Wright 和 Marriott，2007）、不同类型的黏土及碳酸盐泥（Schieber 等，2013）等在蒸馏水、淡水及海水中均可发生絮凝沉降，沿水槽底部迁移并形成波纹（Schieber 等，2007）。随着时间迁移，波纹迁移可产生侧向堆积，并形成下超、削截和上超等沉积构造。细粒物的絮凝受流体浓度、层剪切力、沉降速度及紊流作用强度等因素控制。随着时间推移，絮凝颗粒逐渐增大，并达到最大平衡直径（Schieber，2011）。当絮凝颗粒强度足够抗拒层面剪切力时，颗粒便发生沉降。研究表明，在给定的水体浓度和盐度下，不同黏土矿物关键沉降速率非常相似（Schieber，2011）。随着水流速度和层面剪切力下降，絮凝颗粒粒径增大。当泥质悬浮物达到关键沉积速率时，悬浮沉积物浓度持续降低，越来越多的絮凝颗粒降到水底，并以底载荷方式移动。随着流速进一步降低，底部絮凝颗粒移动越来越慢，更多沉积物沉降并以底载荷形式搬运，交通阻塞自然发生并形成波纹。

三、层理基本术语

黑色页岩地层按其成因及规模，可细分为纹层（Lamina）、纹层组（Lamina set）和层（Bed）三个基本构成单元（Campbell，1967）。多个纹层构成纹层组，单个或多个纹层组构成层（图 1-2）。

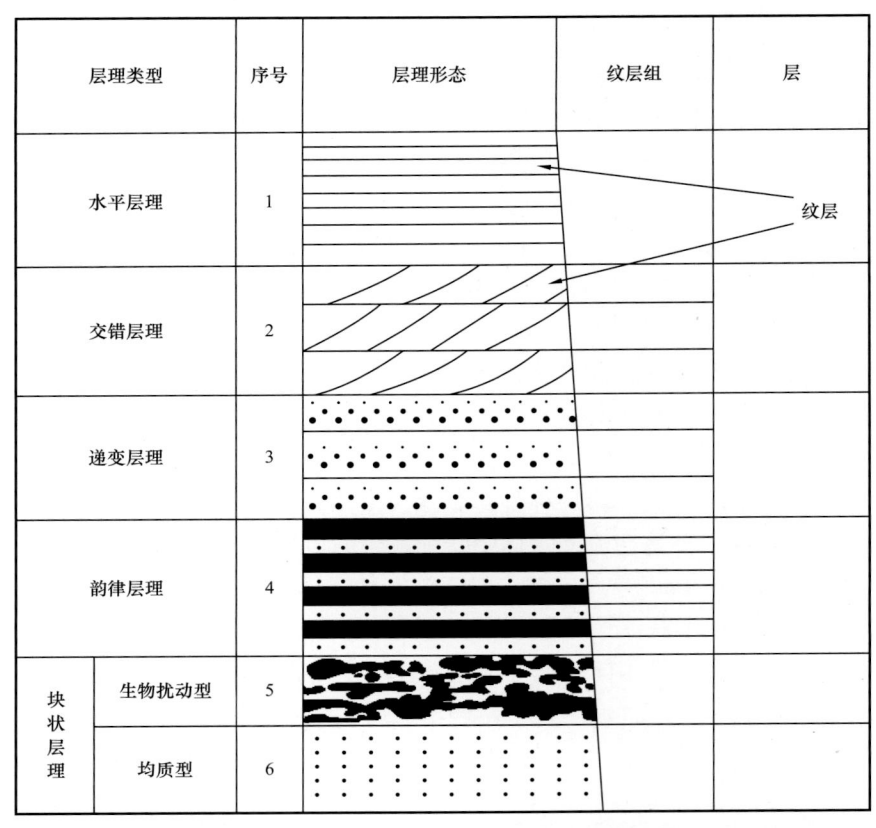

图 1-2 海相黑色页岩层理的基本类型及组成单元（据冯增昭，1994，有修改）

1. 纹层（Lamina）

纹层是肉眼可识别的最小的层，其内部不可细分（Campbell，1967），单层厚度一般在几毫米以内。纹层的顶、底界面为剥蚀面（Erosion surface）或停积面（Nondeposition surface）。单个纹层内部，物质组成和结构相对均一。纹层的侧向延伸范围比包裹它的层要小（流水波纹形成的纹层延伸长度仅几厘米，而深水沉积形成的纹层延伸长度可达几十米）。

描述纹理时，纹层的连续性（Continuity）、形态（Shape）和几何关系（Geometry）是关键。在单个层内部，纹层连续性可分为连续型（Continuous）或非连续型（Discontinuous），形态可分为板状（Planar）、波状（Wavy）和弯曲状（Curved），几何关系可分为平行（Parallel）或非平行（Nonparallel）。

通常认为，纹层的形成时间间隔较包裹它的层要短，一般为几秒钟到几年，仅为地质概念上的"一瞬间"，其成因通常为某一主控沉积作用的某一沉积事件或流动（如：底流对边界层的冲刷，波浪振荡流，浮游或底栖生物的季节性生长，半远洋悬浮沉积物沉积或风成沉积）的微弱变化。

2. 纹层组（Lamina set）

由纹层组界面限定的一组成因相关的纹层组合。通常，在单一层内，同一纹层组的物质组成、结构和几何关系均相似且相互整合。泥岩中，纹层组厚度一般为几毫米到几厘米，侧向延伸范围小于包裹它的层。水流波纹形成的纹层组延伸长度一般为几厘米，而某些浊流沉积层的延伸长度可达几百米。细粒沉积主要发育水流和浪成波纹纹层组，浊流沉积层纹层组也较普遍（如鲍马序列 A、B、C、D、E 层），其形成时间要短于包裹它的层。

3. 层（Bed）

层由一组相对整合且成因相关的纹层或纹层组构成，其顶、底界面为剥蚀面、停积面或相对整合面。细粒沉积岩中层相对较薄，一般为几毫米至几十厘米，其没有绝对的最大厚度和最小厚度。侧向延伸范围为几米到几千米。

同一个层内部，物质组成和结构可以均一或非均一、韵律性变化或规律性渐变。均一或非均一的层可能由沉积作用形成，也可能是生物扰动作用的结果。韵律性变化层可能由两种或两种以上不同成分的纹层组成。递变层是规律性渐变层的典型代表。相邻层的岩相和组分可以相同，同一层也可以由一种或几种岩石类型组成。

层界面是识别和划分层的关键，其形态可为板状、波状或弯曲状，不同层之间界面可表现为特殊的地层终止关系（剥截、上超和下超）、殖居的存在或岩相的变化。由于沉积过程没有形成分层或沉积后期生物扰动作用或植物根茎作用，单个层内部可以没有任何结构变化。另外，当同一个层内部物质组成和结构差异非常小，层内部也可表现为没有任何结构变化。

4. 层组（Bed set）

层组由两个或两个以上相互叠置的层构成，不同层之间物质组成、结构和沉积构造相似。其顶、底界面由层组界面界定，其中，顶底界为最上面层的顶界面，底界面为最下面层的底界面。层组的厚度为各层的累计厚度，且某一层组之上和之下的层的物质组成、结构和沉积构造与该层组不同。同一层组内，各个层相互重叠，但不存在韵律性。

四、层理描述要素

单个纹层研究应包括组成、结构和构造三个方面（表1-1、图1-3）。纹层组成的关键属性是无机矿物（碎屑矿物）、有机质、孔隙和颗粒类型。无机矿物研究关键是确定各矿物类型及其相对含量，并探讨其成因。有机质可分为陆源有机质和内源有机质，研究重点是确定有机质类型、丰度和成熟度。细粒沉积以纳米孔隙为主，研究关键是确定孔隙类型、孔隙结构与孔隙度。颗粒类型分为简单颗粒和复合颗粒，复合颗粒包括絮凝颗粒、泥质内碎屑、岩屑、有机—矿物集合体及浮游动物粪球粒等。露头和岩心观察阶段，可通过肉眼观察法（颜色、断口、光泽度、硬度）和盐酸法初步判断碎屑矿物组成。室内分析阶段，要借助聚集离子束扫描电镜、常规扫描电镜、能谱、阴极发光等手段来确定碎屑矿物的组成、有机质、孔隙和颗粒类型。

表1-1 细粒沉积纹层关键属性

组成单元	关键属性	研究内容	研究方法
纹层	组成	无机矿物（碎屑矿物）	矿物类型、相对含量	野外阶段：盐酸法、肉眼观察法 室内阶段：常规扫描电镜、能谱、阴极发光、聚集离子束扫描电镜、感应炉、岩石热解
		有机质	有机质类型、丰度和成熟度	
		孔隙	孔隙类型、孔隙结构和孔隙度	
		颗粒类型	简单颗粒、复合颗粒	
	结构	颗粒粒径	细泥岩、中泥岩、粗泥岩	野外阶段：刻痕法、手感法、口尝法 室内阶段：聚集离子束扫描电镜
	构造	纹层形态	板状、弯曲状、波状	野外阶段：肉眼观察法 室内阶段：大薄片观察
		连续性	连续型、断续型	
		叠置关系	平行、非平行	

续表

组成单元	关键属性		研究内容	研究方法
纹层组	组成	纹层组成	各纹层相对含量与变化	室内阶段：X射线衍射全岩、X射线衍射黏土矿物、大薄片
	结构	颗粒粒径	细泥岩、中泥岩、粗泥岩	野外阶段：刻痕法、手感法、口尝法 室内阶段：X射线衍射全岩、X射线衍射黏土矿物
	构造	界面形态	板状、弯曲状、波状	野外阶段：肉眼观察 室内阶段：大薄片观察
		连续性	连续型、断续型	
		叠置关系	平行、非平行	
		粒度变化	正递变、反递变、均质状	
层	组成	纹层或纹层组组成	各纹层或纹层组相对含量与变化	室内阶段：X射线衍射全岩、X射线衍射黏土矿物、大薄片
	结构	颗粒粒径	细泥岩、中泥岩、粗泥岩	野外阶段：刻痕法、手感法、口尝法 室内阶段：X射线衍射全岩、X射线衍射黏土矿物
	构造	纹层组耦合	相似耦合、相关耦合	野外阶段：肉眼观察 室内阶段：大薄片观察
		界面形态	板状、弯曲状、波状	
		界面清晰性	清晰、欠清晰	

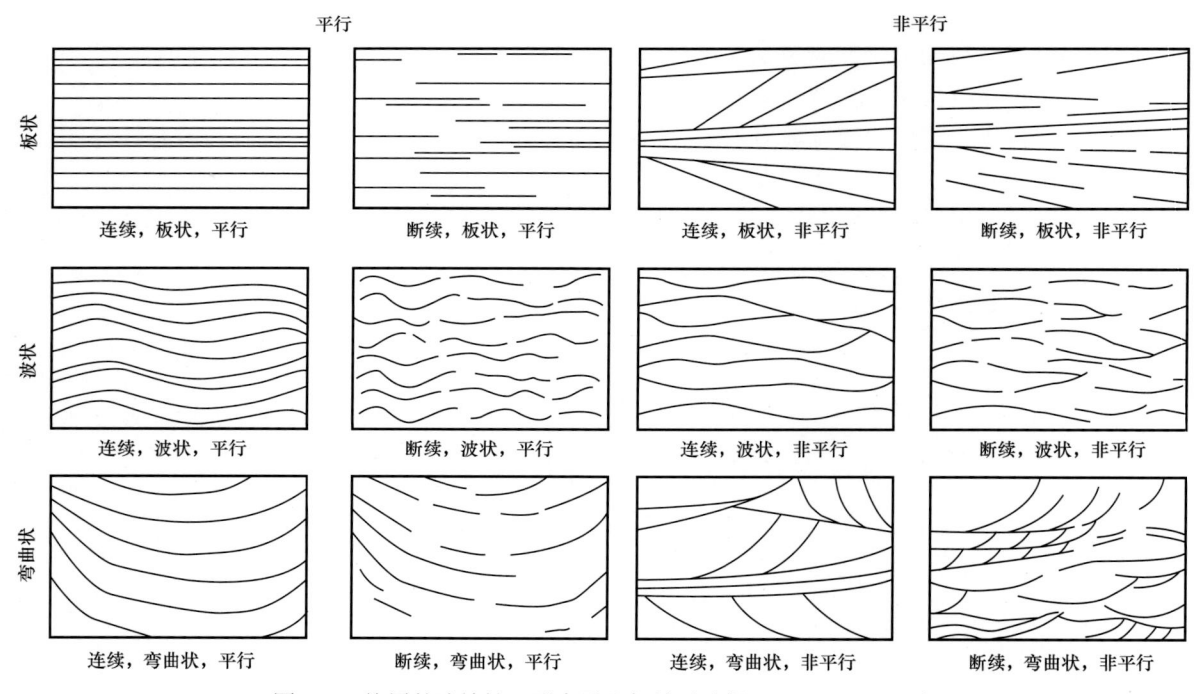

图 1-3 纹层的连续性、形态及几何关系（据 Campbell，1967）

纹层结构的关键属性是颗粒粒径（表1-1）。露头和岩心观察阶段，可通过刻痕法、手感法、口尝法等来确定。刻痕法是用尖锐金属刻蚀样品表面，观察刻痕和粉末颜色；细泥岩（小于8μm）刻痕具油脂光泽、粉末为黑色，粗泥岩（32~62.5μm）刻痕色泽暗淡、粉末为灰白色，中泥岩（8~32μm）介于二者。手感法是用手触摸露头和岩心新鲜面，根据触觉差异判断颗粒粒径；细泥岩手感细腻，粗泥岩手感粗糙，中泥岩介于二者。口尝法是用嘴咀嚼泥岩，根据口感差异判断颗粒粒径；细泥岩口感细腻，粗泥岩口感粗糙，中泥岩介于二者。室内分析阶段，要借助聚集离子束扫描电镜，观察颗粒外部形态和内部构成，判断颗粒类型。

纹层构造关键属性包括纹层形态、连续性和叠置关系（表1-1）。纹层形态包括板状、弯曲状和波状三类。板状纹层呈平直板状，纹层厚度一致或变化；弯曲状纹层呈单向变化，纹层厚度一致或差异；波状纹层呈多向变化，纹层厚度一致或差异。纹层形态与流体性质、水动力条件及沉降方式等有关：板状纹层常形成于较强的单向水流条件或静水悬浮沉降；弯曲状纹层常与单向水流底载荷搬运或波浪振荡流有关，水体能量较高；波状纹层常与波浪振荡流有关，水流能量相对中等至较低。纹层连续性是指单个纹层在横向上的延伸状况，分为连续型和断续型，其形成可能与沉积作用空间稳定性有关。多个纹层发育平行和非平行两种叠置关系，平行叠置纹层顶、底界面平行、不相交，非平行叠置纹层顶、底界面相交。叠置关系反映水流流向和能量在时间和空间上的变化。野外阶段，可通过肉眼观察法判断其构造特征；室内阶段，可磨制大薄片，通过显微镜观察才可准确判断。

纹层组组成的关键属性是纹层组成，结构的关键属性是颗粒粒径，构造的关键属性是界面形态、连续性、叠置关系和粒度变化（表1-1、图1-3）。界面形态分为板状、弯曲状和波状，连续性分为连续型和断续型，叠置关系分为平行和非平行，粒度变化分为正递变、反递变和均质状三种类型。正递变粒度向上变细，黏土和有机质含量向上增加，形成多与浊流、等深流及底流搬运有关；反递变粒度向上变粗，黏土及有机质含量向上降低，形成多与气候周期性变化有关；均质状纹层分为原生均质纹层和次生均质纹层，原生均质纹层形成与悬浮沉降及快速沉降有关，次生均质纹层形成多与生物扰动及成岩作用有关。

层组成的关键属性是纹层或纹层组组成，结构的关键属性是颗粒粒径，构造的关键属性有纹层组耦合、界面形态和界面清晰性（表1-1）。纹层组耦合分为相似耦合和相关耦合，相似耦合表现为各纹层或纹层组组成、结构和构造特征基本一致，相关耦合表现为各纹层或纹层组性质差异，但其间具备成因联系。层界面形态分为板状、弯曲状和波状，可通过地层终止关系、生物扰动、岩相差异等特征来识别。界面清晰性分为清晰和欠清晰两种，上下层之间形成条件差异较大时常发育清晰界面，上下层形成条件相近时发育不清晰界面。有时，生物扰动也可造成界面清晰性变差。

第二节　层理研究步骤及方法

页理层理研究的主要目的是明确层理类型及特征、弄清不同层理对页岩孔隙结构和渗透率的控制，并探讨不同层理的形成过程及形成机理。其研究可分岩样描述及取样、岩样打磨及大样制作、大氩离子抛光片制作及孔隙结构分析三大步。

一、岩样描述及取样

黑色页岩露头主要依照以下步骤进行。第一步，依据出露完整、层面新鲜、便于工作三原则选择标准剖面：（1）借助地质图，通过野外踏勘选取1条标准剖面，要求剖面出露完整、层面新鲜、便于工作，优先选取修路、开矿挖出来的新鲜剖面。（2）记录露头泥岩风化特征及横向、纵向分布，包括风化后泥岩的颜色、裂理发育特征及其差异性变化。（3）挖出新鲜面，尽量减少高活性矿物（如黄铁矿、黏土等）风化造成的影响，便于后续描述和取样工作。（4）由下至上，反复观察、调查和拍照整个剖面，尽可能地获得和调查地层中的新鲜剖面（图1-4）。

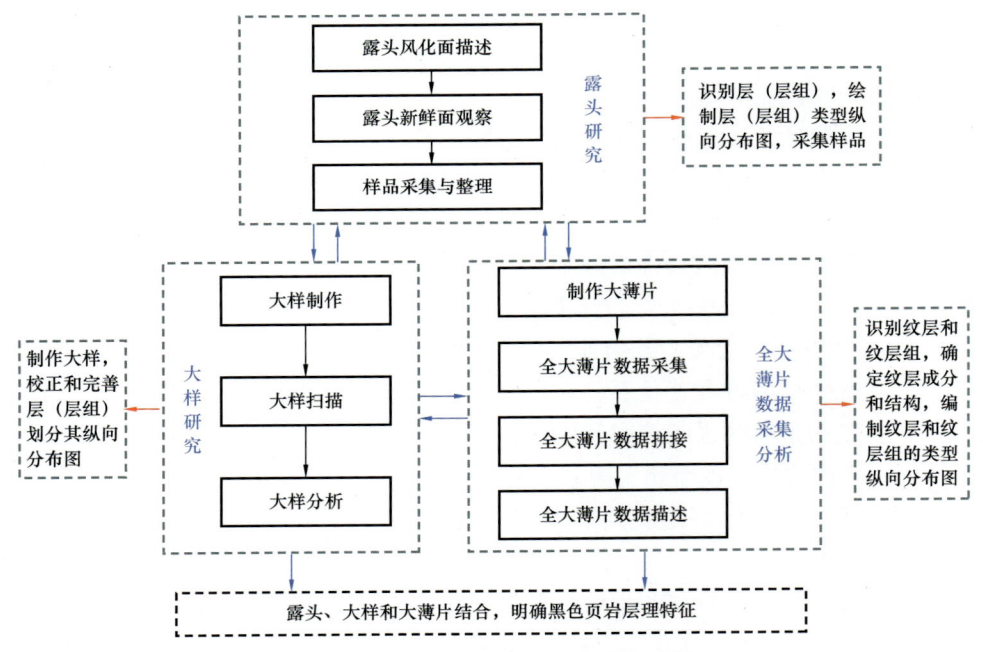

图1-4 黑色页岩层理研究步骤与流程

第二步，应用层序地层学原理确定层序地层格架，以标准实体化石为依据建立年代地层格架，明确储层宏观非均质性：（1）由下至上，根据新鲜面岩性、岩相宏观突变、区域不整合面、火山灰夹层等标准识别三级地层界面，建立岩性地层划分方案。（2）由下至上，根据地层界面特征、地层粒序变化、岩石组成特征、古生物组成特征、纹层组合特征及旋回性变化，识别单个准层序。（3）由下至上，根据多个准层序内部矿物组成、结构及构造特征及厚度纵向演化，分析准层序叠置样式，识别准层序、准层序组、体系域及层序，建立层序地层格架。（4）由下至上，逐层开展精细实体化石研究，描述化石组成、特征、丰度和分异度，并与全球化石地层对比，建立该剖面年代地层格架（图1-5）。

第三步，识别层（层组），编制层（层组）纵向分布图。操作步骤如下：（1）针对目的层段，由下至上观察和描述岩性、颜色差异、火山灰层、颗粒排列方式等，识别层（层组），层（层组）厚度一般为几毫米至几十厘米，横向延伸几米至几千米。（2）由下至上确定层（层组）的连续性（连续或断续）、形态（板状、波状或弯曲状）和相互之间几何关系（平行或相交），确定层（层组）类型。（3）由下至上根据单层厚度、延伸长度和层（层组）类型判断层与层之间叠置关系（如正递变、反递变或均质状）。（4）在岩性段纵向分布图格架内，由下至上编制露头层（层组）类型纵向分布图。

第四步，系统、连续取样，为开展室内分析提供依据：（1）由下至上，垂直地层方向连续切取大样，大样样品要求切取两份，一份用于纹层描述和分析，另一份用于开展各类分析化验，样品宽度不低于8cm。（2）系统采集沉积地球化学分析化验样品，样品区分地层及沉积相、储层特征等方面。切取大样的顶底位置与编号必须在层（层组）类型纵向分布柱状图上清晰标注，切取样品规格要求为宽8cm×厚6cm，按序用锡箔纸封装，及时放入岩样盒。

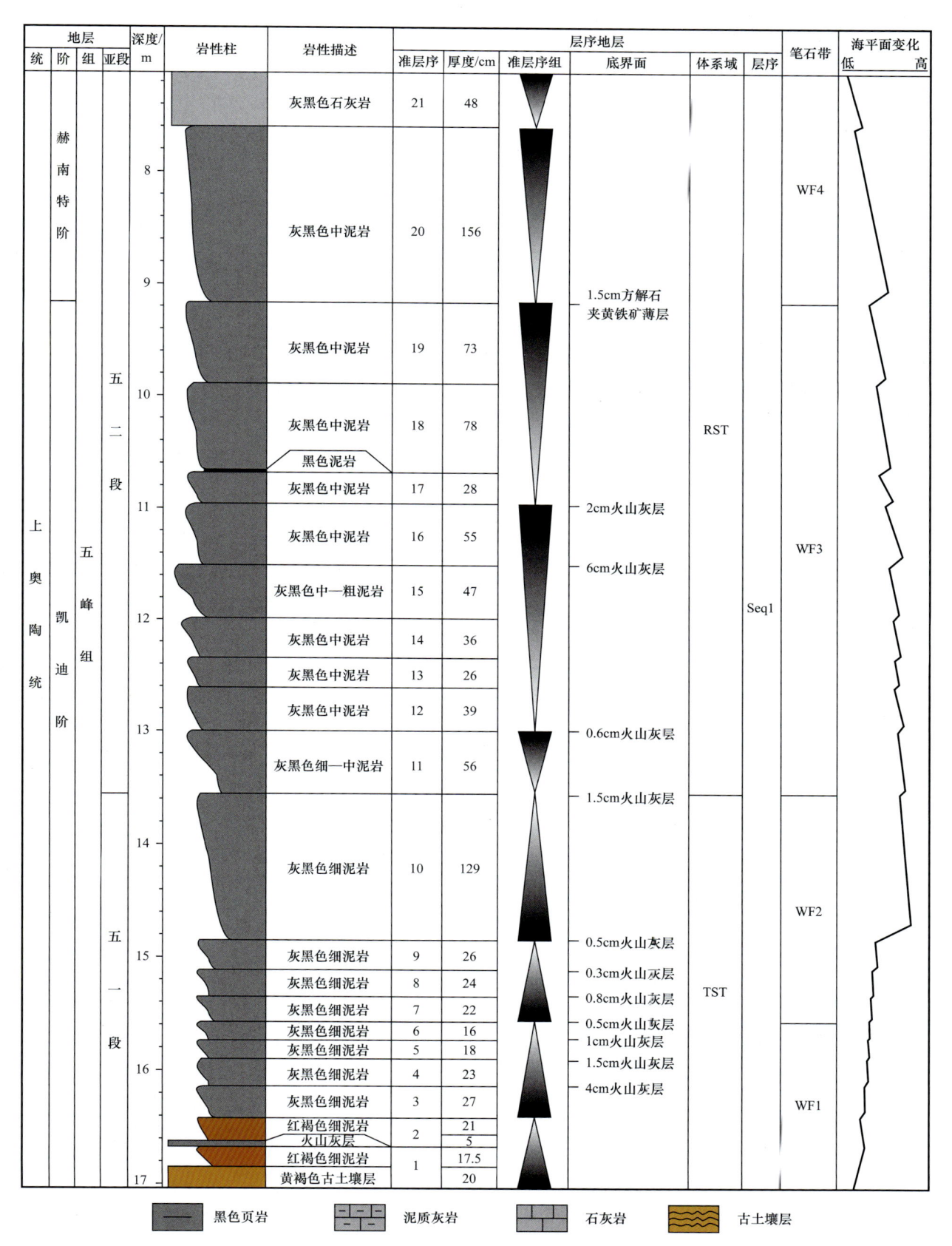

图 1-5 川南长宁双河剖面五峰组—龙马溪组露头层序地层格架

二、岩样打磨及大样制作

第一步，岩样打磨，描述黑色泥岩纹层组成、结构和构造，明确储层微观非均质性。(1) 垂直层理面将样品切割成宽 7cm × 厚 5cm 的长方体；分别用 120 号金刚砂、320 号金刚砂、400 号金刚砂将大样表面磨至粒径 0.08mm、0.05mm 和 0.032mm；分别用 7w 和 3w 微粉将大样表面磨至 0.031mm 和 0.03mm，最后用抛光剂对大样表面抛光。(2) 采用 Itrax 岩心 XRF 扫描仪由下至上连续扫描大样，然后借助 Adobe Photoshop CS5 及以上版本图形处理软件处理扫描图片，成果图片需能清晰识别层（层组）界面。(3) 观察扫描图片，从纹层形态、连续性和几何关系三个方面描述纹层构造。纹层形态分为板状、弯曲状和波状，连续性分为连续型和断续型，几何关系分为平行和非平行。(4) 描述黑色泥岩纹层组成特征，纹层组成分为矿物组成和颗粒组成。矿物组成通过 X 射线 - 衍射全岩、X 射线衍射黏土矿物、常规扫描电镜、场发射扫描电镜、能谱分析、光片分析和阴极发光分析等确定；颗粒组成通过场发射扫描电镜分析，通常可见絮凝颗粒、有机—矿物集合体、内碎屑、粪球粒、泥岩岩屑等。(5) 描述黑色泥岩结构特征。纹层结构包括颗粒粒径、分选性和磨圆度，颗粒粒径描述可参考 Lazar 等（2015）的研究方法，颗粒分选性和磨圆度需借助场发射扫描电镜开展描述。(6) 按黑色泥岩矿物组分、结构和构造特征，划分岩石相类型，弄清其纵向演化规律，明确储层非均质性纵向变化。

第二步，全大薄片数据采集与分析（图 1-6）。研究内容是识别纹层和纹层组，编制纹层和纹层组的类型纵向分布图：(1) 大薄片制作，垂直层理方向，制作长 7cm × 宽 5cm × 厚 0.03mm 大薄片，并在层（层组）类型纵向分布图上标记位置和顶底，大薄片具体规格和制作流程参考 SY/T 5913—2021《岩石制片方法》。(2) 全大薄片数据采集与图像拼接：选用德国 LEICA4500P 显微高精度数字平台，采用 20×10 倍镜头，确定采集区域对角位置，并根据精度要求，将薄片分割成若干方格。选取对角线（或十字、井字、网格）的视域进行对焦，高精度数字平台自动记录焦距（Z 值），在采集未对焦的视域时会自动根据附近对过焦的视域焦距自动调整焦距，采集过程无需人工调整 Z 轴焦距。利用高精度数字平台进行蛇形全大薄片数据采集。选用高配置工作站，利用 Adobe Photoshop CS5 及以上版本图形处理软件，将采集好的大批量单张照片进行无缝拼接合成，拼接过程是先将相邻的 4 张图像拼接为 1 张，然后再将合成的 4 张相邻大图像进行拼接，按此方法依次进行，直至完成所有拼接（图 1-7）。

第三步，全大薄片数据描述。研究内容是识别纹层和纹层组（表 1-1），确定其成分、结构和构造，编制纹层和纹层组的类型纵向分布图：(1) 借助低放大倍数全薄片数据采集图片，识别纹层和纹层组，纹层和纹层组厚度一般为零点几毫米至几厘米，延伸长度为几厘米至几米。(2) 借助低放大倍数全薄片数据采集图片，描述纹层和纹层组结构（粒序）和构造（厚度、形态、连续性、叠置关系、清晰性、接触关系、生物扰动）。(3) 借助高放大倍数全薄片数据采集图片，确定纹层成分（无机矿物、有机质和颗粒类型）和结构（粒度）。(4) 综合组成、结构和构造确定纹层和纹层组类型，以大样层（层组）类型纵向分布图为格架，由下至上编制纹层和纹层组的类型纵向分布图。

三、大量离子抛光片制作及孔隙结构分析

第一步，大氩离子抛光片制作（图 1-8）。研究内容是制作大氩离子抛光片，尺寸为 1cm × 1cm × 0.5cm～1.5cm × 1.5cm × 0.7cm。具体操作如下：(1) 核实样品信息并记录，垂直页岩层理从试样（岩心）切取 10mm × 10mm 的切片。(2) 用 AB 胶将切片固定于定型样品台上，待 AB 胶固化后再作处理。(3) 待 AB 胶完全固化后，将切片置于 TXP 研磨机上，调整刀片距离，留下合适样品厚度（不超过 10mm）。(4) 切割完成后，分别用 15μm、9μm、3μm、0.5μm 的抛光仪逐级进行机械抛光，

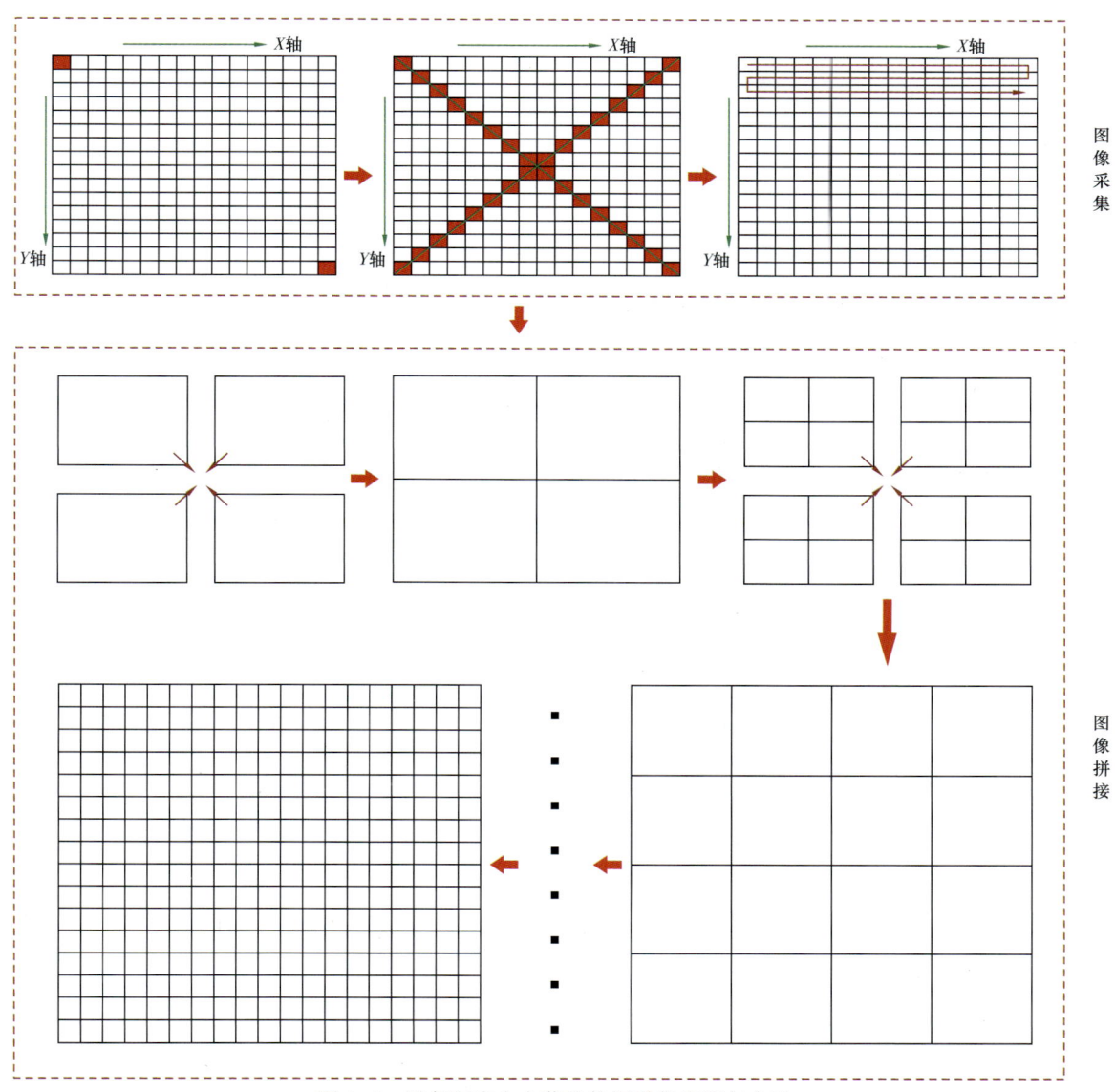

图 1-6 黑色页岩全大薄片数据采集步骤与方法

图 1-7 黑色页岩全薄片数据采集照片示例

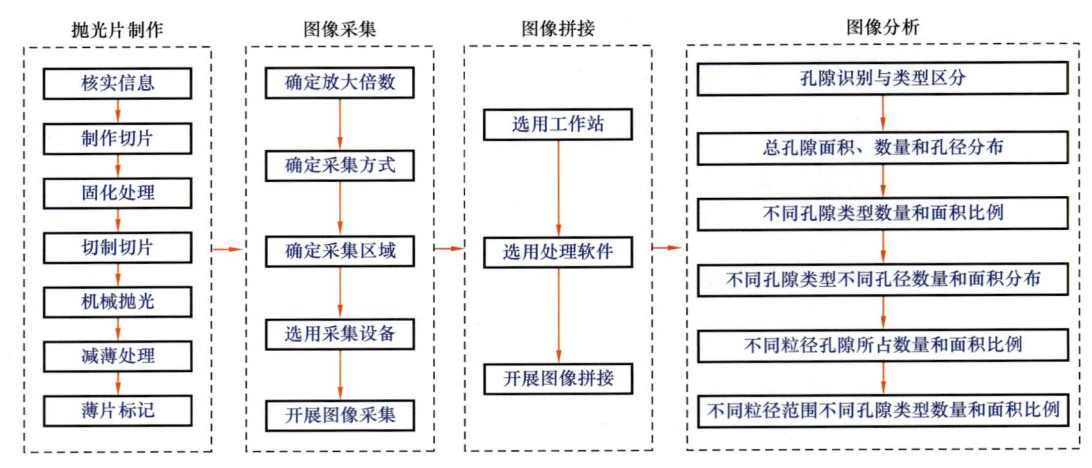

图 1-8　页岩储层孔隙定量表征研究流程与内容

保证样品整体平整度。（5）待机械抛光完成后，将样品置于多功能离子减薄仪样品台上，调整样品高度，抽取真空，设置电压、电流、抛光时长、角度（5kV、2.5mA、4h、2.5°），待真空小于 $1.4×10^{-4}$Pa 时，点击开始。（6）抛光完成后取出样品，放置于样品盒内，并做好标记。

第二步，图像采集。（1）确定扫描电镜放大倍数。确定扫描电镜放大倍数为至少 3 万倍（单张照片尺寸 6.88μm×12.3μm），依据如下：① 电子显微镜放大倍数只有达到 3 万倍才能观测到 10nm 以上的微孔隙，当放大倍数在 3 万～9 万时，能够观测到 3～10nm 微孔隙；② 页岩中含气的有机质微孔隙主要分布于 10～200nm，应该选择 3 万以上放大倍数；③ 放大倍数小于 3 万时的储层各参数（如平均孔径）统计结果变化大，不具代表性，大于 3 万时，统计参数相对稳定，能够代表样品实际参数特征。

（2）确定采集区域、采集面积与采集方式。确定采集区域时需沿着大氩离子抛光片标出对角线，以对角线交线为中心，在每条线上等间距选出 3 个区域，并对每个区域进行标号（图 1-9）。确定采集面积时需确定每个区域采集图像张数为 7 张 ×8 张（单张尺寸 6.88μm×12.3μm，共采集面积 55μm×86μm）。确定采集方式时需以区域编号为顺序采集图像，单个区域图像以蛇形方式采集。

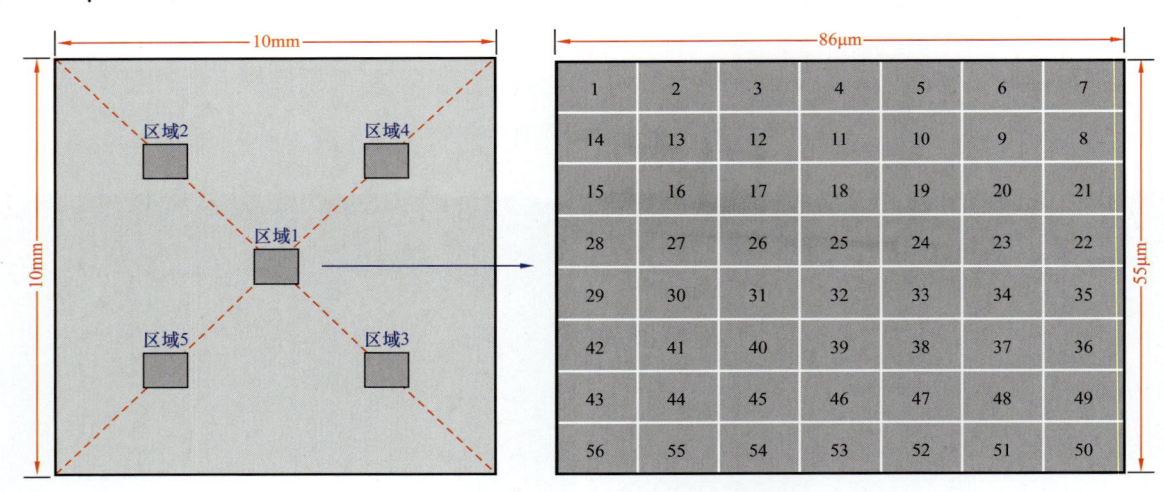

图 1-9　大氩离子抛光片图像采集区域与采集面积

（3）选用采集设备。采集设备的选用必须符合以下要求：① 全自动电动载物台必须为软件控制，可根据程序设定好的方式连续采集图像，采集好的图像能实现无缝拼接；② 在最佳工作距离下设备分辨率高于 5nm；③ 设备 X、Y 方向移动距离大于 100mm。

（4）开展图像采集。针对每个区域确定其对角位置，高精度数字平台自动记录焦距（Z值），在采集未对焦的视域时会自动根据附近对过焦的视域焦距自动调整焦距，采集过程无需人工调整Z轴焦距。利用高精度数字平台进行蛇形采集，完成区域1数字图像采集。采用同样步骤和方法完成区域2至区域6的数字图像采集。

第三步，图像拼接：研究内容是完成所有采集区域的图像拼接：（1）选用Adobe Photoshop CS5及以上版本图形处理软件。（2）开展图像拼接，拼接过程是先将相邻的4张图像拼接为1张，然后再将合成的4张相邻大图像进行拼接，依此方法完成区域1拼接。（3）采用同样步骤和方法完成区域2至区域6的数字图像拼接。

第四步，图像分析，研究内容是分析黑色页岩微纳米微孔隙类型、组成和分布：（1）利用"颗粒（孔隙）及裂隙图像识别与分析系统（PCAS）"自动识别所有孔隙边界，具体识别方法参考相关软件说明书。（2）利用"颗粒（孔隙）及裂隙图像识别与分析系统（PCAS）"根据不同孔隙特征人为标识出各孔隙类型，并用不同颜色填充（图1-10），具体识别方法参考相关软件说明书。利用"颗粒（孔隙）及裂隙图像识别与分析系统（PCAS）"分别统计区域1内所有图片孔隙数量和面孔率（表1-2）；统计区域1不同类型孔隙数量、比例、面积、面孔率和面积比例；统计不同粒径范围不同孔隙类型数量、比例、面积和面积比例（表1-3、表1-4）。（3）利用Excel软件编制不同类型孔隙组成百分比图（数量和面积）、孔隙孔径分布图（数量和面积）、不同类型孔隙孔径分布图（数量和面积）及同一孔径不同类型孔隙组成分布图（数量和面积）等。（4）重复以上程序，完成区域2至区域6相关统计，并完成整个大氩离子抛光片的相关统计和图件编制。

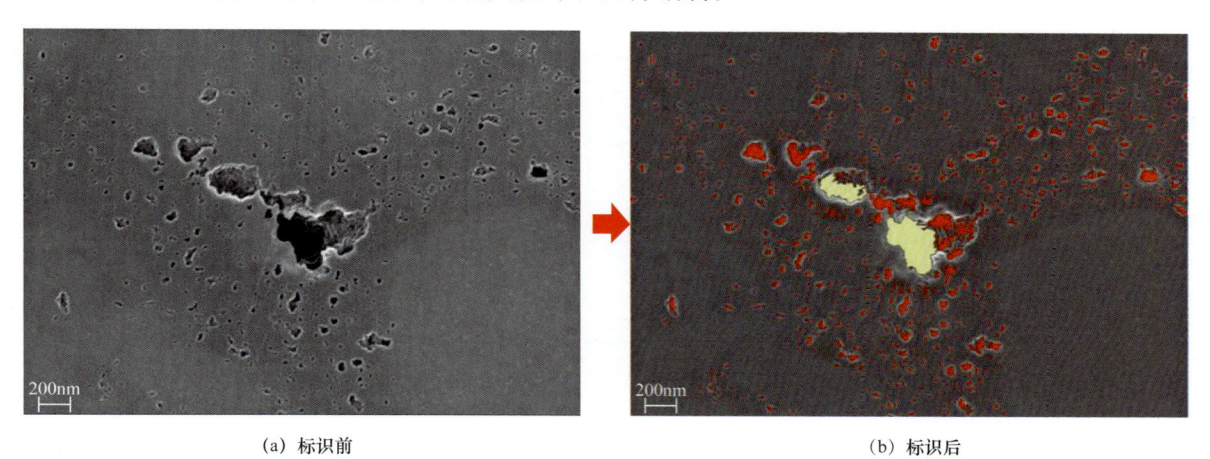

(a) 标识前　　　　　　　　　　　　　　(b) 标识后

图1-10　单张扫描电镜照片孔隙标识结果

表1-2　单个扫描电镜照片孔—缝统计表格

视域编号				视域分析/张			
总孔隙数量/个				总面孔率/%			
孔缝类型	数量	数量比例/%	最大孔径均值/nm	最小孔径均值/nm	面积均值/nm^2	面孔率/%	面积比例/%
粒间溶孔							
粒间溶孔							
有机质孔							

表 1-3　不同粒径范围不同孔隙类型数量和面积

孔径 /nm	总数量 /个	总面积 /nm²	粒间溶孔 数量/个	粒间溶孔 面积/nm²	粒间溶孔 数量/个	粒间溶孔 面积/nm²	有机质孔 数量/个	有机质孔 面积/nm²	裂缝 数量/个	裂缝 面积/nm²
<10										
10~20										
20~40										
40~100										
100~200										
>200										
合计										

表 1-4　不同粒径范围不同孔隙类型数量比例和面积比例

孔径 /nm	总数量比例 /%	总面积比例 /%	粒间溶孔 数量比例/%	粒间溶孔 面积比例/%	粒间溶孔 数量比例/%	粒间溶孔 面积比例/%	有机质孔 数量比例/%	有机质孔 面积比例/%	裂缝 数量比例/%	裂缝 面积比例/%
<10										
10~20										
20~40										
40~100										
100~200										
>200										
合计										

第二章　川南地区五峰组—龙马溪组层理及孔隙特征

第一节　层理类型及特征

一、纹层、纹层组和层理

四川盆地五峰组—龙马溪组发育两种纹层，即泥纹层和粉砂纹层（表2-1、图2-1）。泥纹层由粒径小于3.9μm的颗粒构成，偏光显微镜下颜色较暗，常称暗纹层（施振生等，2020）。其矿物成分主要为硅质、黏土矿物及有机质。粉砂纹层主要由粒径大于3.9μm的颗粒组成，偏光显微镜下颜色较亮，常称亮纹层（施振生等，2020）。粉砂纹层矿物成分主要为粉砂级碳酸盐矿物和石英颗粒。在五峰组—龙马溪组黑色页岩中，硅质主要为黏土级及粉砂级结晶石英颗粒，富硅质黑色页岩中常伴生大量硅质海绵（图2-2a、b）和放射虫（施振生等，2018），指示其来源为生物成因。碳酸盐矿物主要为方解石（平均22.3%）、白云石（平均15.5%）和黄铁矿（平均2.7%），富碳酸盐矿物页岩常见分散状（图2-2c）或密集状钙质生物碎屑（图2-2d）。黄铁矿多呈草莓状集合体，粒径3.5~8μm，平均5.2μm（邹才能等，2017），内部富含有机质和孔隙。黏土矿物主要由伊利石（平均61.3%）、伊/蒙混层（平均26.9%）和绿泥石（平均11.4%）组成，偶夹少量高岭石（平均1%）。有机质主要为腐泥组无定形体（平均91.9%），其次为镜质组正常镜质体（平均7.8%）。

表 2-1　纹层、纹层组、层及层理类型及特征

层理			组成	粒序
纹层		泥纹层	由粒径小于3.9μm的颗粒组成	
		粉砂纹层	由粒径大于3.9μm的颗粒组成	
纹层组		正递变组合	泥纹层	正粒序
		反递变组合	泥纹层	反粒序
		砂泥正递变组合	泥纹层和粉砂纹层	正粒序
		砂泥反递变组合	泥纹层和粉砂纹层	反粒序
		粉砂纹层组合	粉砂纹层中夹有透镜状或不连续型泥纹层	—
		泥纹层组合	泥纹层中夹有透镜状或不连续型粉砂纹层	—
层理	块状层理	生物扰动型	泥纹层构成，生物扰动强烈	均质
		均质型	粉砂级颗粒组成	均质
	水平层理	递变型	正粒序—反递变组合	反粒序，正粒序
		条带状粉砂型	泥纹层和粉砂纹层互层，粉砂纹层呈条带状	—
		砂泥递变型	砂泥正递变组合或砂泥反递变组合	—
		砂泥互层型	粉砂纹层与泥纹层互层	—
		递变层理	粉砂纹层与泥纹层互层	正粒序
		韵律层理	粉砂纹层与泥纹层互层	—
		交错层理	粉砂纹层与泥纹层互层	—

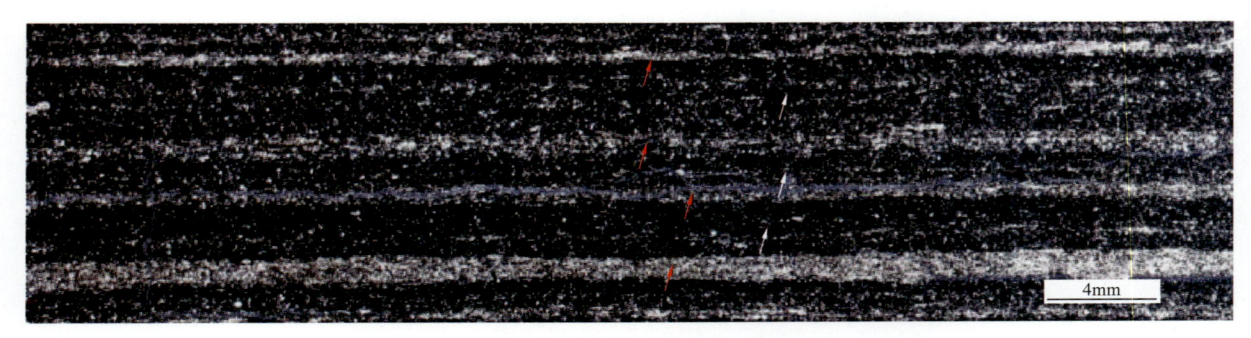

图 2-1　五峰组—龙马溪组粉砂纹层和泥纹层典型特征
红色箭头指向粉砂纹层，白色箭头指向泥纹层

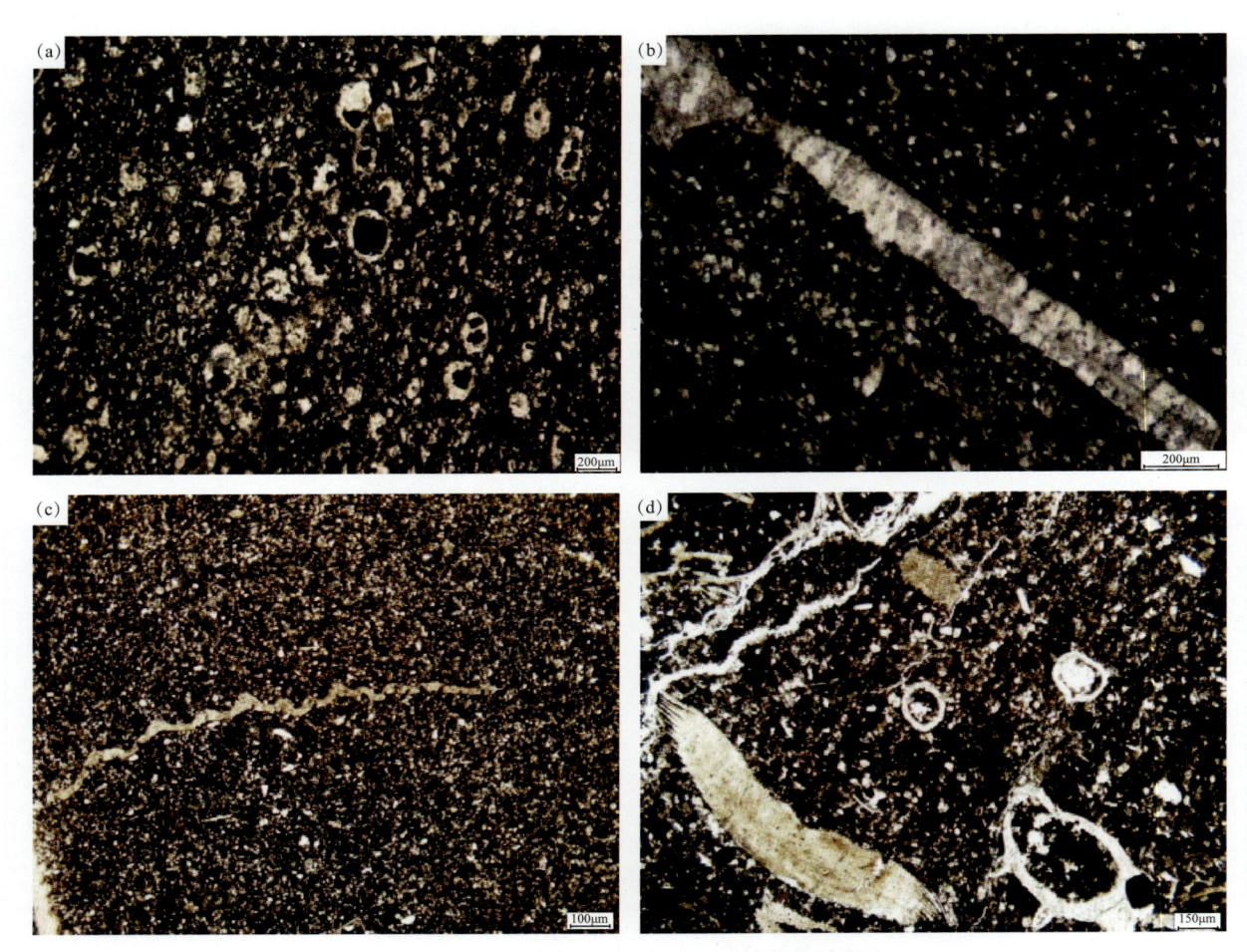

图 2-2　五峰组—龙马溪组黑色页岩常规薄片照片
（a）富有机质硅质页岩，大量硅质海绵化石，硅质充填，正交偏光，长宁双河剖面，龙一段；（b）富有机质硅质页岩，发育海绵骨针碎片，硅质充填，正交偏光，长宁双河剖面，龙一段；（c）钙质页岩，均质层理，见三叶虫化石碎片，正交偏光，长宁双河剖面，五峰组；（d）钙质页岩，均质层理，化石碎片密集，正交偏光，长宁双河剖面，五峰组

泥纹层和粉砂纹层构成 6 种纹层组合，即正递变组合、反递变组合、砂泥正递变组合、砂泥反递变组合、粉砂纹层组合和泥纹层组合（表 2-1）。正递变组合由多个泥纹层组合而成，底界面呈连续状、波状，突变接触，内部颗粒正粒序排列，偏光显微镜下底部颜色较浅、上部颜色较深（图 2-3a）。反递变组合由多个泥纹层构成，顶界面呈连续状、波状，突变接触，内部颗粒反粒序排列，偏光显微

镜下底部颜色较深、上部颜色较浅（图 2-3b）。砂泥正递变组合由多个粉砂纹层和泥纹层相互叠置而成，下部以粉砂纹层为主，上部以泥纹层为主，由下至上泥纹层逐渐增加，粉砂纹层逐渐减少，从而构成正粒序（图 2-4a）。砂泥正递变组合底部突变接触，几何形态呈连续状、波状、平行。砂泥反递变组合由粉砂纹层和泥纹层叠置而成，下部以泥纹层为主，上部以粉砂纹层为主，由下至上粉砂纹层逐渐增加，泥纹层逐渐减少，从而构成反粒序（图 2-4b）。砂泥反递变组合顶部突变接触，几何形态呈连续状、波状、平行。粉砂纹层组合由多个粉砂纹层夹薄层泥纹层构成，泥纹层呈薄层透镜状或断续状（图 2-5）。泥纹层组合由泥纹层夹薄层粉砂纹层构成，粉砂纹层呈断续状或透镜状分布（图 2-5）。

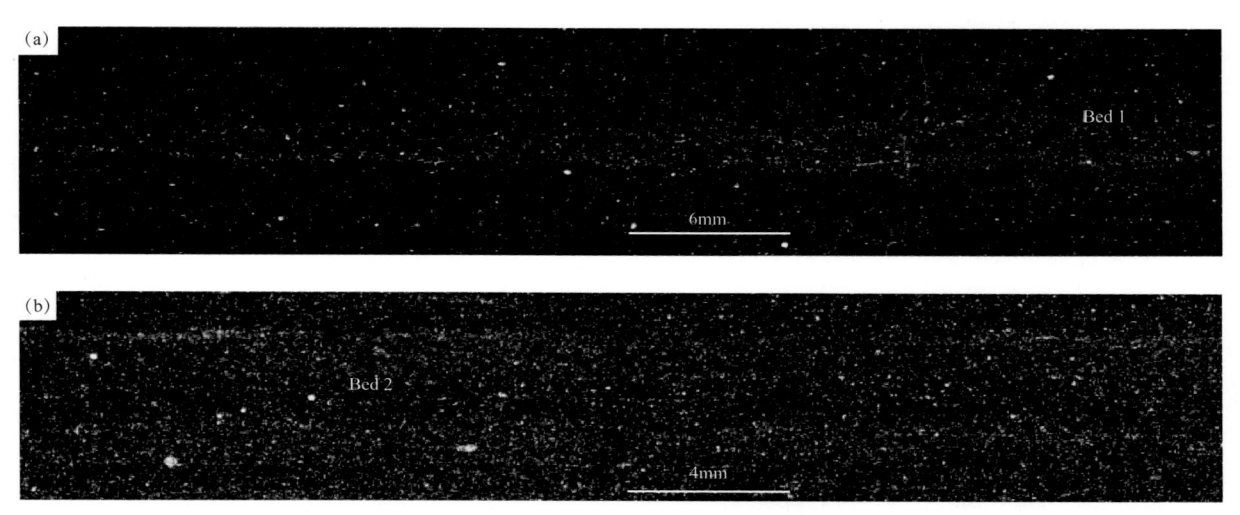

图 2-3　长宁双河剖面五峰组常规薄片照片

（a）正递变组合，由泥纹层组成，几何形状为波状和连续状，底部突变接触；（b）反递变组合，由泥纹层组成，几何形状为波状和连续状，顶部突变接触

图 2-4　长宁双河剖面龙马溪组常规薄片照片

（a）砂泥正递变组合（Bed 1）底部突变接触，几何形状为连续状、波状，底部以粉砂纹层为主，上部以泥纹层为主，由下至上，粉砂纹层逐渐减少，泥纹层逐渐增加；（b）砂泥反递变组合（Bed 2）顶部突变接触，几何形状为连续状、波状，底部以泥纹层为主，上部以粉砂纹层为主，由下至上，泥纹层逐渐减少，粉砂纹层逐渐增加

图 2-5　长宁双河剖面龙马溪组常规薄片照片

粉砂纹层组合（Bed 1）由粉砂纹层夹薄层透镜状或断续状泥纹层组成；泥纹层组合（Bed 2）由泥纹层夹薄层透镜状和断续状粉砂纹层组成

二、层理类型及特征

全大薄片照相和常规薄片正光偏光显微观察表明，五峰组—龙马溪组黑色页岩发育五大类层理类型：块状层理、水平层理、递变层理、韵律层理和交错层理（表 2-1、图 2-6 至图 2-13）。块状层理根据有无生物扰动细分为生物扰动型块状层理和均质型块状层理。

生物扰动型块状层理：由厚层泥纹层构成（图 2-6a、图 2-7a），页岩内部呈均质状，生物扰动构造发育。生物扰动型块状层理页岩单层厚 78~206cm，平均 142cm，层界面表现为侵蚀面，存在明显的地层尖灭。

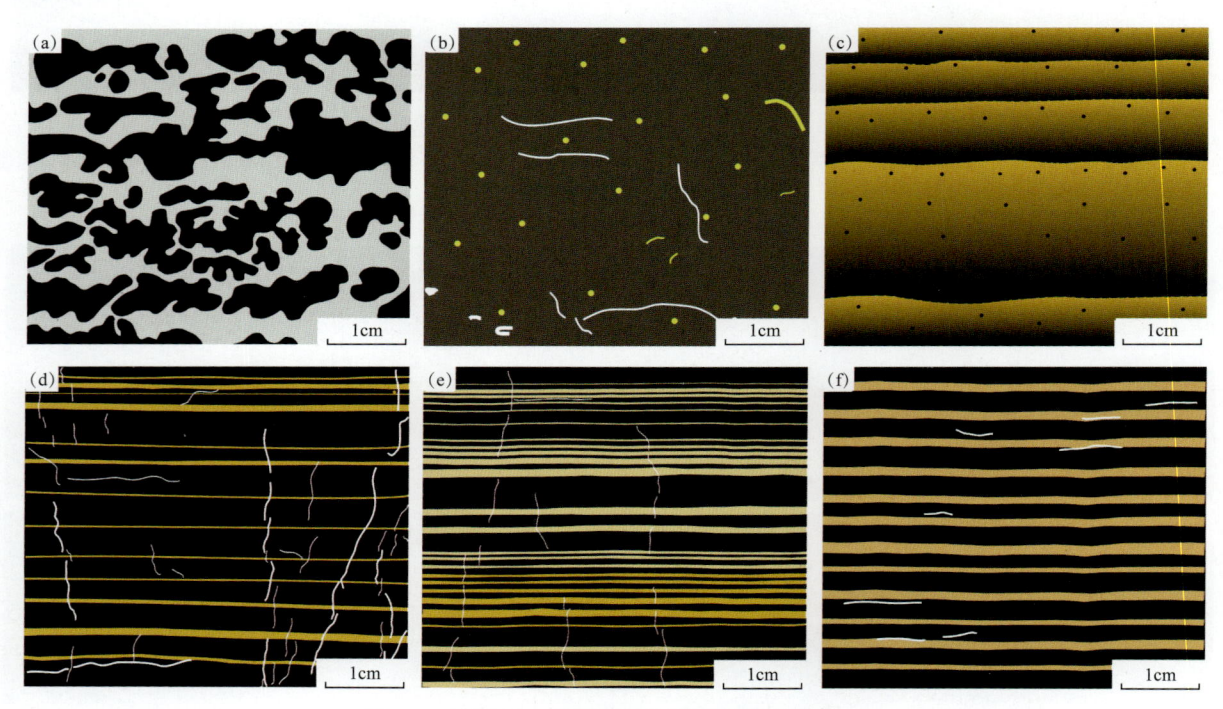

图 2-6　五峰组—龙马溪组主要层理类型及特征

（a）生物扰动型块状层理；（b）均质型块状层理；（c）递变型水平层理；（d）条带状粉砂型水平层理；
（e）砂泥递变型水平层理；（f）砂泥薄互层型水平层理

均质型块状层理：由厚层粉砂质泥构成（图 2-6b、图 2-7b），页岩内部呈均质状，见大量介壳类生物碎屑（图 2-7b、图 2-9d），生物碎屑局部成层分布。均质层理页岩单层厚 28~156cm，平均 77cm，层界面多为侵蚀面，存在明显的地层尖灭。

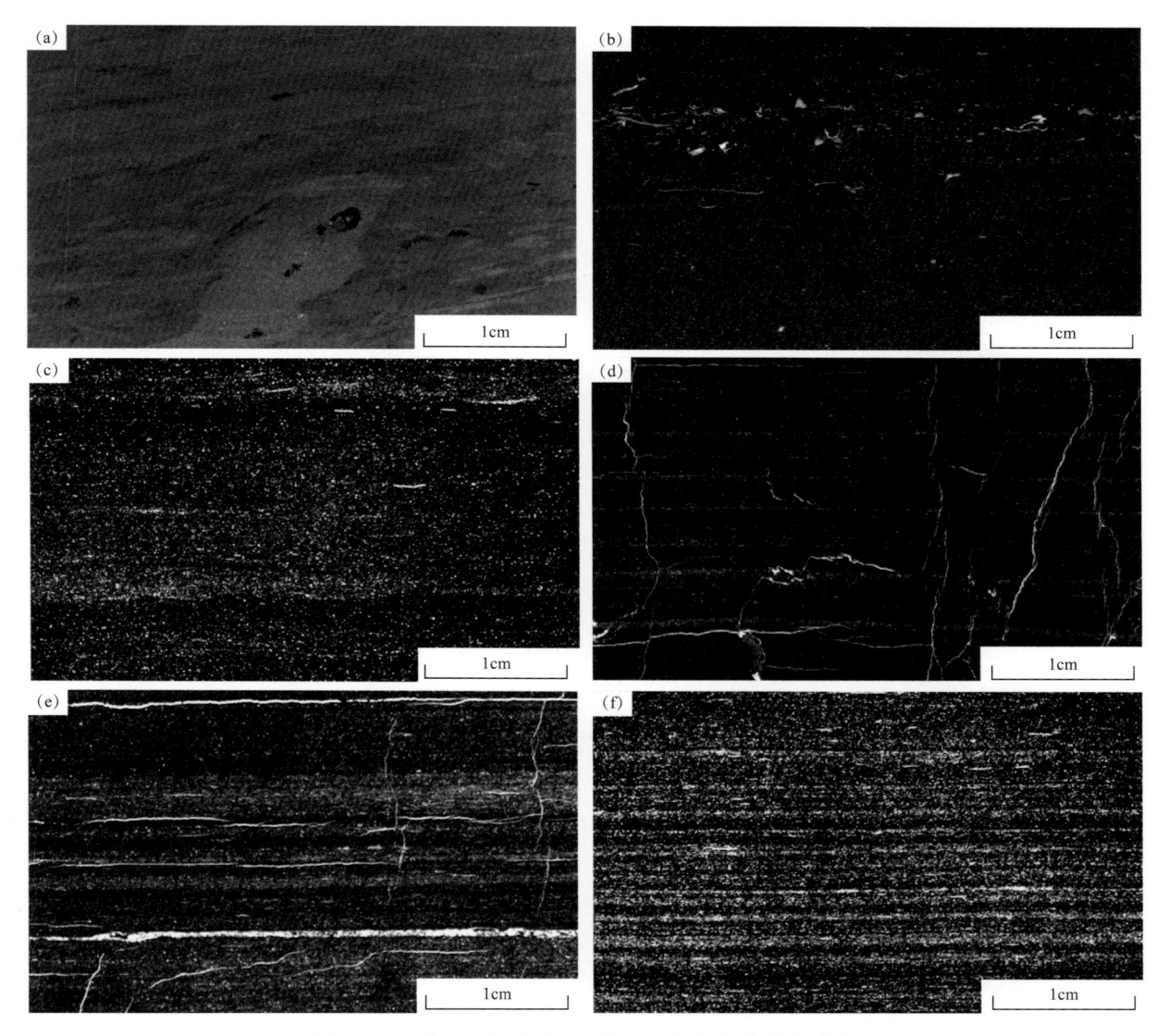

图 2-7　五峰组—龙马溪组大薄片照片展示不同层理特征

(a) 生物扰动型块状层理，生物扰动强烈，整体呈均质状，阳 101H3-8 井，3789.7 m，五峰组；(b) 均质型块状层理，由粉砂级颗粒构成，内部含大量生物碎屑化石，长宁双河剖面，五峰组；(c) 递变型水平层理，层界面为连续状、板状、平行，样品号为 5-29；(d) 条带状粉砂型水平层理，粉砂纹层呈条带状分布，顶底均突变接触，长宁双河剖面，龙马溪组；(e) 砂泥递变型水平层理，层界面为连续状、板状、平行，长宁双河剖面，龙马溪组；(f) 砂泥互层型水平层理，层界面为连续状、板状、平行，顶底突变接触，由泥纹层和粉砂纹层互层组成，样品号为 9-20-2

生物扰动型块状层理和均质型块状层理均形成于富氧的水体环境中，但二者形成过程具明显差异。生物扰动型块状层理多形成于低能富氧的水体环境中，沉积物沉积速率相对较低。该环境适宜底栖生物大量生存，从而形成强烈的生物扰动。均质型块状层理主要有两种形成机制：第一种形成于沉积物快速堆积的过程中，沉积物不能产生很好的分异；第二种形成于相对高能环境，沉积物遭受水体强烈改造。

水平层理根据粉砂纹层和泥纹层叠置关系细分为递变型水平层理、条带状粉砂型水平层理、砂泥递变型水平层理和砂泥互层型水平层理。

递变型水平层理：由多个粉砂纹层构成的正递变组合或反递变组合构成（图 2-6c、图 2-7c），层界面上下颗粒粒径及颜色差异。递变型水平层理页岩内部，正递变组合厚 0.8～12mm，平均 5mm（图 2-8a）；反递变组合厚 2～9.7mm，平均 5.3mm（图 2-8b）。递变型水平层理页岩的层界面多呈连续状、板状、平行或连续状、波状、平行。露头和岩心剖面上，不同层的颜色常呈现出微弱深浅差异，层界面较难识别（图2-9a、b）。递变型水平层理页岩单层厚度26～129cm，平均52cm，层与层之间常发育0.3～4cm的斑脱岩，界面之下颗粒粒度较粗，界面之上颗粒粒度较细。

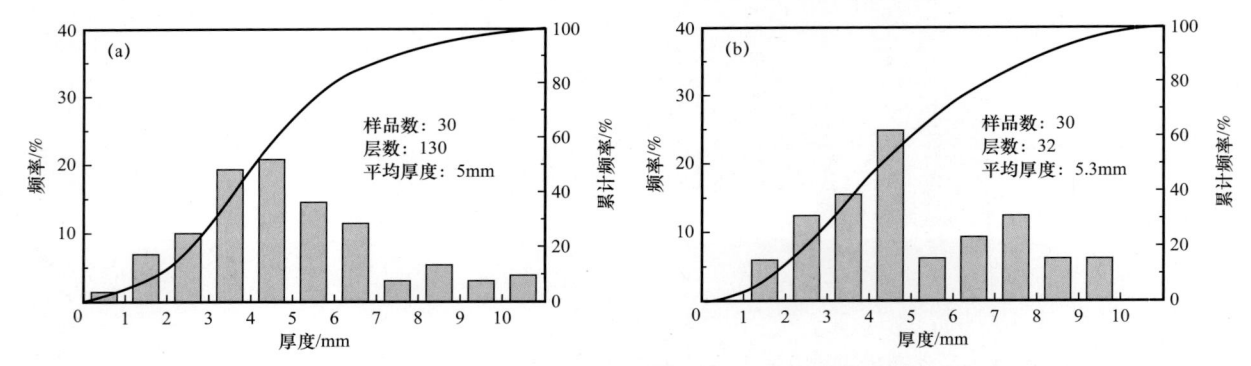

图2-8 五峰组—龙马溪组递变型水平层理页岩中正递变组合（a）和反递变组合（b）统计厚度

条带状粉砂型水平层理：由粉砂纹层和泥纹层互层构成（图2-6d、图2-7d），泥纹层/粉砂纹层厚度比大于3，泥纹层与粉砂纹层顶底突变接触，界面多为断续状、板状、平行，偶见连续状、板状、平行。条带状粉砂型水平层理页岩内部粉砂纹层呈条带状、弥散状或断续状，局部可见透镜状，单层厚0.05～0.75mm，平均0.26mm（图2-10a）；泥纹层组合厚0.1～6.6mm，平均1.1mm（图2-10b）。条带状粉砂型水平层理页岩单层厚33～83cm，层界面之下颗粒粒径粗，界面之上粒径细。露头和岩心上，条带状粉砂型水平层理页岩内部可见浅色层与深色层相间排列，浅色层呈条带状分布（图2-9e、f）。

砂泥递变型水平层理：由砂泥正递变组合和砂泥反递变组合构成，中间夹有少量泥纹层（图2-6e、图2-7e）。砂泥正递变组合单层厚1～2.85mm，平均1.87mm，底界面突变接触，顶界面渐变接触；泥纹层厚0.45～0.75mm，平均0.56mm；砂泥反递变组合厚1.8～2.1mm，平均1.95mm。层界面多呈连续状、板状、平行或连续状、波状、平行。砂泥递变型水平层理页岩单层厚24～53cm，平均42cm，层界面之下颗粒粒径粗，界面之上粒径细。露头和岩心上，砂泥递变型水平层理页岩单层内部肉眼可见浅色层与深色层相间排列，间夹条带状方解石浅色层（图2-9g、h）。

砂泥互层型水平层理：该层理分为两类，第一类为粉砂纹层与泥纹层组合互层（图2-6f、图2-7f），第二类为粉砂质层与泥纹层组合互层（图2-5）。第一类砂泥互层型水平层理页岩中，粉砂纹层多呈长条带状，单层厚0.05～2.4mm，平均0.35mm，粉砂纹层组合平均厚度5.3mm（图2-11a）；泥纹层组合单层厚0.1～1.7mm，平均0.58mm（图2-11b）。粉砂纹层与泥纹层组合突变接触，多为连续状、板状、平行，少数为断续状、板状、平行。第二类砂泥互层型水平层理页岩中，粉砂质层厚0.35～4.5mm，平均1.57mm；泥纹层组合厚0.6～3.1mm，平均1.35mm。层顶、底界面均为突变接触，多呈连续状、板状、平行；断续状、板状、平行；断续状、波状、平行。砂泥互层型水平层理页岩单层厚22～97cm，平均34.7cm，层界面之下颗粒粒径粗，界面之上粒径细。露头和岩心上，单层内部肉眼可见浅色层与深色层相间排列，浅色层厚度明显增大（图2-9i）。

水平层理主要形成于静水、缺氧的水体环境中，但不同类型水平层理形成的环境封闭性及物源条件存在差异。递变型水平层理主要形成于闭塞的潟湖环境，水体封闭性强，陆源碎屑供给严重不足，气候季节性变化形成正粒序层或反粒序层。条带状粉砂型水平层理、砂泥递变型水平层理和砂泥互层型水平层理均形成于相对开阔的海洋环境，水体以平流为主。陆源碎屑供给不足时期，多形成条带状粉砂型水平层理；陆源碎屑供给相对丰富时期，多形成砂泥递变型水平层理；陆源碎屑供给非常丰富时期，多形成砂泥互层型水平层理。随着陆源碎屑供给量的增加，砂泥比值和砂质层单层厚度增加。

图 2-9 五峰组—龙马溪组主要层类型露头照片

（a）递变型水平层理页岩，肉眼观察岩心呈现均质状，样品号为 4-2，长宁双河剖面，五峰组；（b）递变型水平层理页岩，肉眼观察整体呈均质状，隐约可见亮、暗条纹相间，样品号为 4-16，长宁双河剖面，五峰组；（c）均质层理页岩，样品号为 5-29，长宁双河剖面，五峰组；（d）均质层理页岩，中间夹有薄层生物碎屑，样品号为 7-3，长宁双河剖面，五峰组；（e）条带状粉砂型水平层理页岩，肉眼可见浅色层与深色层相间排列，样品号为 8-31，长宁双河剖面，龙一段；（f）条带状粉砂型水平层理页岩，肉眼可见浅色层与深色层相间排列，间夹条带状浅色层，样品号为 9-12，长宁双河剖面，龙一段；（g）砂泥递变型水平层理页岩，肉眼可见浅色层与深色层相间排列，间夹条带状方解石浅色层，样品号为 9-19-1，长宁双河剖面，龙一段；（h）砂泥递变型水平层理页岩，肉眼可见浅色层与深色层相间排列，样品号为 10-12，长宁双河剖面，龙一段；（i）砂泥互层型水平层理页岩，肉眼可见浅色层与深色层相间排列，浅色层厚度增大，自 201 井，龙一段

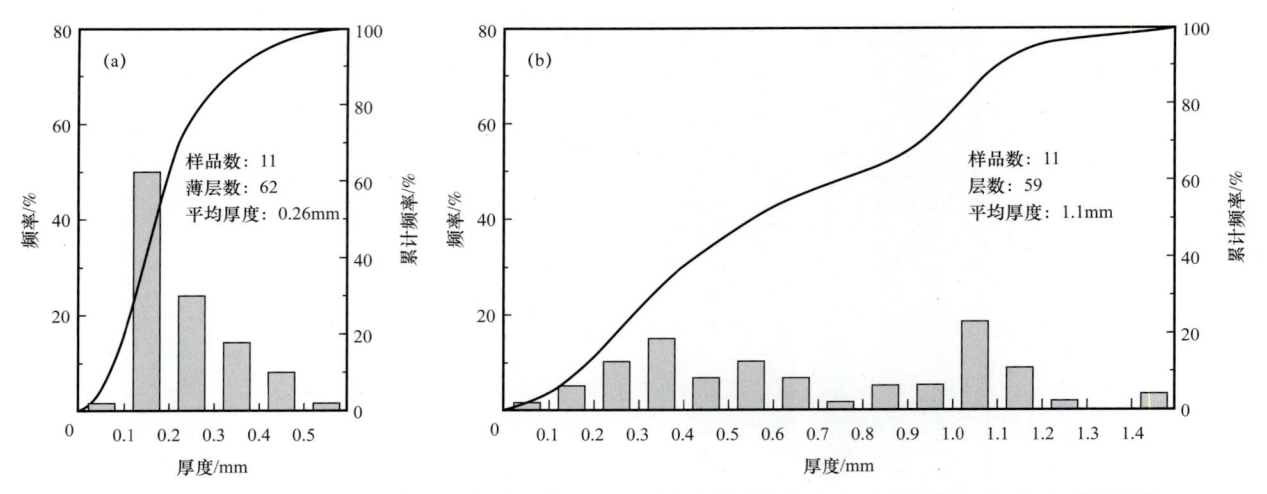

图 2-10　五峰组—龙马溪组条带状粉砂型水平层理页岩中粉砂纹层（a）和泥纹层组合（b）单层厚度

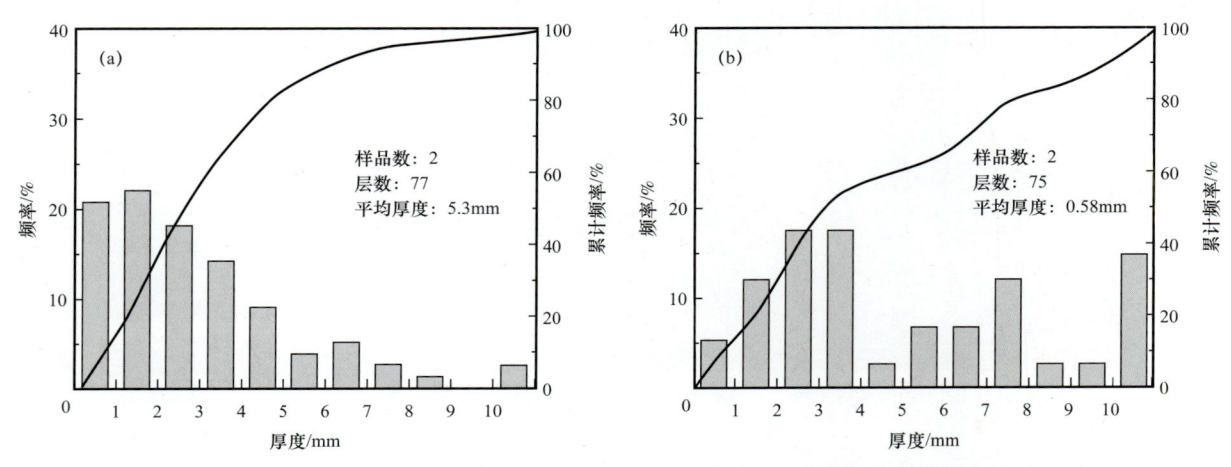

图 2-11　五峰组—龙马溪组砂泥互层型水平层理页岩粉砂纹层（a）和泥纹层组合（b）单层厚度

递变层理又称粒序层理，主要由粉砂层和泥质层互层组成（图2-12），由下至上，泥质层含量及单层厚度逐渐增加，粉砂层含量及单层厚度逐渐减小，从而构成正递变。递变层理页岩底界面多为侵蚀面，界面之上存在明显的地层尖灭，并发育较厚层的粉砂质滞积层。递变层理页岩内部，泥质层与粉砂层界面多为连续状、波状、平行。

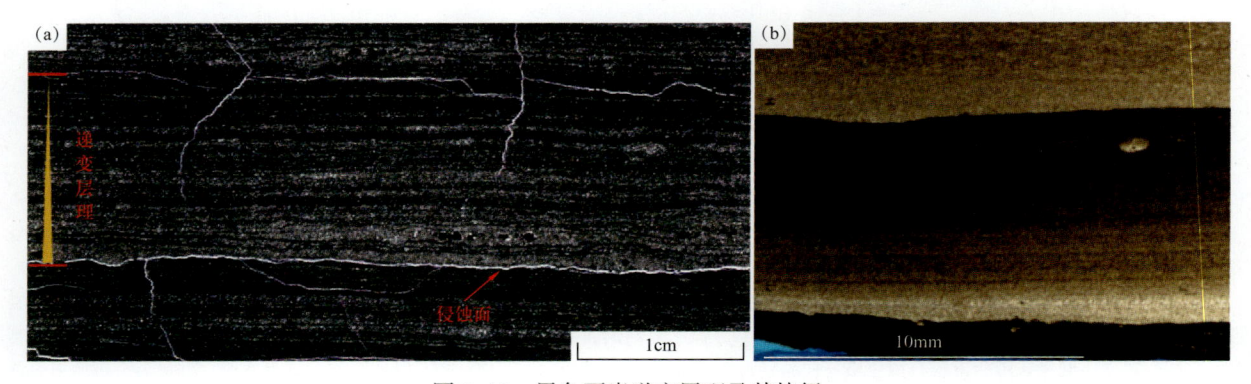

图 2-12　黑色页岩递变层理及其特征
（a）川南地区龙马溪组；（b）北美白垩系 Mowry 页岩（据 Macquaker 等，2010）

递变层理常形成于水深只有几十米的潮下环境，风暴作用定期性发生，或存在着低速底流的浅水海洋环境。底流活动强烈时期，较强的水体流动对下伏泥岩冲刷，并形成侵蚀面和滞积层。底流活动较弱时期，水流能量的脉动形成多期泥质层和粉砂层，随着水体能量的减弱，粉砂层单层厚度和含量逐渐降低。底流活动平静期，泥级颗粒逐渐堆积，从而形成厚层的泥质层。

韵律层理由层与层间平行或近于平行、等厚或不等厚、两种或两种以上的岩性层的互层重复出现所组成。海相沉积中，韵律层理的成因很多，可以由潮汐环境中潮汐流的周期变化形成潮汐韵律层理；也可以由气候的季节性变化形成，即年纹层；还可由浊流沉积形成复理石韵律层理等。

海相黑色页岩中，年纹层最为常见，其由粉砂纹层与泥纹层互层组成，外表呈现为浅色层与深色层的成对互层，纹层与纹层之间平行或近于平行。海相年纹层由气候季节性变化形成，形成于海洋或与全球海相相连的咸水环境。

年纹层根据其形成过程和组分特征可分为三大类，即碎屑年纹层、生物成因年纹层（如硅藻年纹层等）和化学成因年纹层（如方解石年纹层、菱铁矿年纹层、黄铁矿年纹层、蒸发盐年纹层等）。海相年纹层的形成受控于特殊的环境和沉积条件，如足够高的沉积速率、底层水体严重缺氧、沉积物供给季节性变化等。

黑色页岩中，交错层理广泛发育。交错层理主要由粉砂纹层和泥纹层互层组成（图2-13），粉砂纹层与泥纹层相互交切，从而构成交错层理。与粗碎屑岩相比，页岩中纹层与层界面的交角较小。

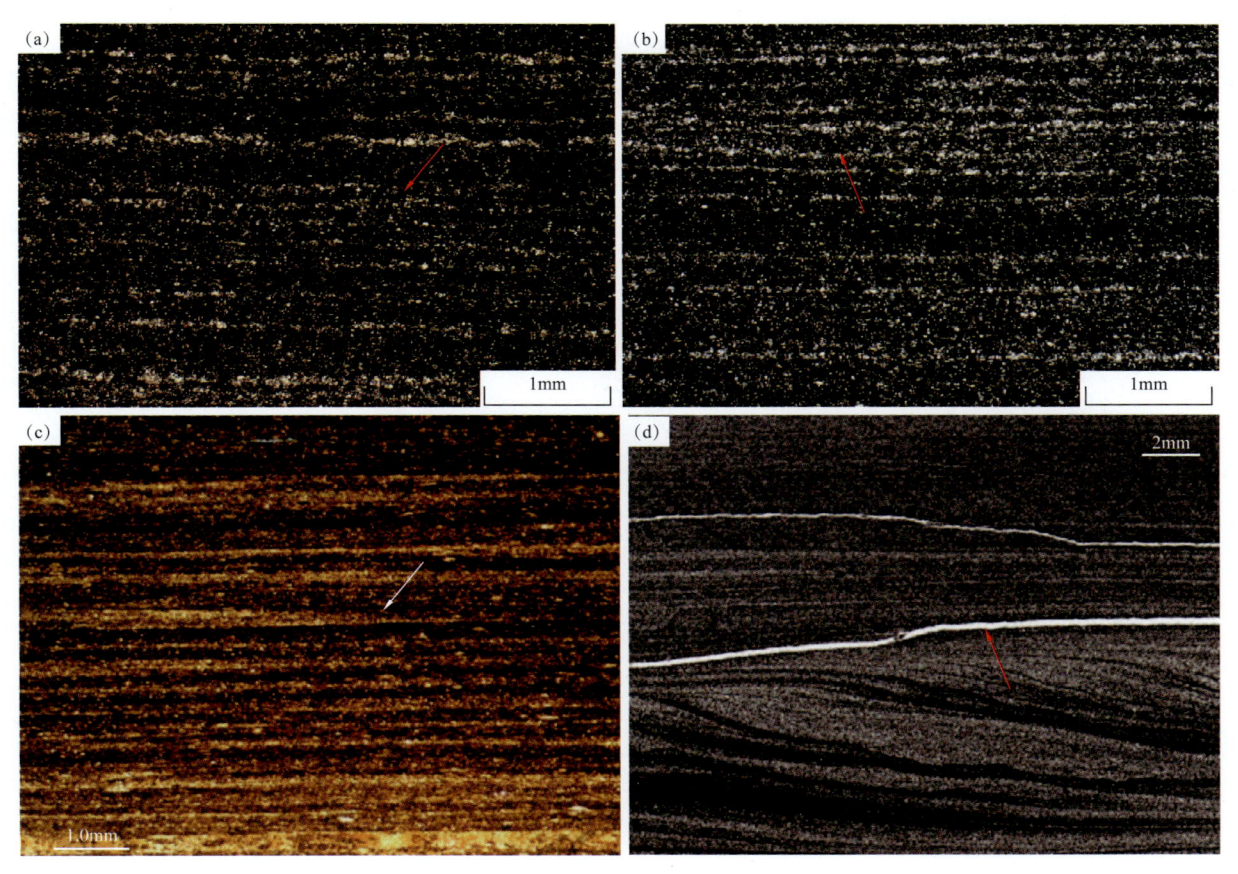

图2-13 黑色页岩交错层理及其特征

（a）川南地区龙马溪组，巫溪2井；（b）川南地区龙马溪组，巫溪2井；（c）北美白垩系Mowry页岩（据Lazar等，2015）；
（d）北美上泥盆统Sonyea组（据Schieber，1999）

黑色页岩交错层理的形成常与底流活动有关（O'Brien,1990）。Schieber等（2007）研究表明，细粒物质在流动水体中常以絮状集合体的形式搬运，絮凝作用随着水体盐度和黏性有机质结壳能力的增加而增加。在一定的水流速度和水体地球化学条件下，絮状集合体逐渐堆积，从而形成交错层理。

三、不同层理矿物组成及粒度

生物扰动型块状层理主要由石英、黏土矿物、方解石、白云石和斜长石等组成（表2-2）。石英含量一般为35.2%～39.3%，黏土矿物含量为32.2%～32.4%，方解石含量为11.4%～17.9%，白云石含量为6.3%～11.8%，斜长石含量为5.3%～6.7%。石英颗粒直径为5～40μm，多数为15μm（图2-14a）；黏土矿物多数为长条状，直径为10～20μm；方解石和白云石颗粒直径一般为5～20μm，多数为15μm；斜长石颗粒直径一般为10～20μm。

均质型块状层理主要由方解石、石英、白云石及黏土矿物等组成。石英含量一般为21.8%～24.7%，方解石含量一般为26.9%～33.5%，白云石含量一般为14.9%～18.4%，黏土矿物以伊利石为主，其含量为15.6%～19.4%。石英颗粒直径一般为2～4μm（图2-14b），多呈孤立分布或组成集合体。碳酸盐颗粒直径一般为20～40μm，多数为10μm；黏土矿物颗粒直径一般为15～20μm，多呈片状或条带状分布。

递变型水平层理主要由石英、方解石、白云石和黏土矿物等组成（表2-2）。石英含量为32.4%～43.0%，方解石含量为30.0%～35.3%，白云石含量一般为9.3%～16.6%，黏土矿物以伊利石为主，其含量为11.4%～14.7%。石英颗粒直径3～5μm，多呈孤立分布或组成集合体（图2-14c）。碳酸盐颗粒直径为8～12μm，多数为10μm；黏土矿物颗粒直径为15～20μm，多呈片状或条带状分布。

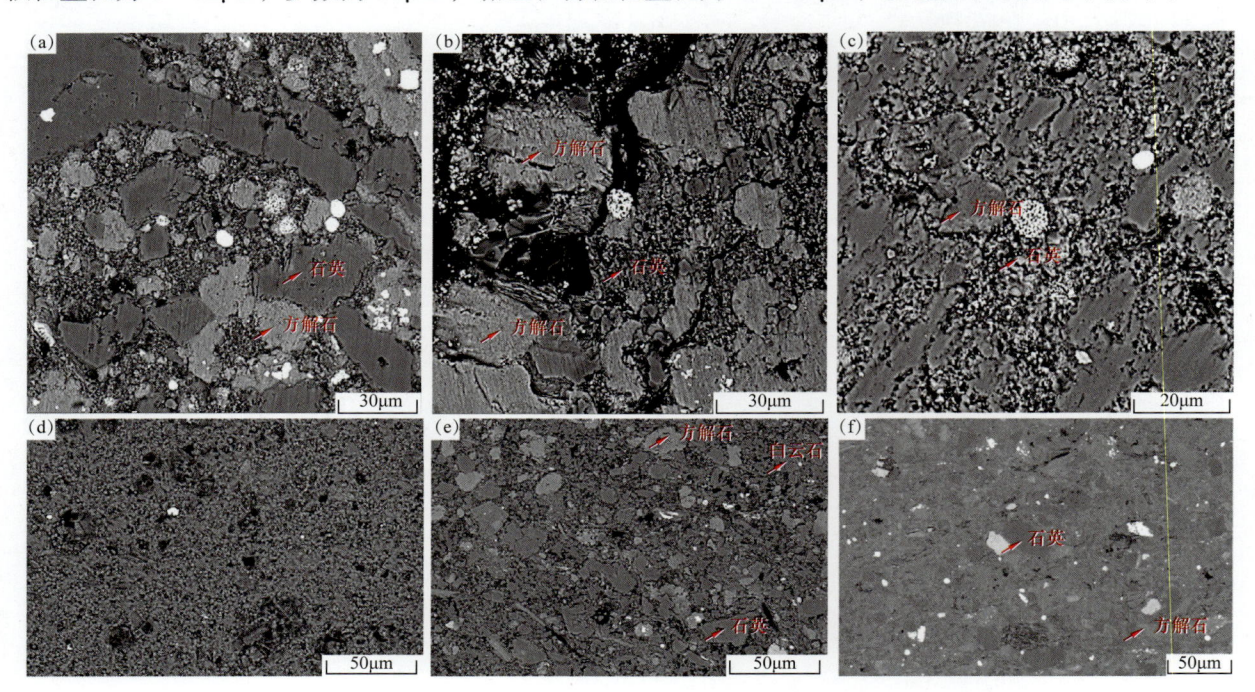

图2-14 扫描电镜照片展示五峰组—龙马溪组不同层理页岩矿物组成及粒度

（a）生物扰动型块状层理，长宁双河剖面，五峰组；（b）均质型块状层理，长宁双河剖面，五峰组；（c）递变型水平层理，长宁双河剖面，五峰组；（d）条带状粉砂型水平层理，长宁双河剖面，五峰组；（e）砂泥递变型水平层理，长宁双河剖面，五峰组；（f）砂泥互层型水平层理，长宁双河剖面，五峰组

条带状粉砂型水平层理主要由石英、方解石、白云石、黏土矿物和少量长石等构成（表2-2）。石英含量一般为59.0%～73.8%，方解石含量一般为0～4.8%，白云石含量一般为5.4%～12.6%，黏土矿物以伊利石为主，其含量为13.8%～21.7%。石英颗粒直径一般为1～3μm（图2-14d），多呈孤立分布或组成集合体。碳酸盐颗粒直径一般为20～30μm；黏土矿物颗粒直径一般为10～20μm，多呈片状或条带状分布。

砂泥递变型水平层理主要由石英、黏土矿物、方解石和白云石等构成（表2-2）。石英含量为46.7%～59.0%，黏土矿物含量为12.7%～16.4%，方解石含量为12.7%～22.0%，白云石含量为7.6%～16.2%。砂泥递变型水平层理页岩粒度较条带状粉砂型水平层理页岩粗，石英颗粒直径一般为10～20μm（图2-14e），方解石和白云石颗粒直径一般为20～40μm，黏土矿物颗粒直径为10～20μm。

砂泥互层型水平层理主要由石英、方解石、白云石和黏土矿物等构成（表2-2）。石英含量为40.7%～42.0%，方解石含量为19.3%～23.5%，白云石含量为15.1%～20.0%，黏土矿物含量为13.0%～14.1%。砂泥互层型水平层理页岩粒度进一步变粗（图2-14f），其石英颗粒直径为15～25μm，碳酸盐颗粒直径为25～45μm，黏土矿物颗粒直径为20～30μm。

表2-2　五峰组—龙马溪组不同层理页岩矿物组成

类型		样品编号	样品点	石英/%	钾长石/%	斜长石/%	方解石/%	白云石/%	黄铁矿/%	黏土矿物/%
块状层理	生物扰动型	XL-001	阳101H3-8	39.3	0	5.3	11.4	11.8	0	32.2
		XL-002	阳101H3-8	35.2	0	6.7	17.9	6.3	0	32.4
	均质型	XL-013	长宁双河	23.6	1.2	4.1	33.5	14.9	3.3	19.4
		XL-014	长宁双河	21.8	0.7	4.8	32.0	17.3	6.4	17.0
		XL-015	长宁双河	24.7	0.6	3.3	32.0	18.4	4.7	15.6
		XL-016	长宁双河	24.6	0.9	7.0	26.9	17.8	5.3	16.5
水平层理	递变型	XL-003	长宁双河	42.0	0	0.9	30.0	10.7	1.6	14.3
		XL-004	长宁双河	36.1	0	0.8	33.4	13.1	1.9	14.7
		XL-005	长宁双河	43.0	0	0.9	32.5	9.4	2.0	12.2
		XL-006	长宁双河	40.6	0	0.9	35.3	9.3	2.5	11.4
		XL-007	长宁双河	33.7	0	3.0	32.0	12.2	5.6	12.8
		XL-008	长宁双河	36.1	0	0.9	34.2	13.7	2.2	12.9
		XL-009	长宁双河	38.5	0	0.9	31.0	12.6	3.4	12.8
		XL-010	长宁双河	32.4	0.7	1.0	32.3	16.6	2.4	14.6
		XL-011	长宁双河	40.0	0	1.1	32.4	12.6	1.3	13.4
		XL-012	长宁双河	39.0	0.7	0.9	32.7	12.1	1.6	11.8

续表

类型		样品编号	样品点	石英/%	钾长石/%	斜长石/%	方解石/%	白云石/%	黄铁矿/%	黏土矿物/%
水平层理	条带状粉砂型	XL-017	长宁双河	65.0	1.0	2.8	4.8	8.6	0	16.6
		XL-018	长宁双河	70.9	1.3	2.5	2.4	6.9	0	16.0
		XL-019	长宁双河	59.0	0	4.0	2.6	8.7	2.5	21.7
		XL-020	长宁双河	71.2	0	2.8	1.7	8.1	0	16.2
		XL-021	长宁双河	73.4	0	1.9	1.6	6.3	1.7	15.1
		XL-022	长宁双河	68.1	0	2.5	2.4	8.2	1.5	17.3
		XL-023	长宁双河	73.8	0	2.3	1.3	6.1	3.2	14.0
		XL-024	长宁双河	70.8	0	2.5	1.9	6.6	1.9	15.0
		XL-025	长宁双河	71.1	0	3.1	1.2	6.7	1.6	16.3
		XL-026	长宁双河	72.6	2.2	2.0	0	5.4	1.7	16.1
		XL-027	长宁双河	69.6	0	1.9	2.4	9.0	3.3	13.8
		XL-028	长宁双河	65.0	0	1.7	3.1	12.6	1.5	15.4
	砂泥递变型	XL-029	长宁双河	59.0	0	2.5	12.7	7.6	1.2	16.4
		XL-030	长宁双河	49.0	1.3	3.0	21.1	9.7	1.1	14.8
		XL-031	长宁双河	48.9	0.8	2.2	22.0	11.4	1.1	13.6
		XL-032	长宁双河	58.0	0	1.8	12.8	9.6	2.1	15.0
		XL-033	长宁双河	50.9	0.9	1.8	18.0	12.9	1.8	12.7
		XL-034	长宁双河	46.7	1.1	1.4	19.7	16.2	1.7	13.2
		XL-035	长宁双河	52.9	0	2.2	15.6	13.0	1.9	14.4
	砂泥互层型	XL-036	长宁双河	40.7	0.9	3.0	21.9	16.9	2.4	13.6
		XL-037	长宁双河	42.0	0	2.1	23.5	15.1	3.2	14.1
		XL-038	长宁双河	40.8	1.5	3.3	19.3	20.0	2.1	13.0

第二节 不同层理纵向演化及平面分布

一、不同层理纵向演化

五峰组—龙马溪组不同层理的纵向规律性分布特征如图 2-15 所示。五峰组由下至上依次发育生物扰动型块状层理、递变型水平层理和均质型块状层理。生物扰动型块状层理发育于五峰组底部，层位相当于笔石带 WF1，由下至上，生物扰动强度减弱。递变型水平层理发育于五峰组中部，层位相当于笔石带 WF2-3，由下至上，单个递变层厚度逐渐增大。均质型块状层理发育于观音桥层，层位相当于笔石带 WF4。均质型块状层理页岩内部，双壳类等生物碎屑富集，代表了典型的赫南特阶生物类型组合。

龙马溪组由下至上依次发育条带状粉砂型水平层理、砂泥递变型水平层理和砂泥互层型水平层理。条带状粉砂型水平层理多数发育于龙马溪组底部，层位相当于笔石带 LM1，页岩中常发育大量顺层缝和非顺层缝，相互交织构成网状。砂泥递变型水平层理发育于龙马溪组下部，层位相当于笔石带 LM2，页岩中顺层缝密度相对较大，非顺层缝密度相对较低。砂泥互层型水平层理发育于龙马溪组中部及上部，层位相对于笔石带 LM3 及以上，页岩裂缝密度进一步减少，只发育少量顺层缝。

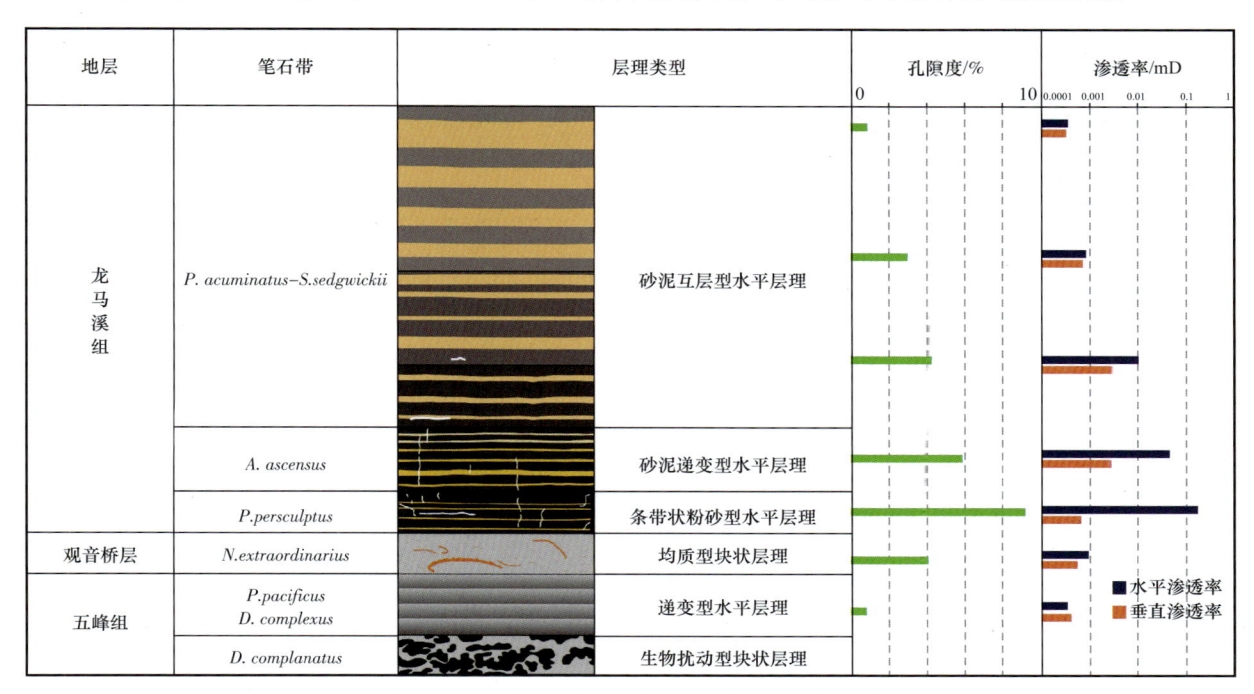

图 2-15　五峰组—龙马溪组层理类型及纵向分布

砂泥互层型水平层理特征纵向存在差异性。在龙马溪组中部及上部，由下至上，砂泥互层型水平层理中粉砂纹层单层厚度逐渐增大，粉砂纹层/泥纹层比值逐渐增大。LM3 内部，砂泥互层型水平层理主要表现为砂泥薄互层，粉砂纹层/泥纹层比值为 1/3～1/2。LM4 内部，砂泥互层型水平层理主要表现为砂泥等厚互层，粉砂纹层/泥纹层比值为 1/2～1。LM5 及以上地层，砂泥互层型水平层理主要表现为厚砂薄泥型，粉砂纹层/泥纹层比值大于 1。

二、不同层理平面分布

四川盆地龙马溪组层理类型与物源供给密切相关（图 2-16），距离源区由近至远，依次发育砂泥互层型水平层理、砂泥递变型水平层理和条带状粉砂型水平层理。浅水区主要发育砂泥互层型水平层理，其近端主要表现为厚砂薄泥，而远端表现为薄砂厚泥。由浅水区进入半深水区，泥纹层与粉砂纹层比值逐渐增大，粉砂纹层单层厚度减薄、连续性变差，主要发育砂泥递变型水平层理。深水区发育条带状粉砂型水平层理，粉砂纹层呈断续的条带状，相对于半深水区，泥纹层与粉砂纹层比值进一步增大，泥纹层单层厚度和连续性进一步变差。

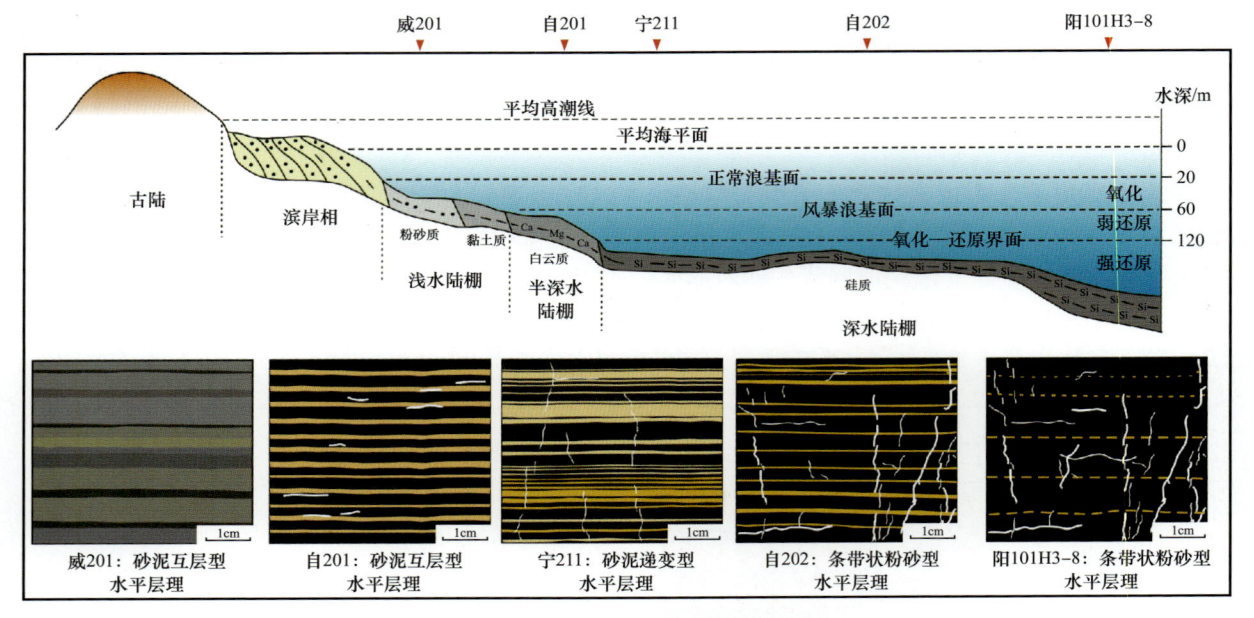

图 2-16 龙马溪组层理类型平面展布

第三节　不同层理成因机制探讨

黑色页岩纹层形成机制常见脉冲流（Lambert 等，1976）、多个不同水体能量的沉积事件堆积（O'Brien，1989）、藻类生物勃发（Macquaker 等，2010）、沉积分异（Piper，1972）或水流搬运分异（Yawar 和 Schieber，2017）等。

富硅生物的勃发可能是四川盆地龙马溪组龙一段含气页岩的纹层形成机制。主要证据有三：（1）泥纹层和粉砂纹层中的泥质均为生物成因硅，表明沉积时期硅质生物大量繁盛。泥纹层和粉砂纹层发育大量放射虫、硅质海绵骨针等生物骨骼，生物骨骼多被硅质和有机质充填，少数被黄铁矿充填。同时，泥纹层和粉砂纹层中泥质多为隐晶、微晶（1~3μm）或石英集合体，阴极发光照射下发光微弱—不发光，表明其为自生成因或生物成因。而且，前人通过石英赋存状态、微量元素统计及过量硅质含量的研究也认为这些硅质成分主要为生物成因（赵建华等，2016；刘江涛等，2017；卢龙飞等，2018）。综合分析认为，泥纹层中生物成因硅质含量大于70%，粉砂纹层中生物成因硅质含量大于20%。（2）董大忠等（2018）通过长宁双河剖面103块含气页岩样品的主微量元素分析，发现龙马溪组 Zr 含量与 SiO_2 含量呈负相关关系，从而推测该时期硅质矿物多为生物成因。（3）粉砂纹层与泥纹层界面多为板状平行结构，未见任何交错层理和侵蚀现象。Schieber 等（2007）研究表明，水流成因纹层多发育交错层理或侵蚀现象，而生物勃发成因纹层多发育板状平行结构。

生物勃发的形成可能与古气候的季节变化有关，气候相对温暖潮湿的季节，陆源淡水带来大量营养成分，造成硅质生物的勃发性生长。泥纹层可能形成于勃发期，粉砂纹层可能形成于间歇期。富硅生物勃发期由于硅质生物大量生长，故形成大量生物成因硅和有机质。同时，生物勃发造成水体中二氧化碳消耗严重，故碳酸钙大量沉淀（刘传联等，2001；Macquaker 等，2010），形成大量方解石、白云石和生物骨骼。方解石、白云石和生物骨骼由于颗粒直径和密度较大，故其沉降速率较大，在生物勃发期形成粉砂纹层。硅质生物和有机质由于密度和粒径小，其缓慢沉降，形成富有机质的泥纹层。

近年来由于页岩气工业的迅速发展,人们对黑色页岩有了更深入的认识。前人研究表明,黑色页岩存在强非均质性,发育大量宏观和微观沉积构造。然而,由于黑色海相页岩形成环境多样,形成机理复杂,人们对其沉积构造类型及特征、纹层类型及特征、沉积构造和纹层形成条件和形成机制等方面的研究目前仍处于探索阶段。现阶段,可以针对不同层系、不同形成背景,选择典型露头剖面,通过大薄片系统观察分析开展精细沉积构造及纹层描述,建立"典型地质剖面"。在此基础上,通过广泛的现代地质考察,结合水槽、沉积试管、沉积水箱等实验及计算机数值模拟方法,明确各沉积构造及纹层的成因机理。

第三章 长宁双河剖面五峰组—龙马溪组层理照片

长宁双河剖面位于四川省长宁县双河镇，大地坐标为 X：18487815.574，Y：3142572.328。该剖面从下至上发育奥陶系宝塔组、五峰组和志留系龙马溪组，五峰组与宝塔组为平行不整合接触，龙马溪组与五峰组为整合接触。宝塔组岩性主要为瘤状灰岩，五峰组和龙马溪组主要为黑色笔石页岩，中间夹有少量介壳灰岩。

本次研究，从下部五峰组至上部龙马溪组，共连续切割岩样17m，制作大薄片215块（图3-1）。层理描述主要借助全大薄片照相和偏光显微镜观察。选用高精度数字平台开展全大薄片照相，图像采集完成后，开展无缝拼接，然后再开展层理特征描述。

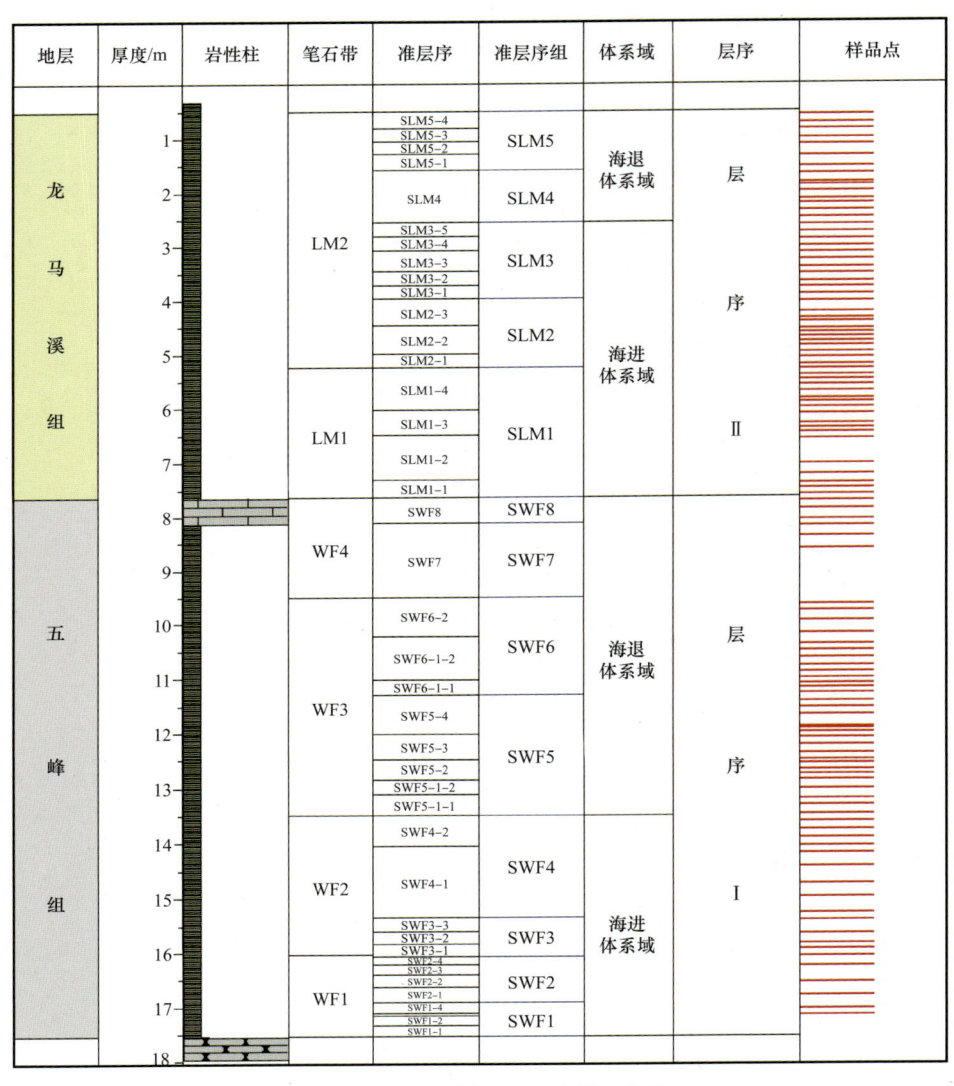

图3-1 长宁双河剖面地层及样品点位置

第一节　五峰组主要层理类型照片

递变层理页岩，主要由泥纹层构成，泥纹层纵向上构成泥质层，泥质层呈正粒序或反粒序。发育少量顺层缝，钙质充填。长宁双河剖面，五峰组，M001

递变层理页岩，主要由泥纹层构成，泥纹层纵向上构成泥质层，泥质层呈正粒序或反粒序。发育少量顺层缝和垂直缝，钙质充填。长宁双河剖面，五峰组，M002

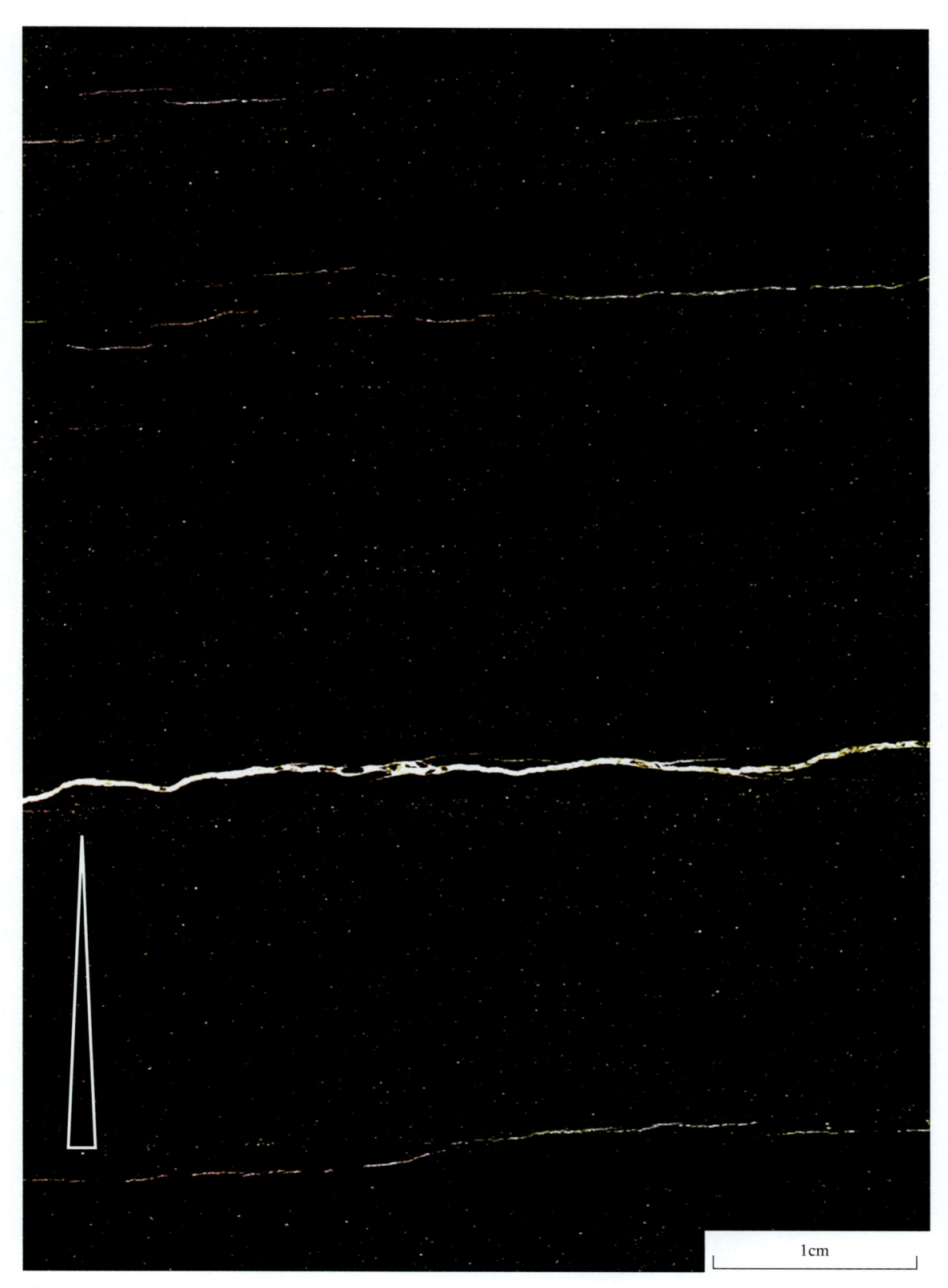

递变层理页岩，主要由泥纹层构成，泥纹层纵向上构成泥质层，泥质层呈正粒序或反粒序。发育少量顺层缝，钙质充填。长宁双河剖面，五峰组，M003

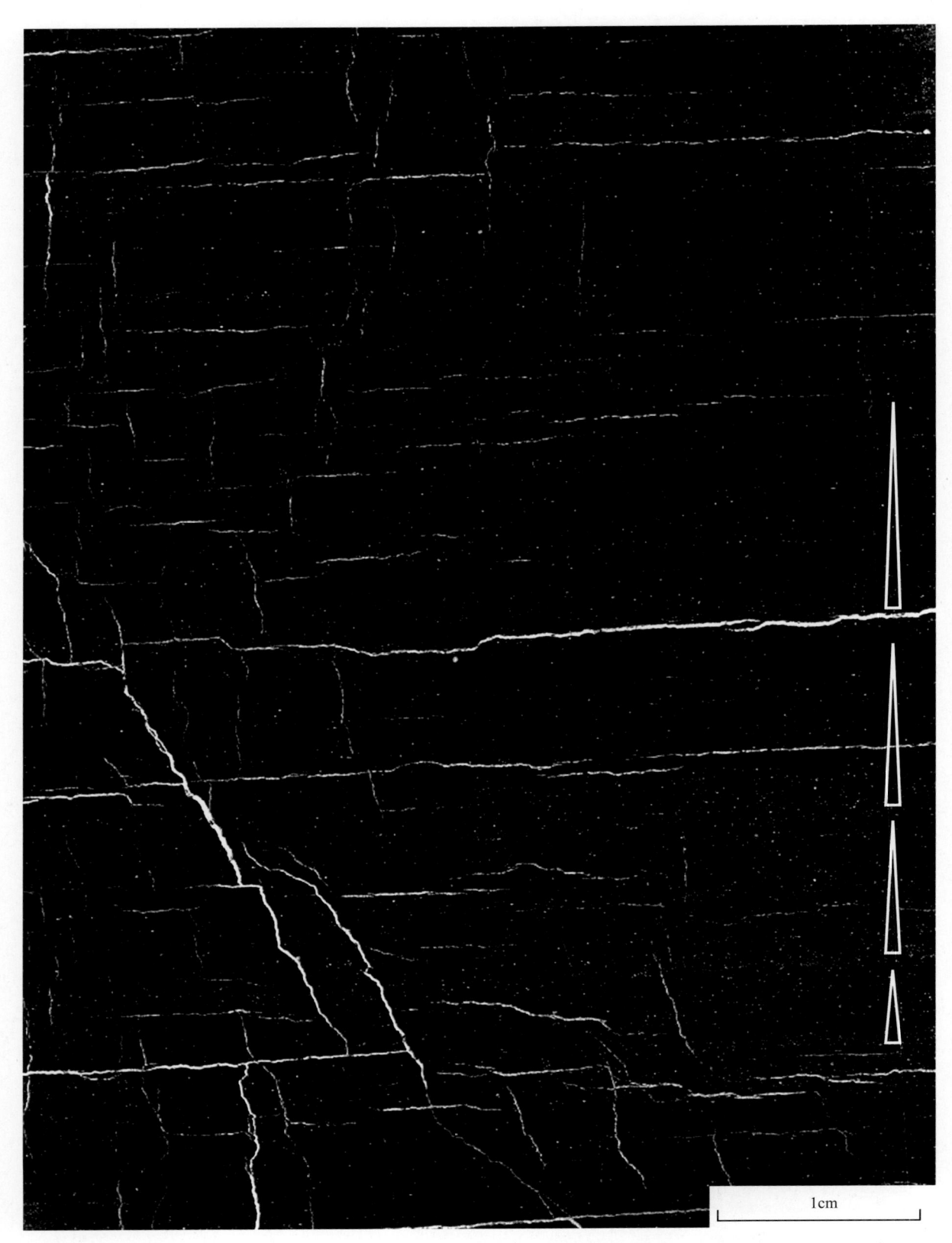

递变层理页岩，主要由泥纹层构成，泥纹层纵向上构成泥质层，泥质层多呈正粒序。顺层缝和垂直缝大量发育，在平面上构成网状，钙质充填。长宁双河剖面，五峰组，M005

均质层理页岩，主要由泥质层构成。发育大量顺层缝和垂直缝，平面上构成网状，钙质充填。
长宁双河剖面，五峰组，SWF1-2-1

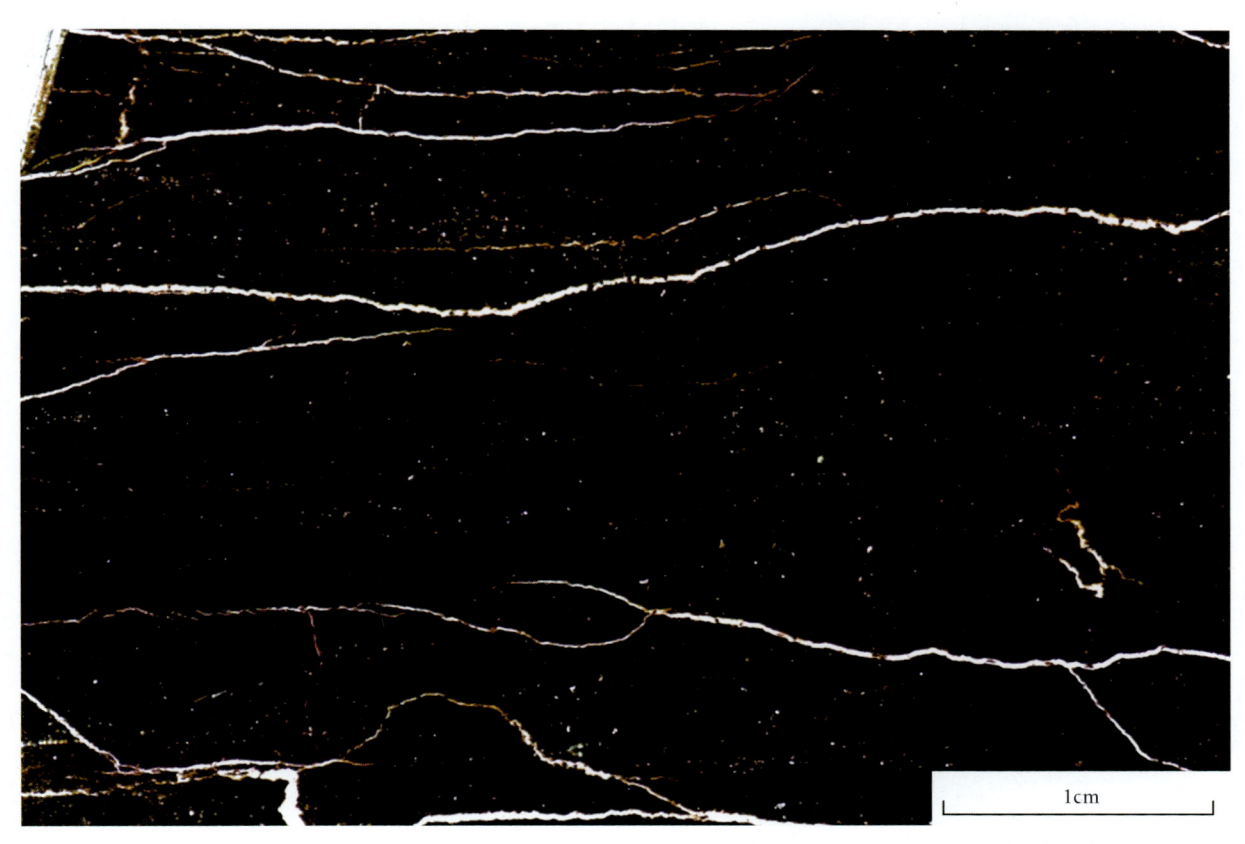

均质层理页岩，主要由泥质层构成。发育大量顺层缝和垂直缝，平面上构成网状，钙质充填。
长宁双河剖面，五峰组，SWF1-4-1

均质层理页岩，主要由泥质层构成。发育大量顺层缝和垂直缝，平面上构成网状，钙质充填。
长宁双河剖面，五峰组，SWF2-1-1

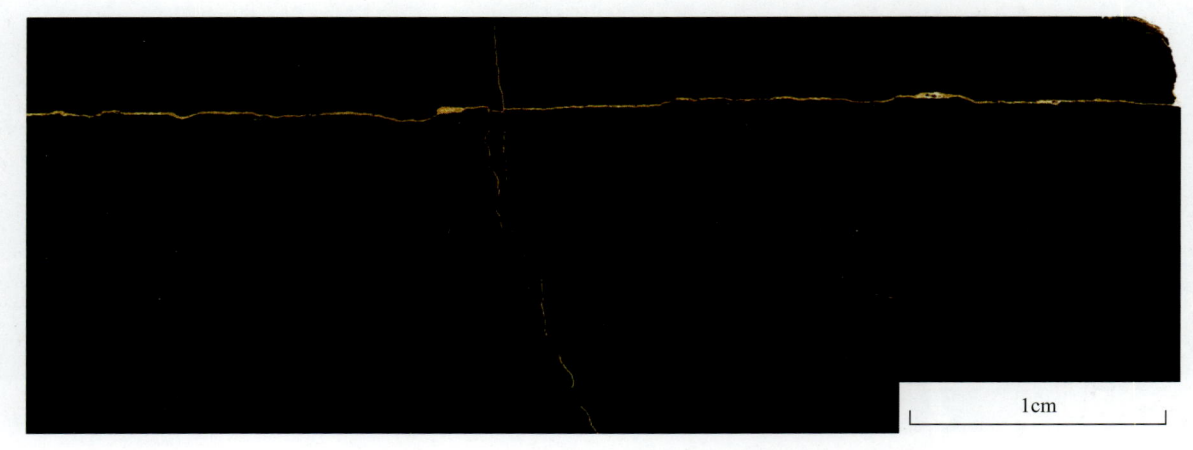

均质层理页岩，主要由泥质层构成。发育大量顺层缝和垂直缝，平面上构成网状，钙质充填。
长宁双河剖面，五峰组，SWF2-2-1

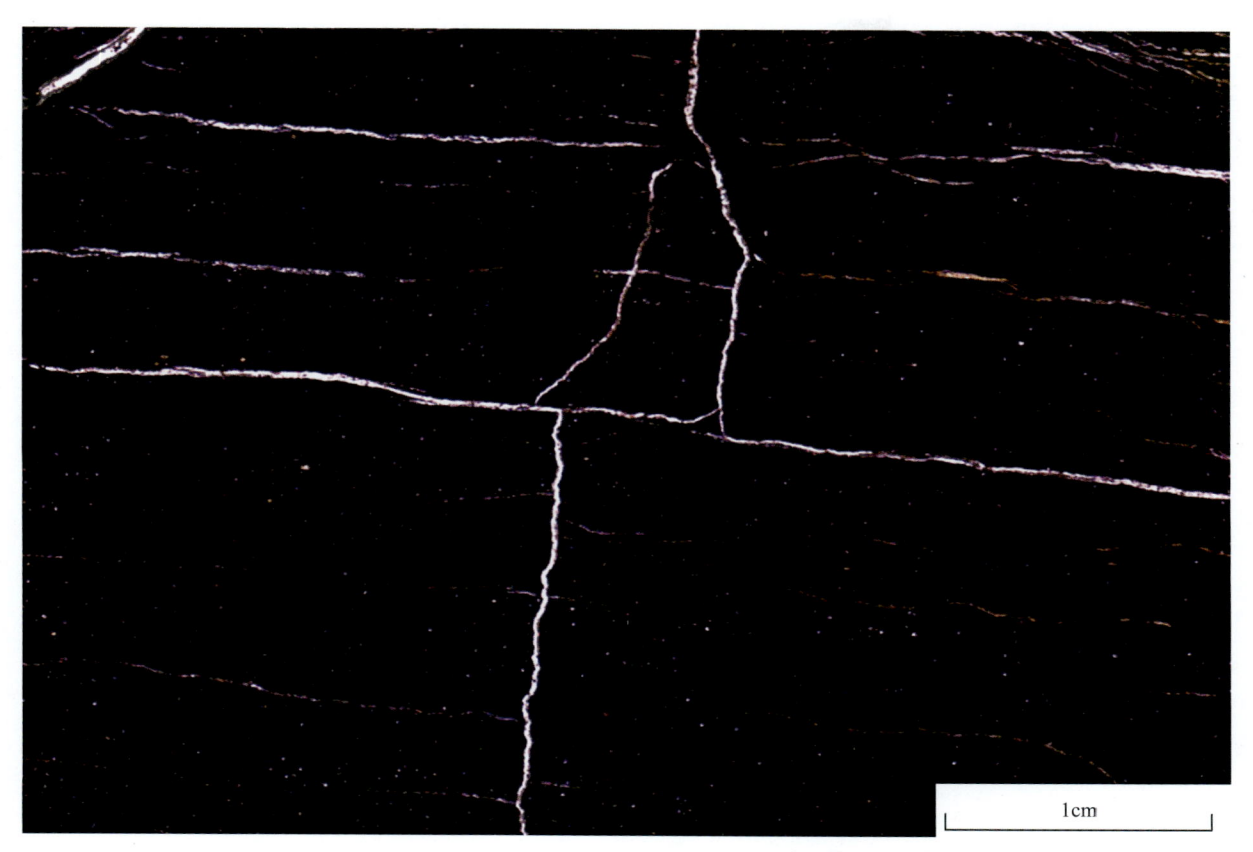

均质层理页岩，主要由泥质层构成。发育大量顺层缝和垂直缝，平面上构成网状，钙质充填。

长宁双河剖面，五峰组，4-1-1

递变层理页岩，主要由泥纹层构成。多个泥纹层构成泥质层，泥质层内部呈粒序构造。

长宁双河剖面，五峰组，4-3-2-2

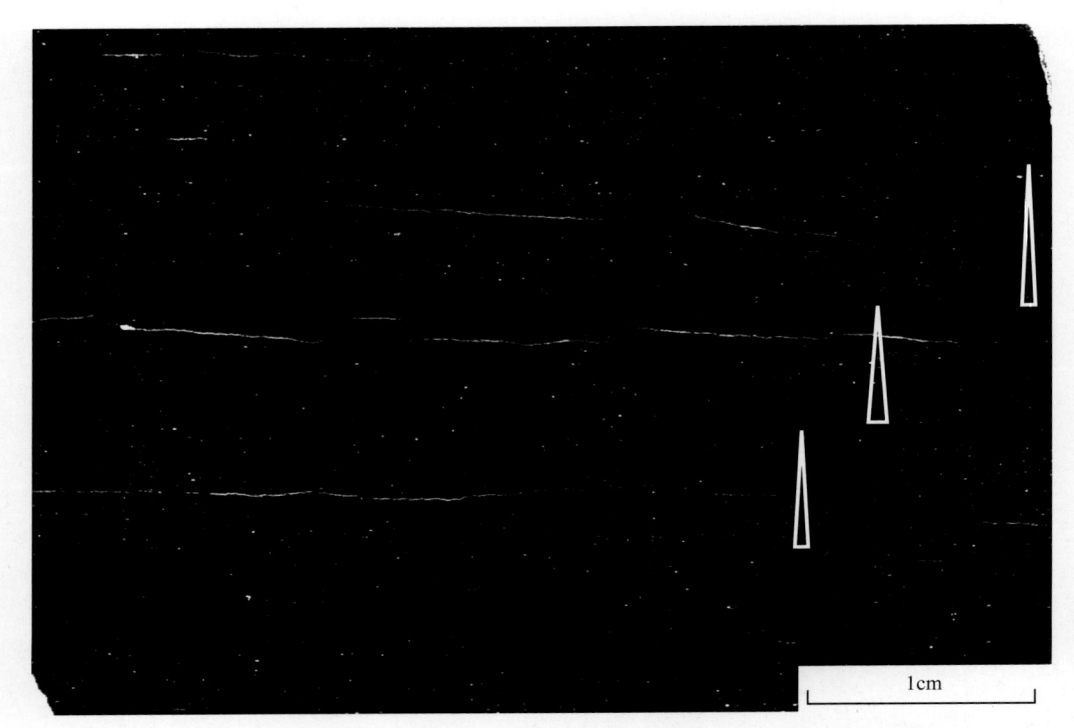

递变层理页岩，主要由泥纹层构成，多个泥纹层构成泥质层，泥质层内部呈粒序构造。发育少量顺层缝，钙质充填。长宁双河剖面，五峰组，4-3-1

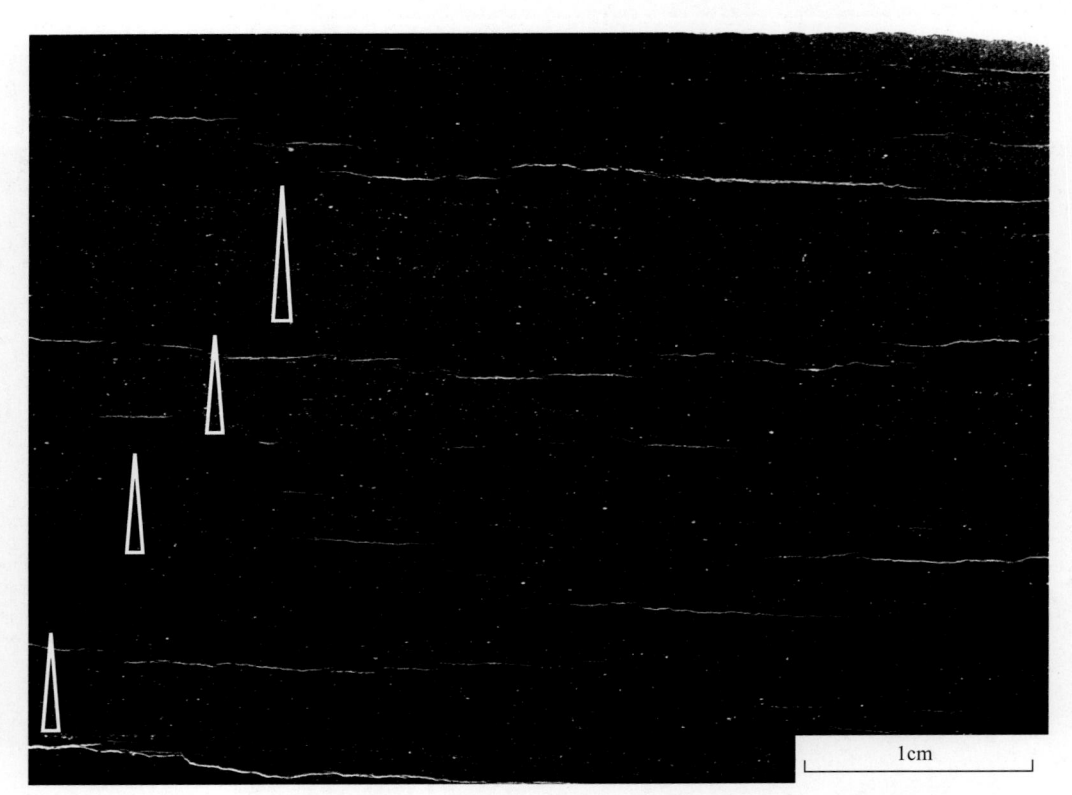

递变层理页岩，主要由泥纹层构成，多个泥纹层构成泥质层，泥质层内部呈粒序构造。顺层缝发育，钙质充填。长宁双河剖面，五峰组，4-7-1

递变层理页岩，主要由泥纹层构成，多个泥纹层构成泥质层，泥质层内部呈粒序构造。

长宁双河剖面，五峰组，4-4-1

递变层理页岩，主要由泥纹层构成，多个泥纹层构成泥质层，泥质层内部呈粒序构造。顺层缝发育，钙质充填。长宁双河剖面，五峰组，4-5-1

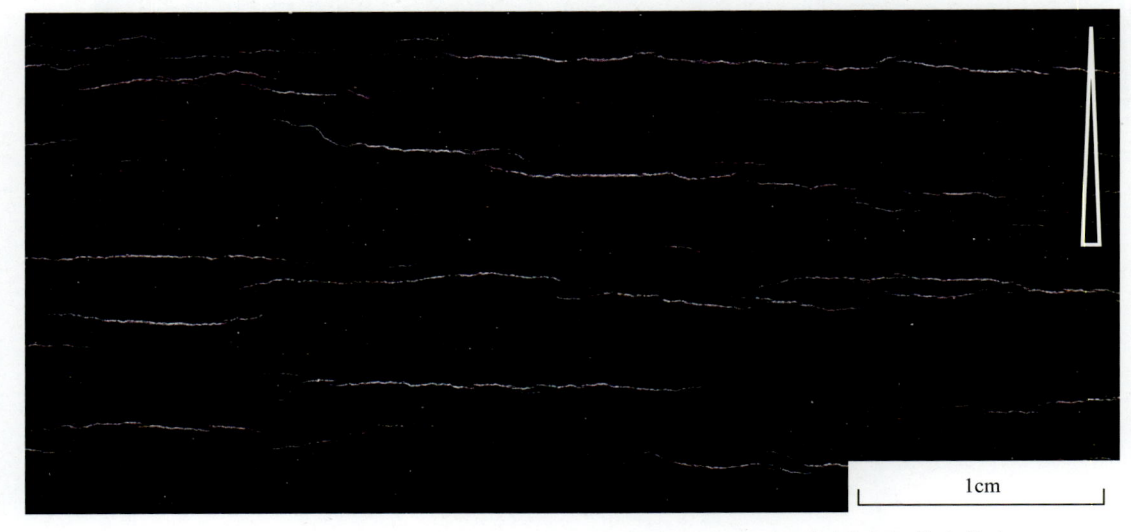

递变层理页岩，主要由泥纹层构成，多个泥纹层构成泥质层，泥质层内部呈粒序构造。顺层缝发育，钙质充填。长宁双河剖面，五峰组，4-6-1

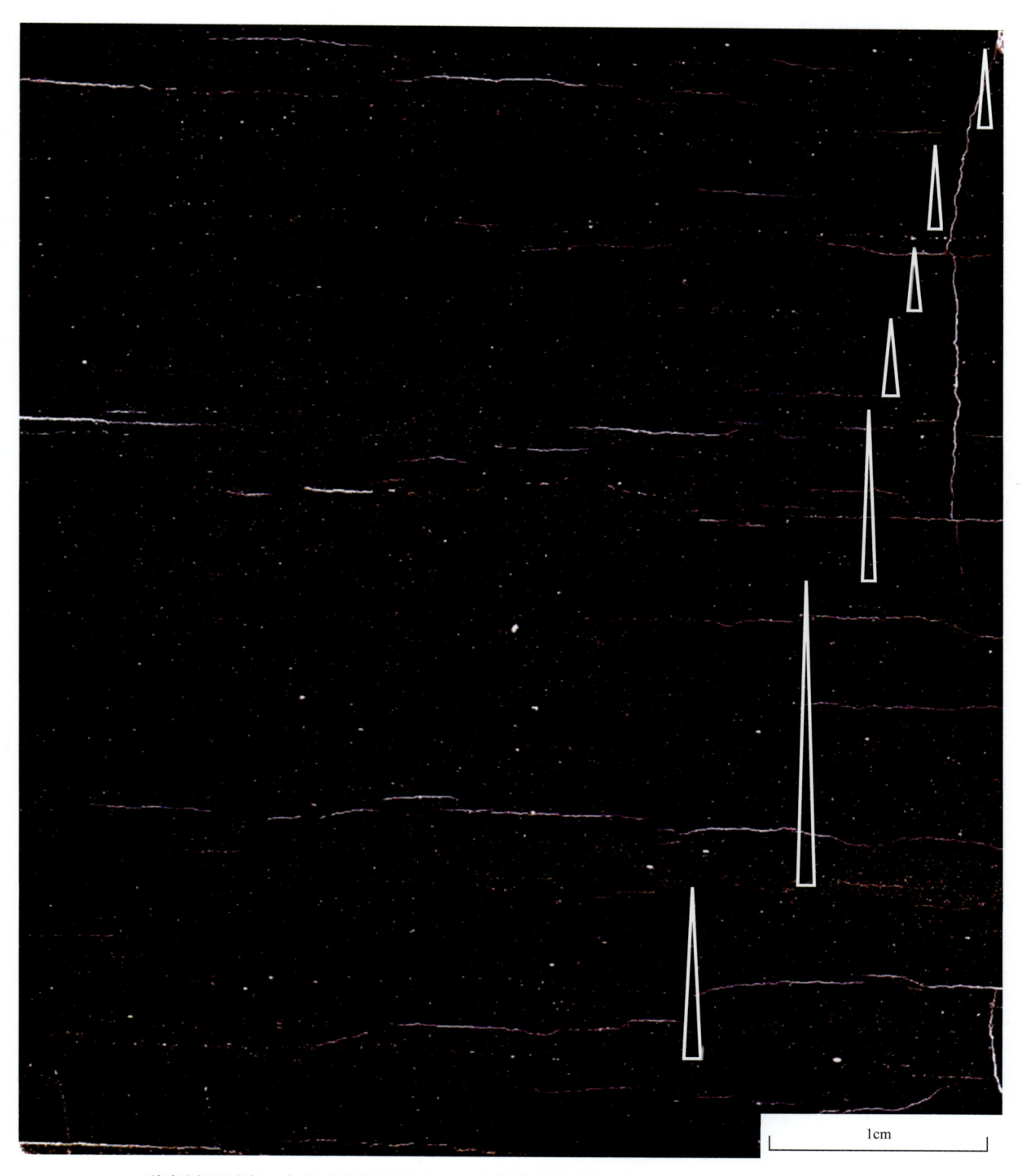

递变层理页岩，主要由泥纹层构成，多个泥纹层构成泥质层，泥质层内部呈粒序构造。顺层缝发育，钙质充填。长宁双河剖面，五峰组，4-8-1

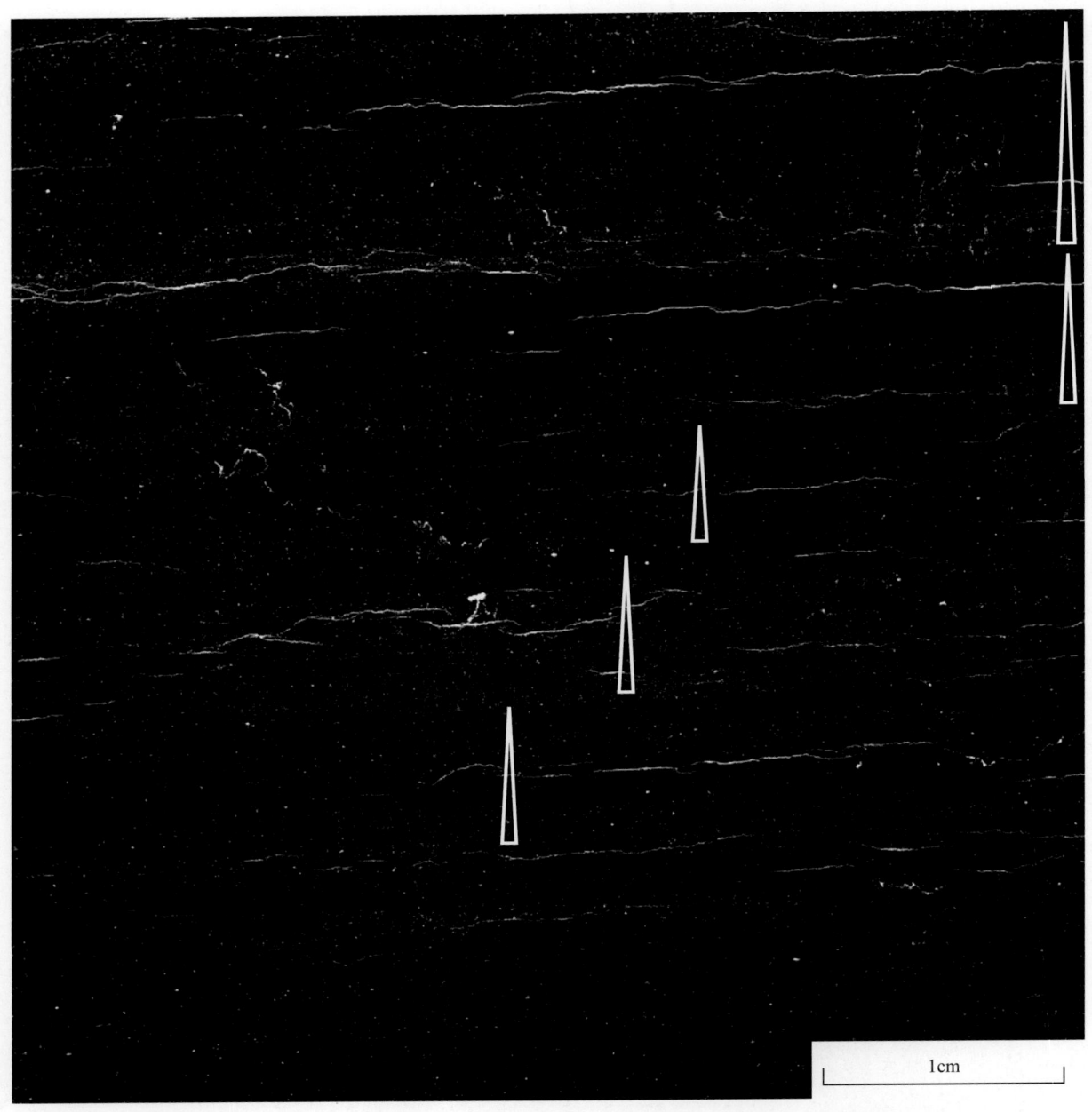

递变层理页岩，主要由泥纹层构成，多个泥纹层构成泥质层，泥质层内部呈粒序构造。顺层缝发育，钙质充填。长宁双河剖面，五峰组，4-11-1

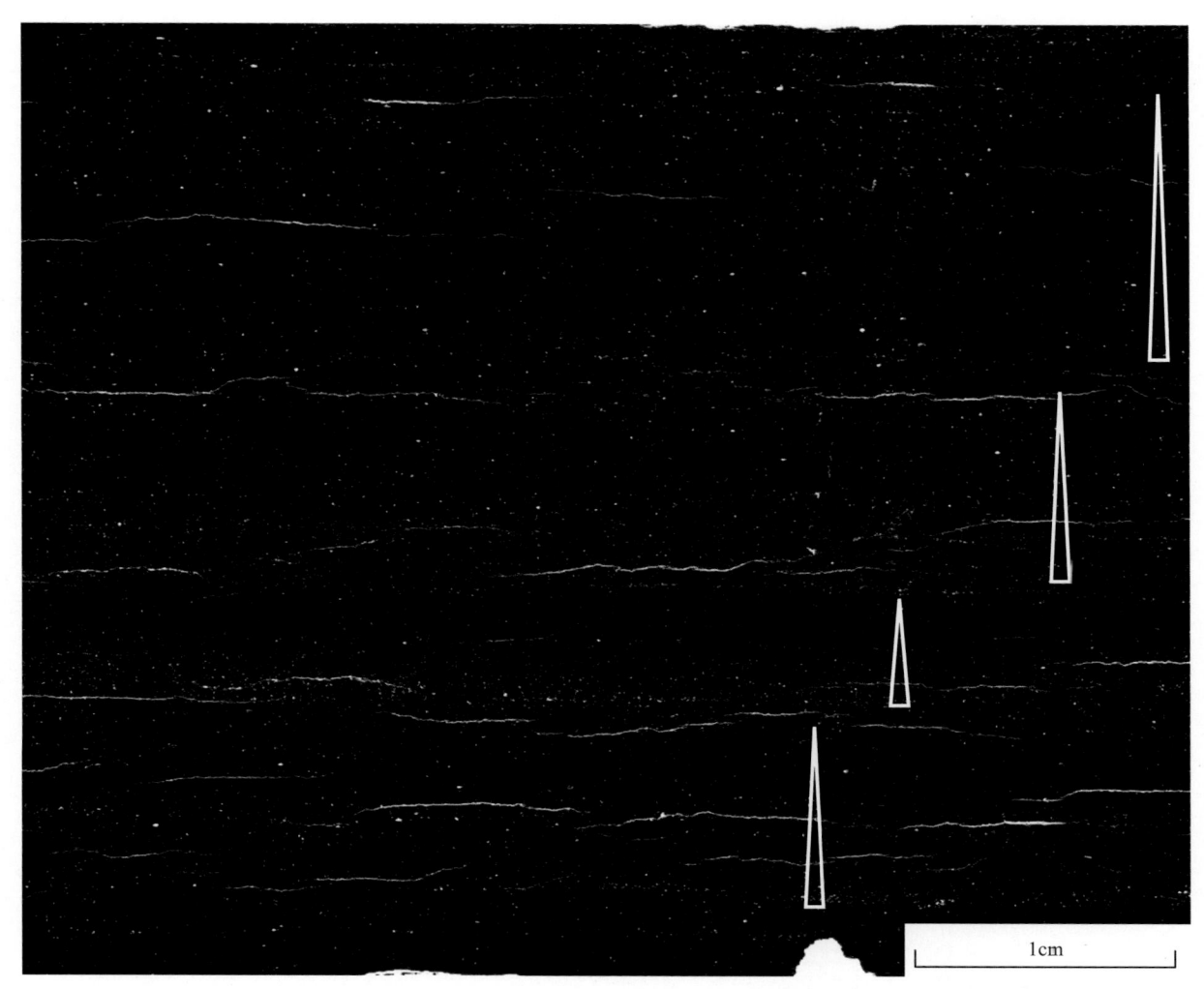

递变层理页岩，主要由泥纹层构成，多个泥纹层构成泥质层，泥质层为部呈粒序构造。顺层缝发育，钙质充填。长宁双河剖面，五峰组，4-12-1

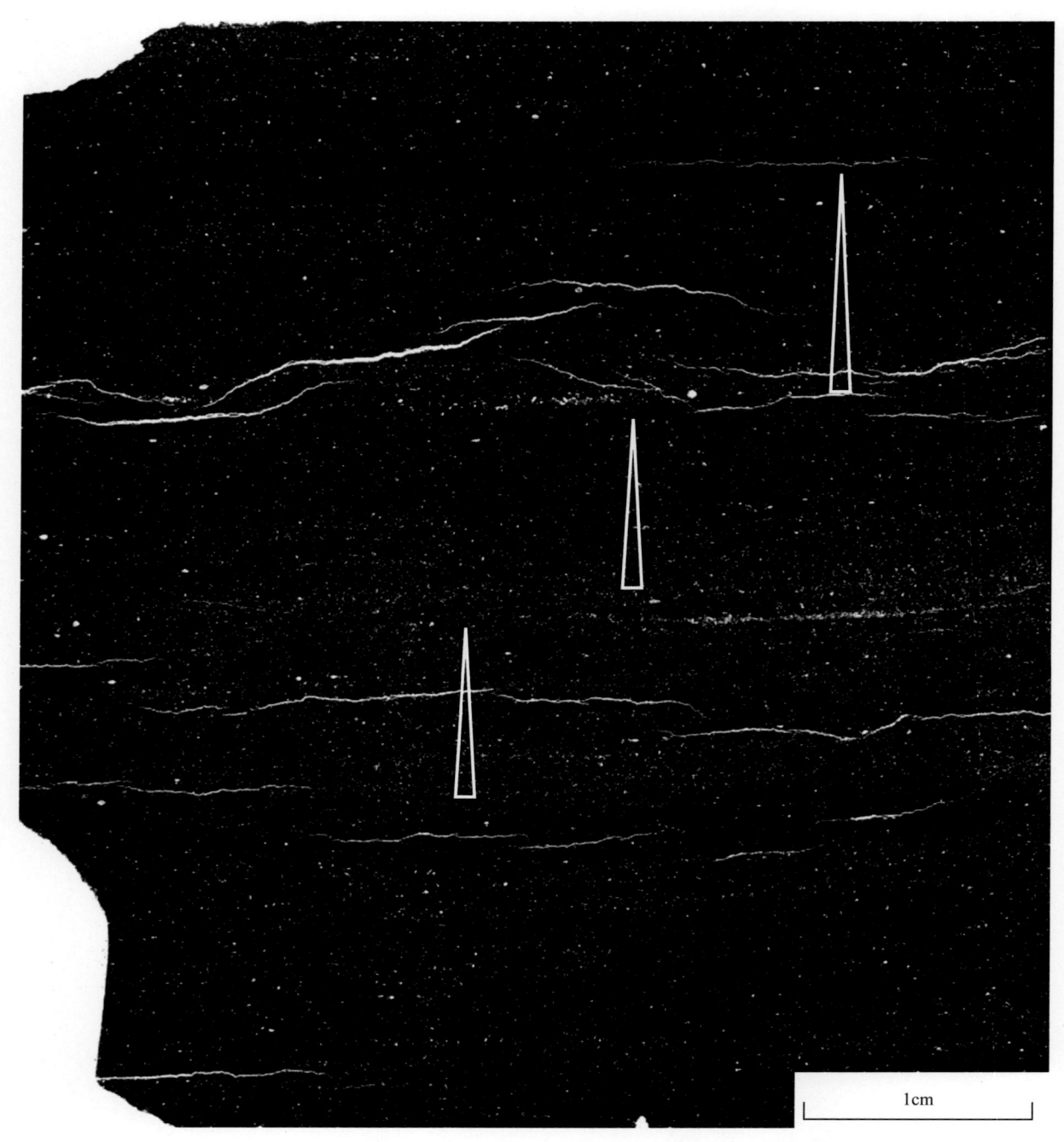

递变层理页岩，主要由泥纹层构成，多个泥纹层构成泥质层，泥质层内部呈粒序构造。顺层缝发育，钙质充填。长宁双河剖面，五峰组，4-13-1

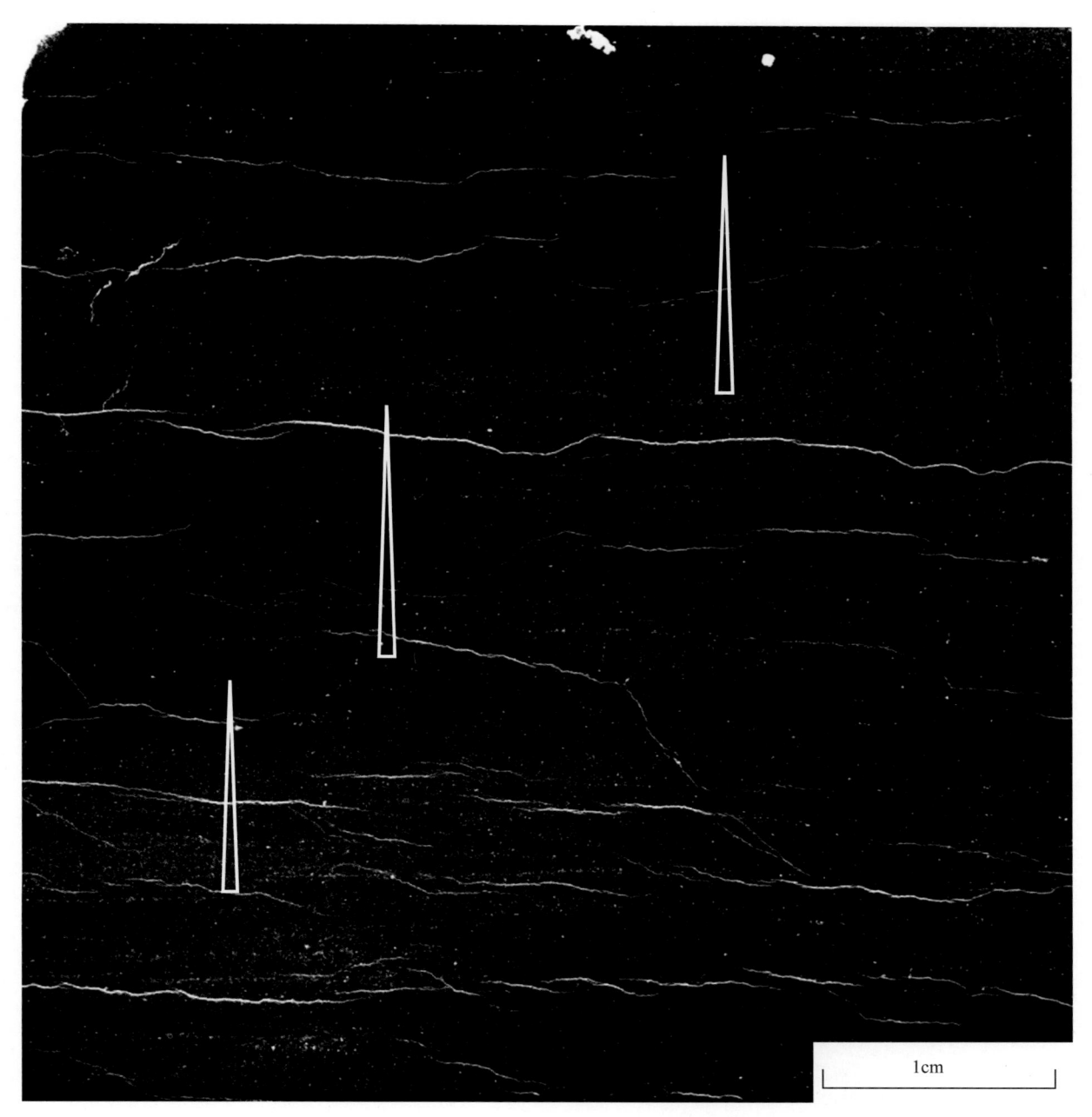

递变层理页岩，主要由泥纹层构成，多个泥纹层构成泥质层，泥质层内部呈粒序构造。顺层缝发育，钙质充填。长宁双河剖面，五峰组，4-14-1

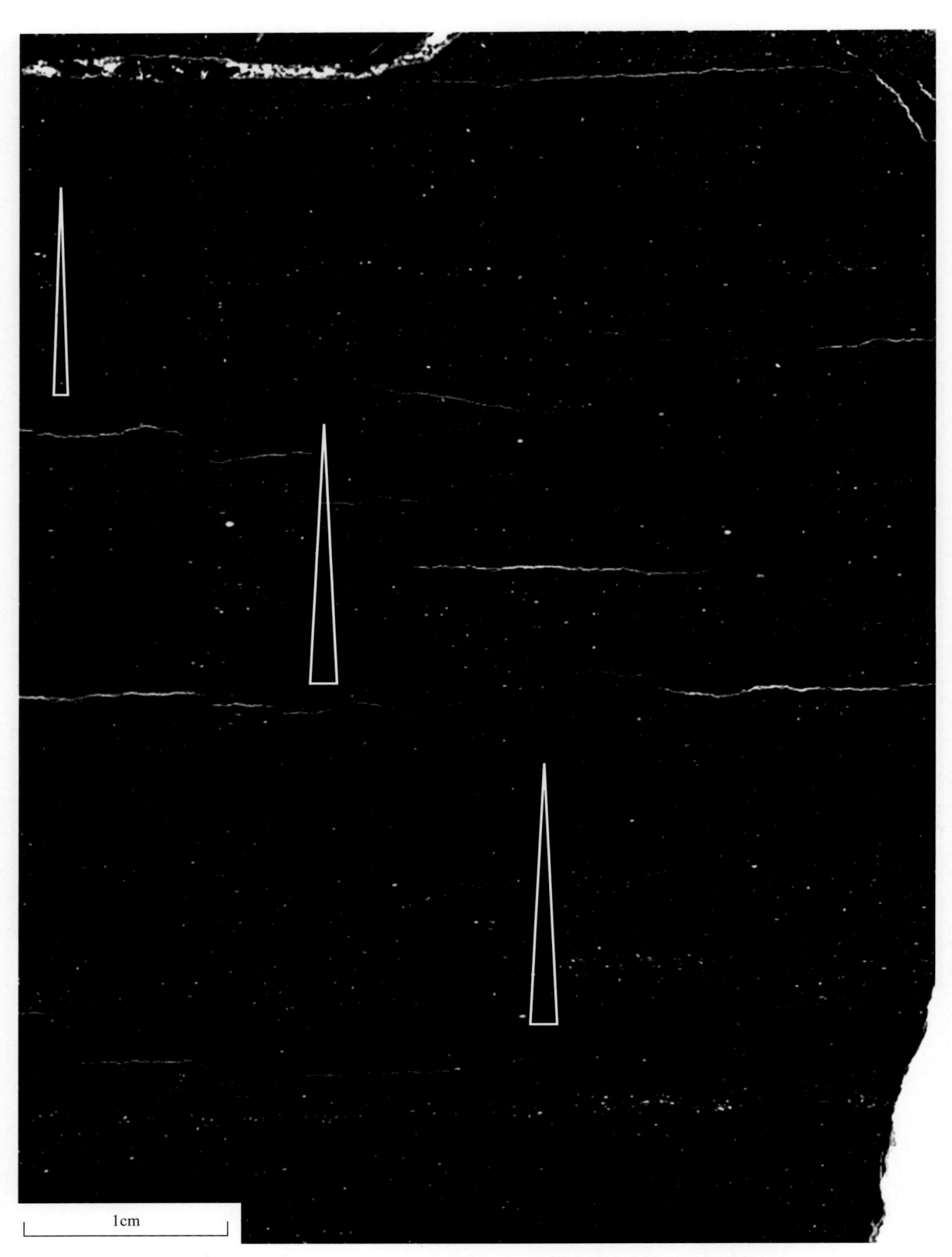

递变层理页岩，主要由泥纹层构成，多个泥纹层构成泥质层，泥质层内部呈粒序构造。顺层缝发育，钙质充填。长宁双河剖面，五峰组，4-15-1

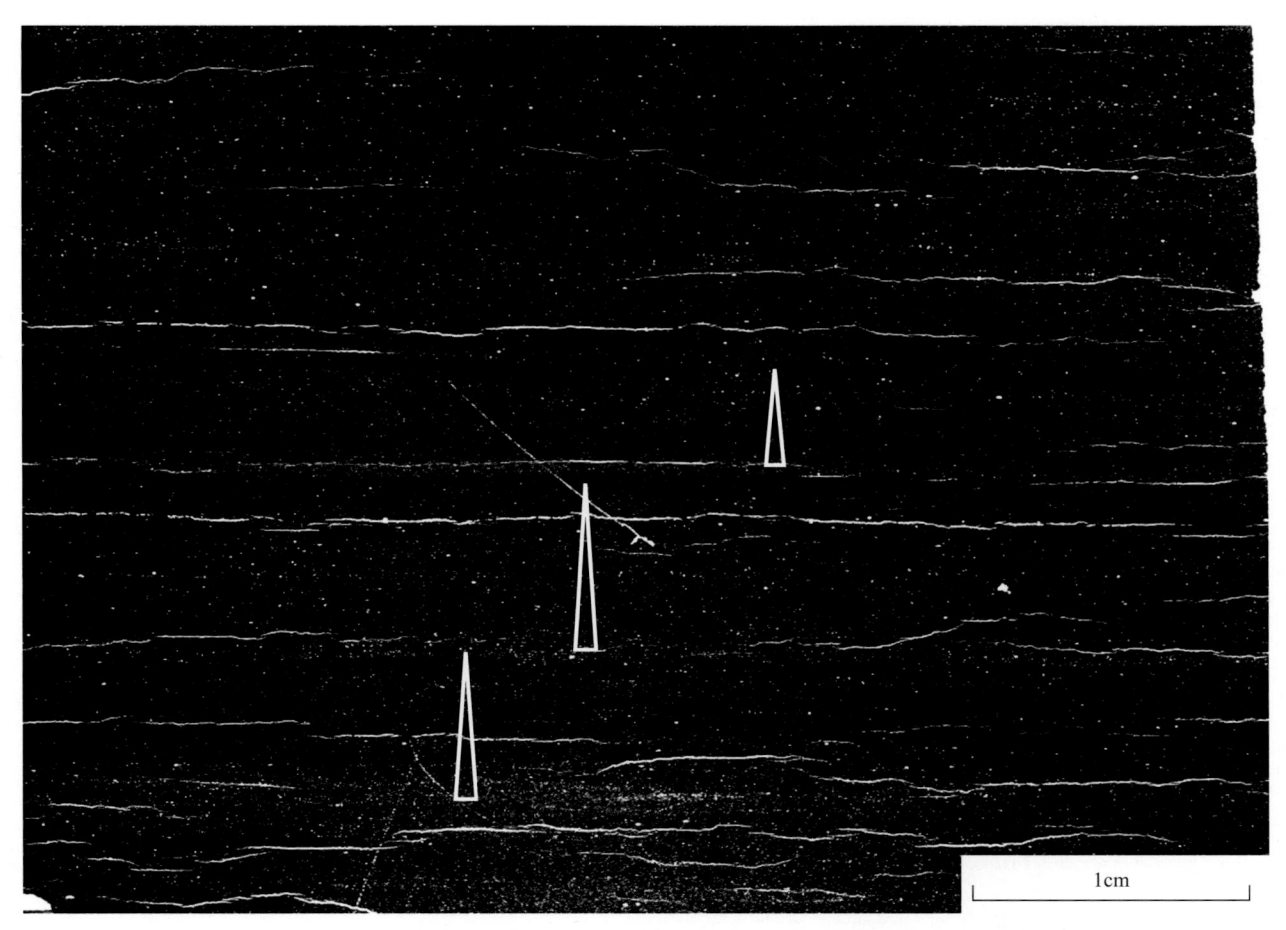

递变层理页岩，主要由泥纹层构成，多个泥纹层构成泥质层，泥质层内部呈粒序构造。顺层缝发育，钙质充填。长宁双河剖面，五峰组，4-16-1

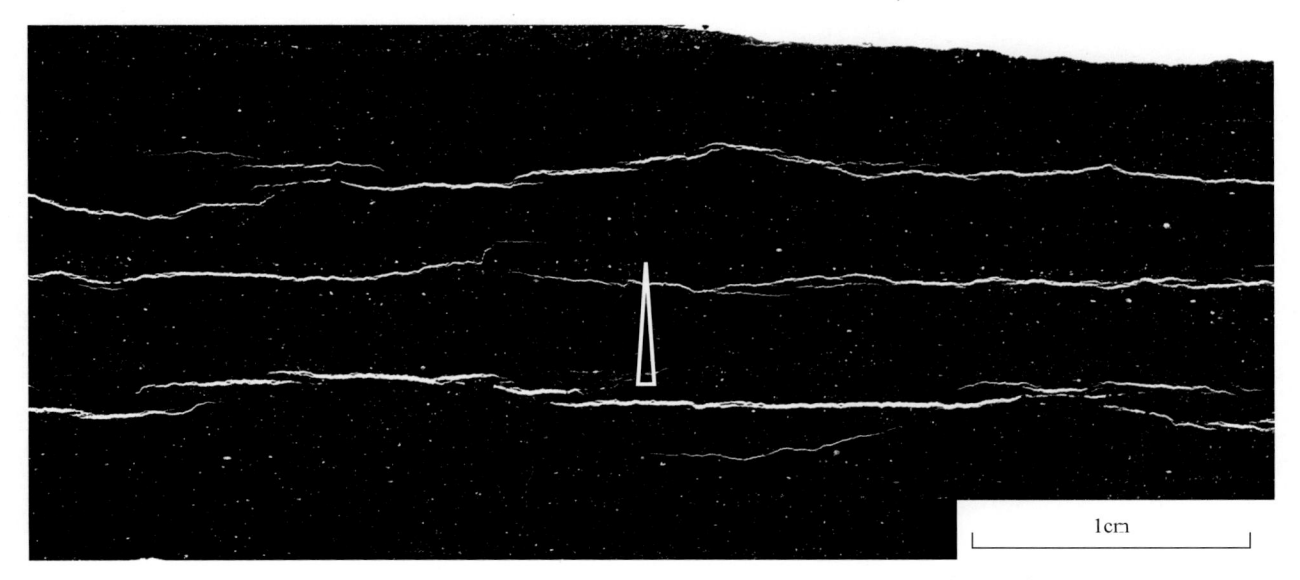

递变层理页岩，主要由泥纹层构成，多个泥纹层构成泥质层，泥质层内部呈粒序构造。顺层缝发育，钙质充填。长宁双河剖面，五峰组，4-21-1

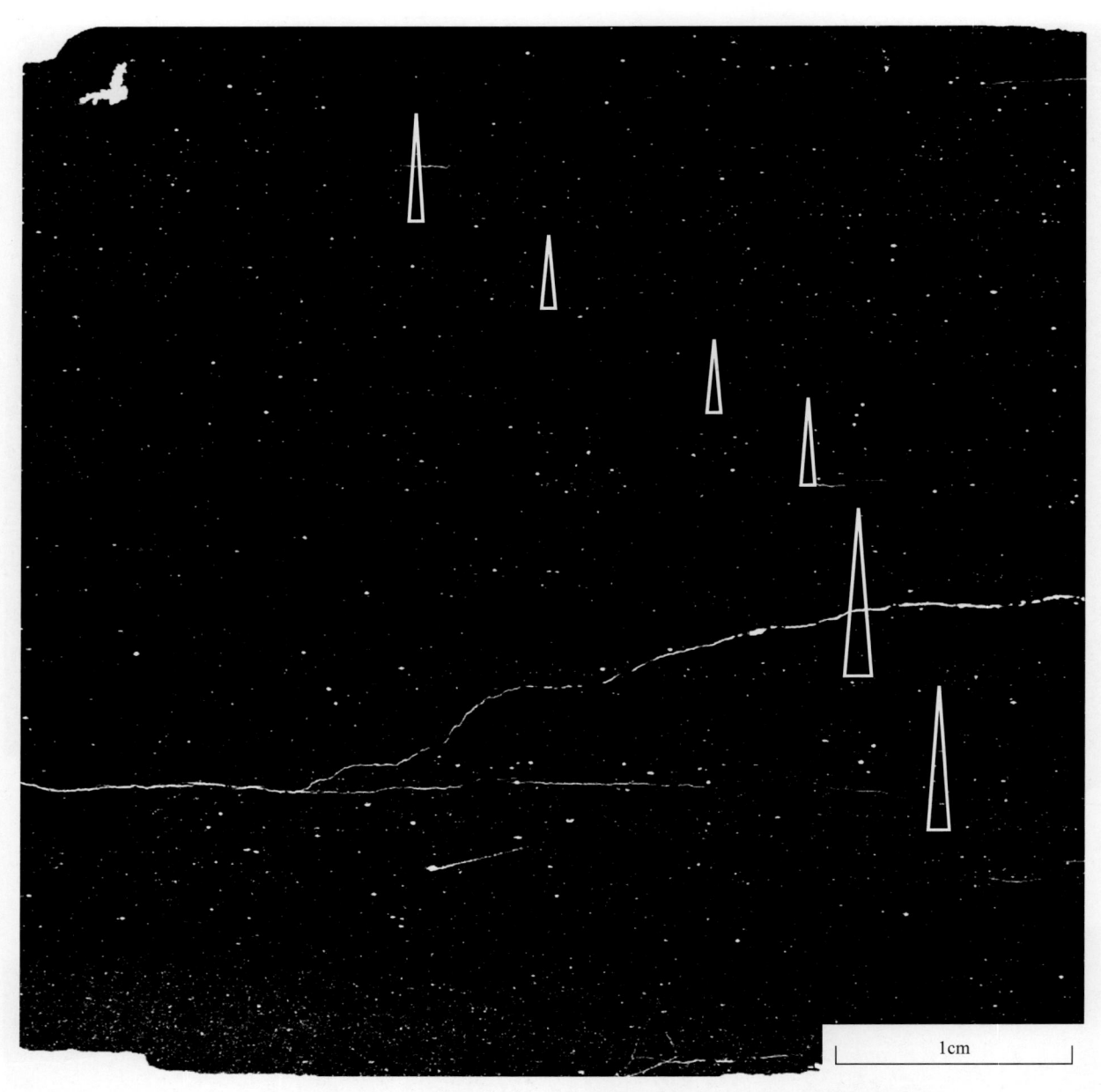

递变层理页岩，主要由泥纹层构成，多个泥纹层构成泥质层，泥质层内部呈粒序构造。发育少量顺层缝，钙质充填。长宁双河剖面，五峰组，4-19-1

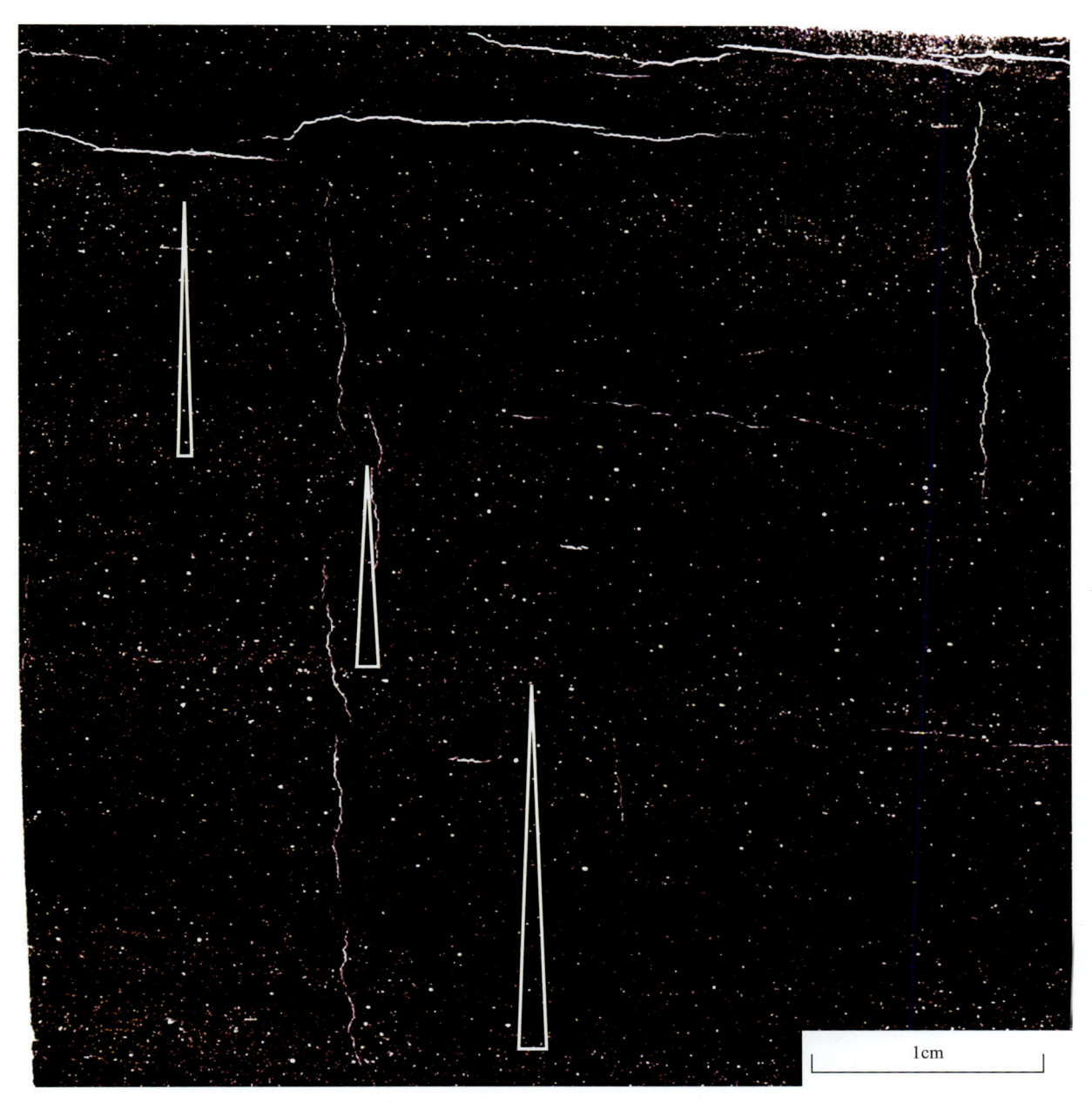

递变层理页岩，主要由泥纹层构成，多个泥纹层构成泥质层，泥质层内部呈粒序构造。发育少量顺层缝和垂直缝，钙质充填。长宁双河剖面，五峰组，4-19-2

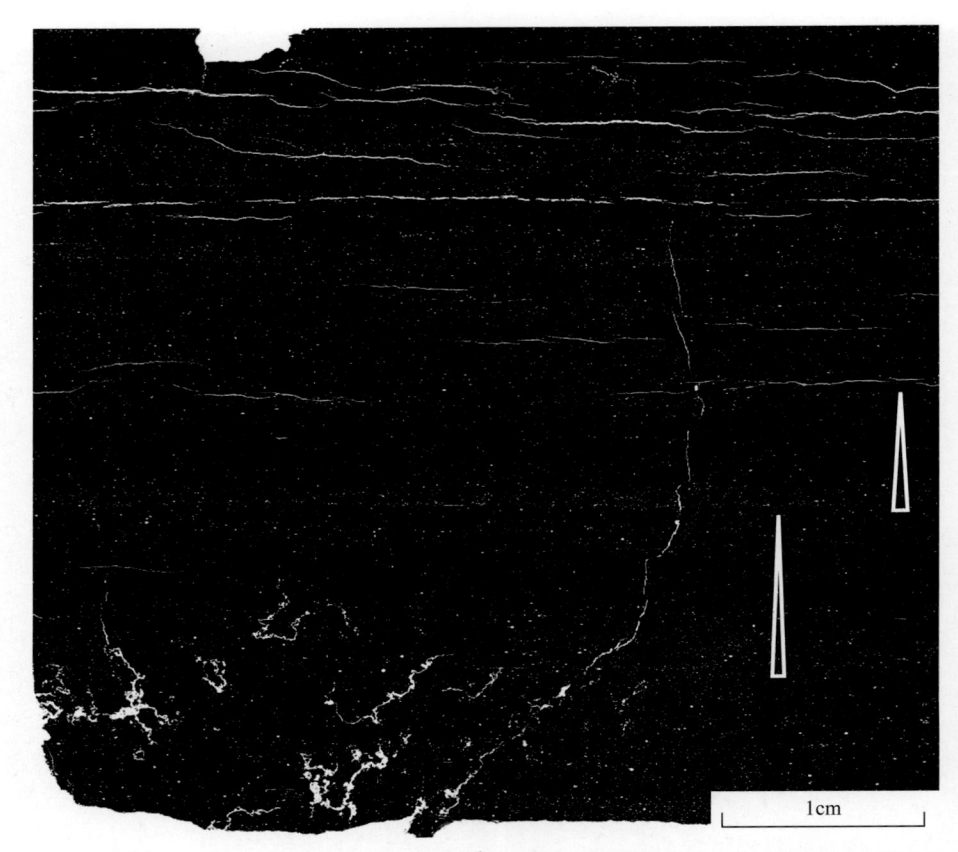

递变层理页岩，主要由泥纹层构成，多个泥纹层构成泥质层，泥质层内部呈粒序构造。顺层缝发育，钙质充填。长宁双河剖面，五峰组，4-20-1

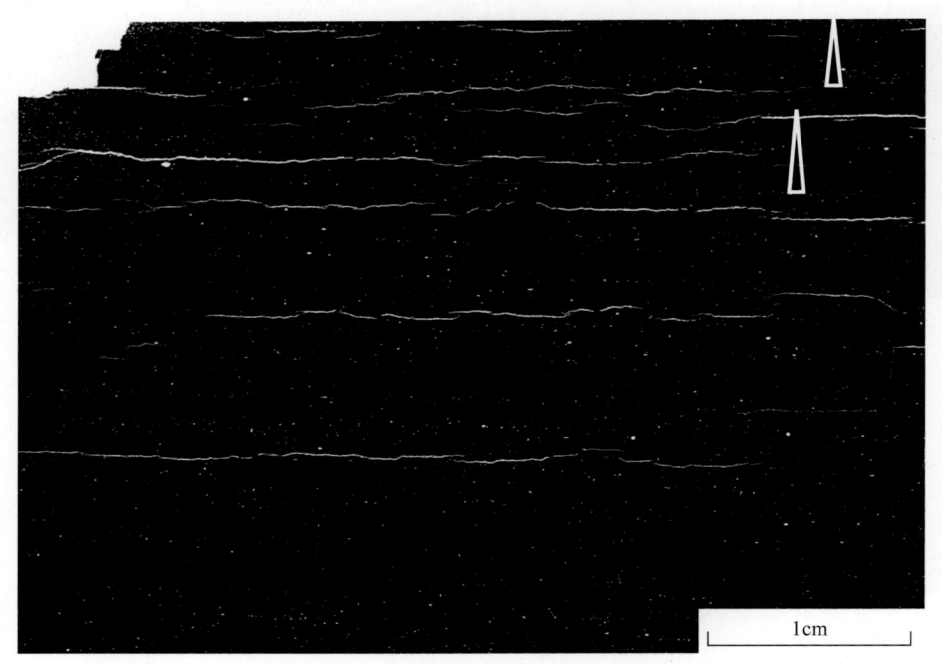

递变层理页岩，主要由泥纹层构成，多个泥纹层构成泥质层，泥质层内部呈粒序构造。顺层缝发育，钙质充填。长宁双河剖面，五峰组，4-22-1

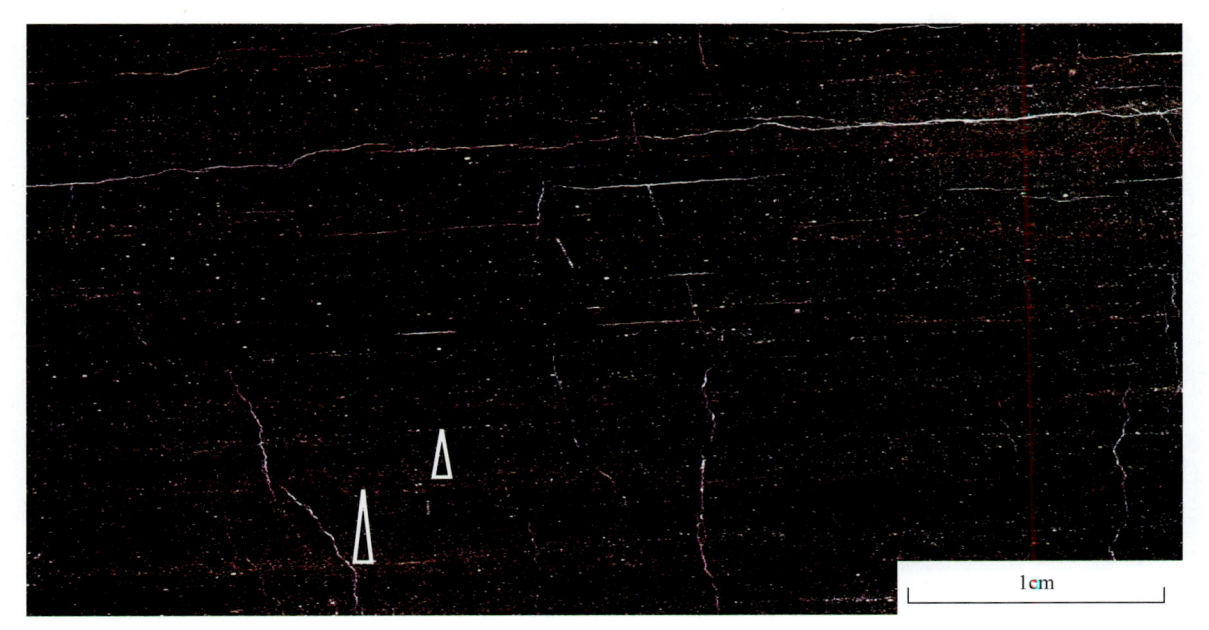

递变层理页岩，主要由泥纹层构成，多个泥纹层构成泥质层，泥质层内部呈粒序构造。发育少量顺层缝和垂直缝，钙质充填。长宁双河剖面，五峰组，4-23-1

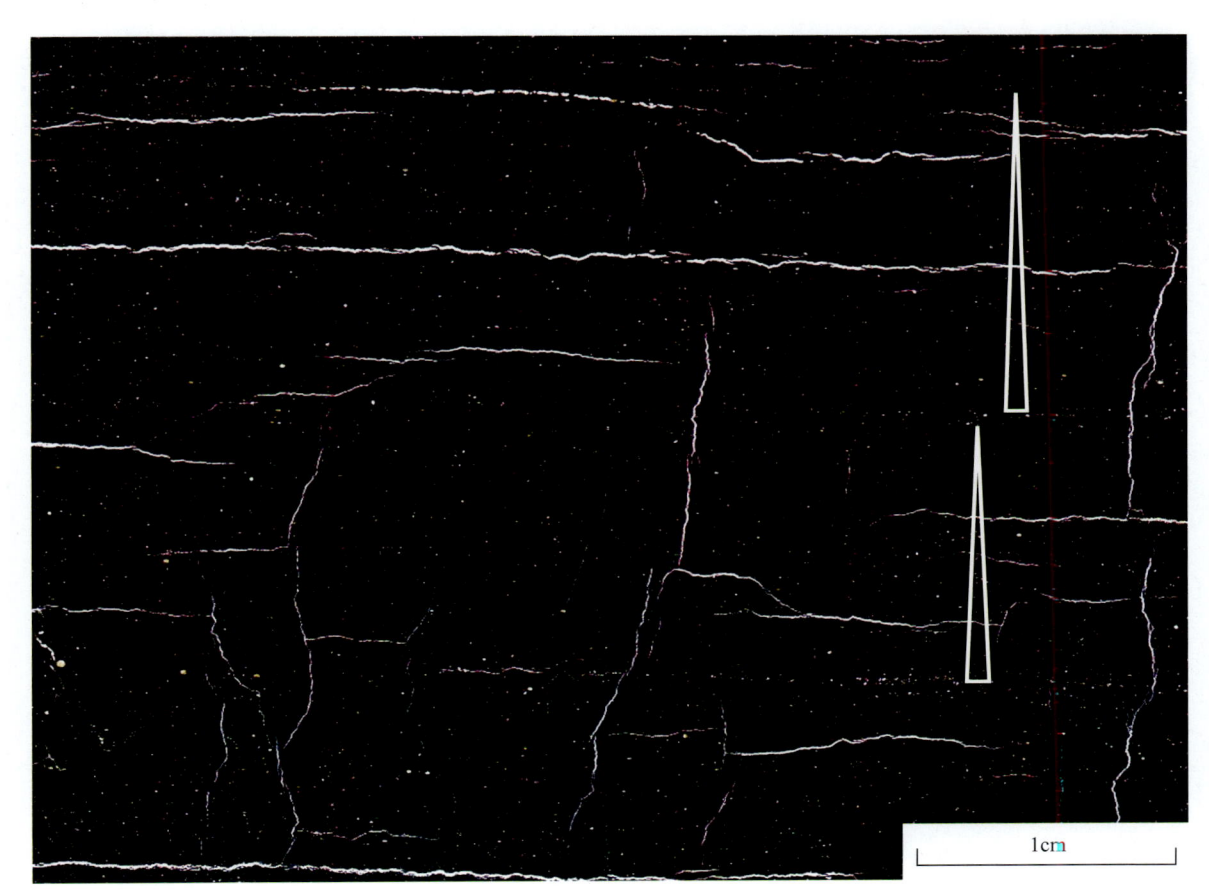

递变层理页岩，主要由泥纹层构成，多个泥纹层构成泥质层，泥质层内部呈粒序构造。顺层缝和垂直缝发育，平面上构成网状，钙质充填。长宁双河剖面，五峰组，4-25-1

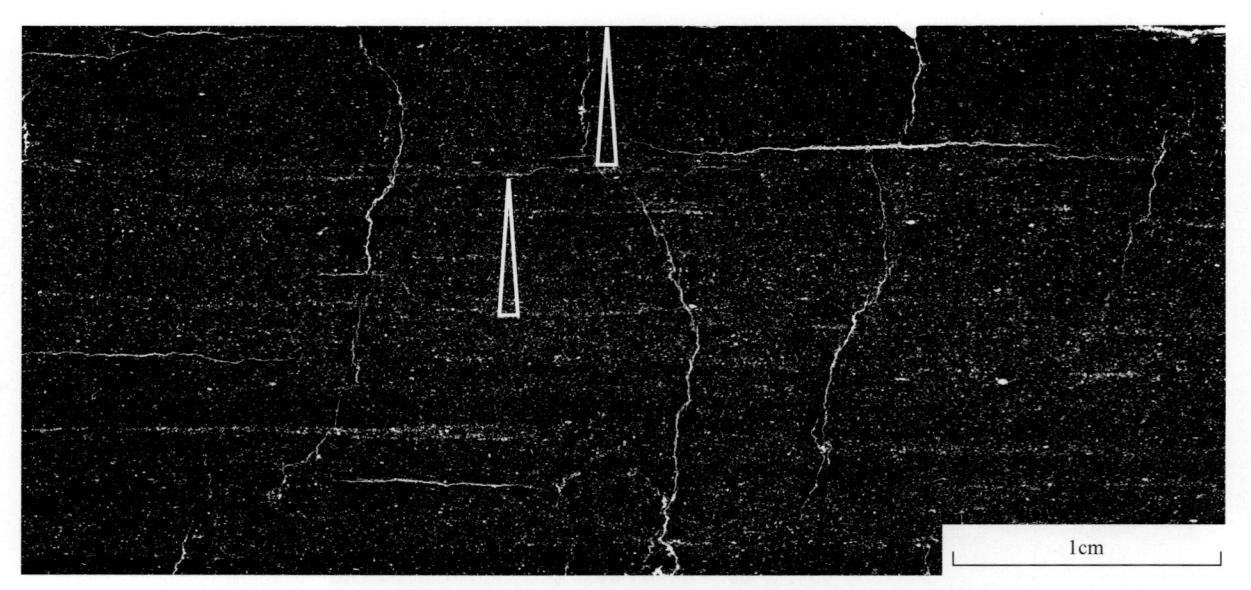

递变层理页岩，主要由泥纹层构成，多个泥纹层构成泥质层，泥质层内部呈粒序构造。发育少量垂直缝，钙质充填。长宁双河剖面，五峰组，4-26-1

递变层理页岩，主要由泥纹层构成，多个泥纹层构成泥质层，泥质层内部呈粒序构造。发育少量垂直缝，钙质充填。长宁双河剖面，五峰组，4-27-1

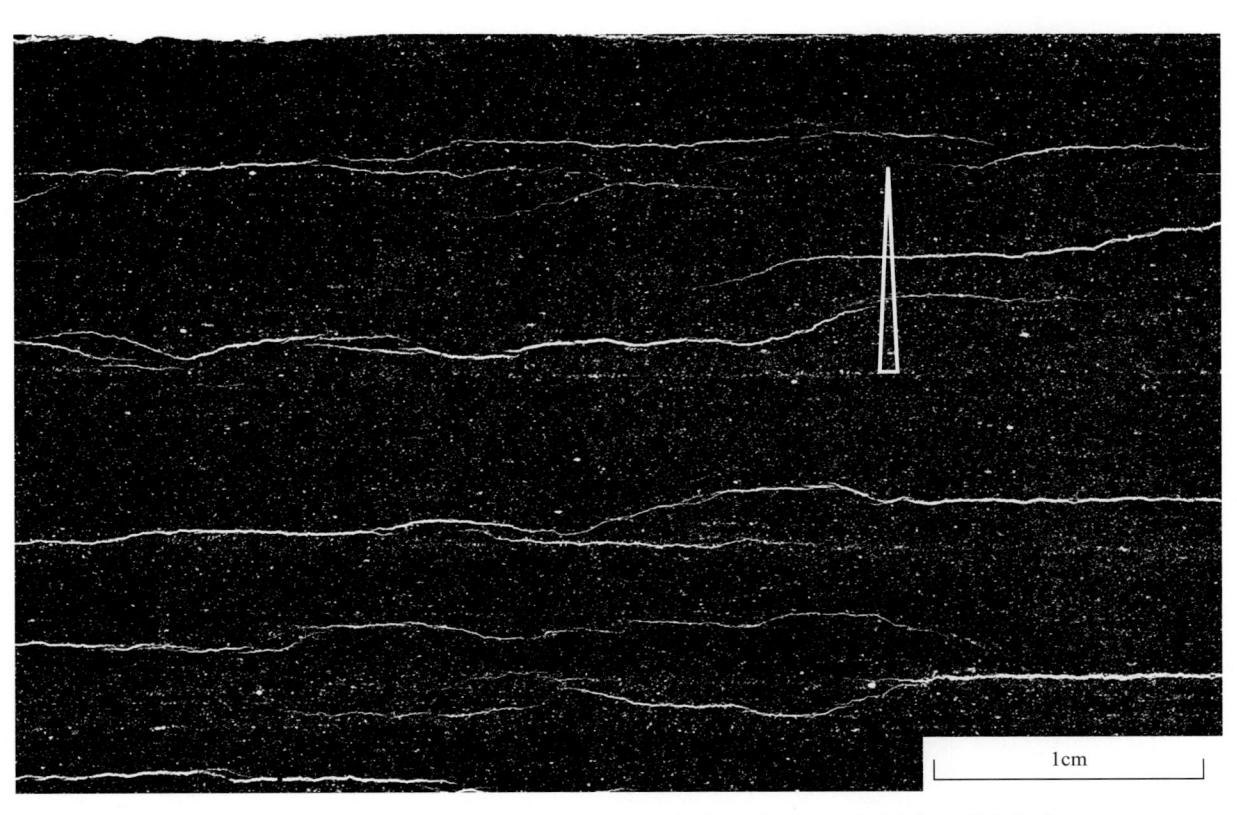

递变层理页岩，主要由泥纹层构成，多个泥纹层构成泥质层，泥质层内部呈粒序构造。顺层缝发育，钙质充填。长宁双河剖面，五峰组，4-34-1

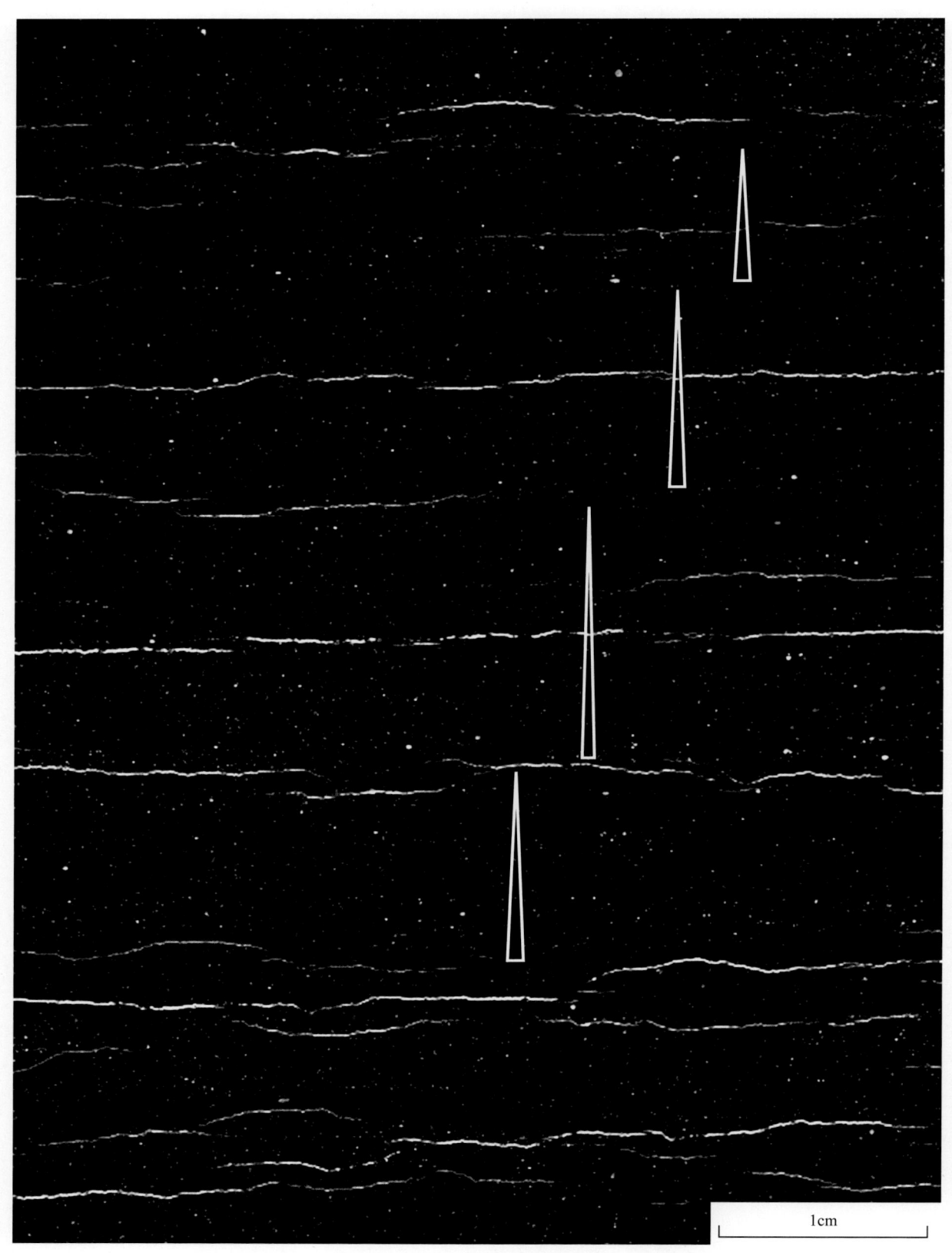

递变层理页岩，主要由泥纹层构成，多个泥纹层构成泥质层，泥质层内部呈粒序构造。顺层缝发育，钙质充填。长宁双河剖面，五峰组，4-36-1

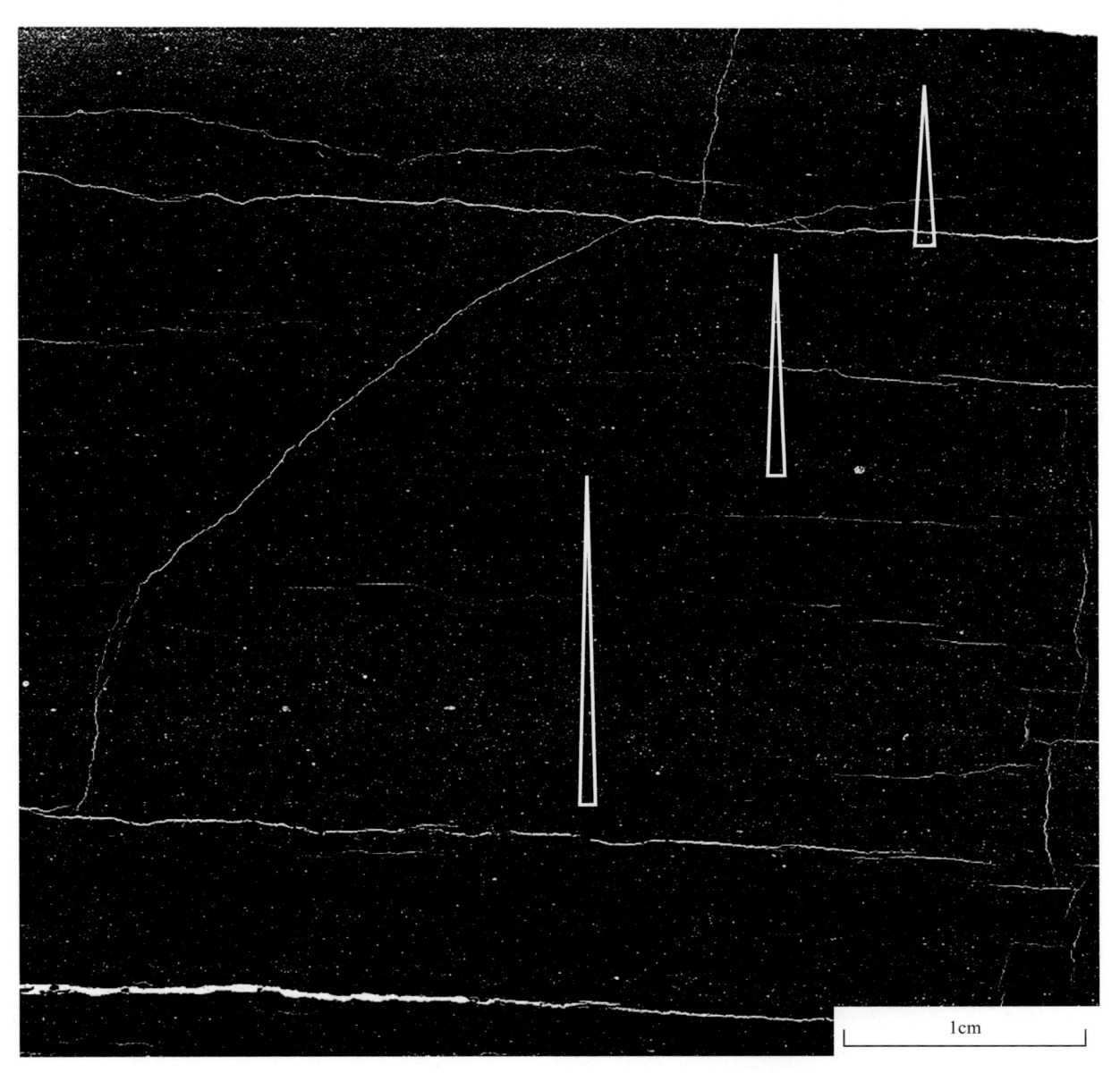

递变层理页岩，主要由泥纹层构成，多个泥纹层构成泥质层，泥质层内部呈粒序构造。发育少量顺层缝，钙质充填。长宁双河剖面，五峰组，4-37-1

递变层理页岩，主要由泥纹层构成，多个泥纹层构成泥质层，泥质层内部呈粒序构造。顺层缝发育，钙质充填。长宁双河剖面，五峰组，4-38-1

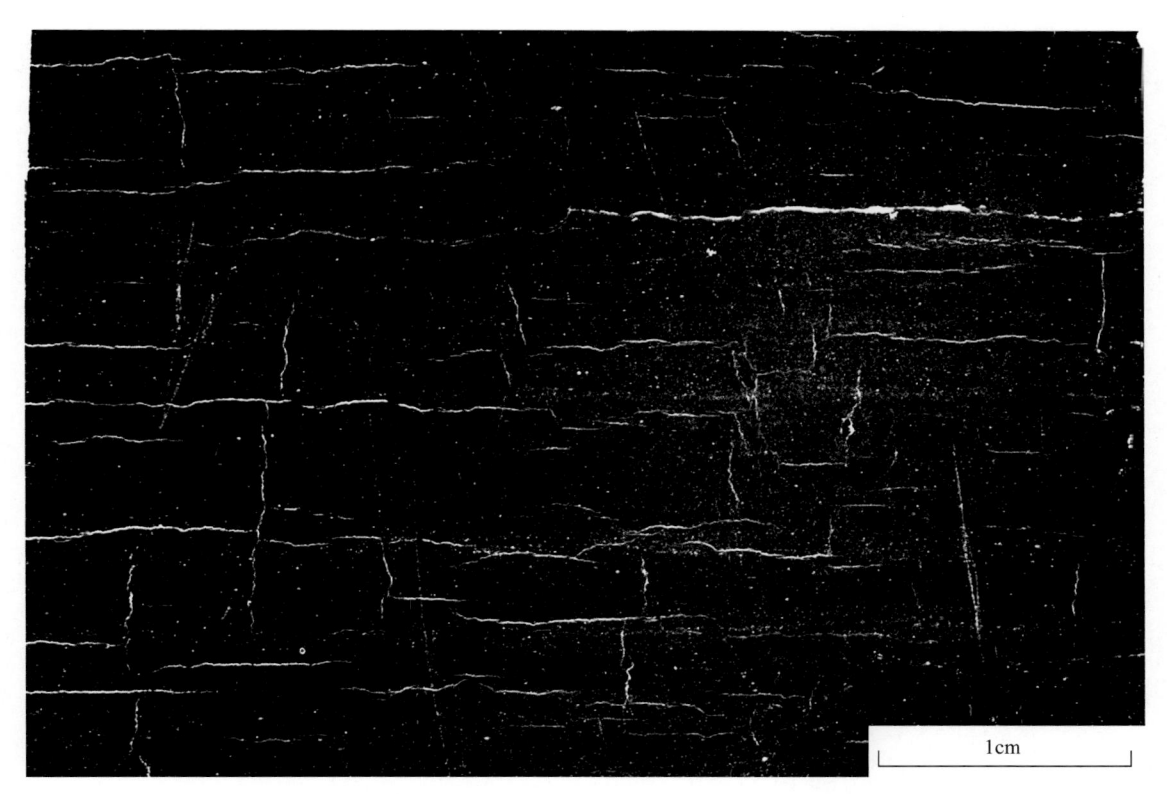

递变层理页岩，主要由泥纹层构成，多个泥纹层构成泥质层，泥质层内部呈粒序构造。顺层缝与垂直缝发育，平面上构成网状，钙质充填。长宁双河剖面，五峰组，5-2-1

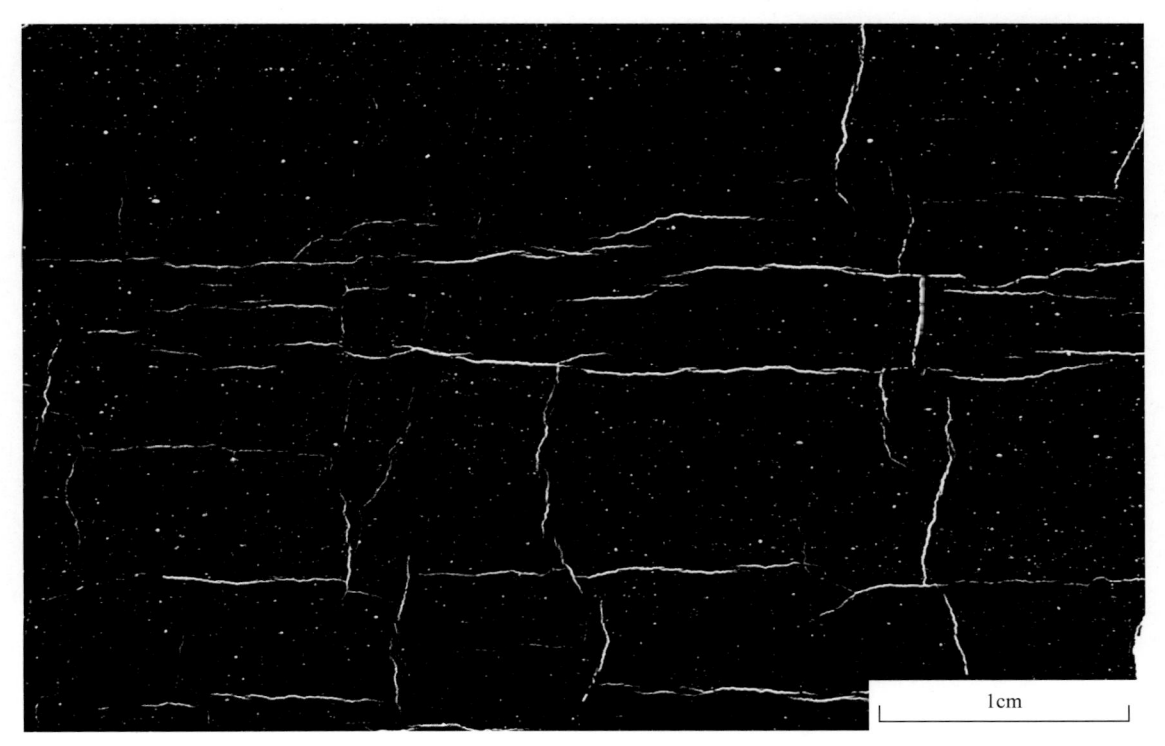

递变层理页岩，主要由泥纹层构成，多个泥纹层构成泥质层，泥质层内部呈粒序构造。顺层缝发育，钙质充填。长宁双河剖面，五峰组，5-3-1

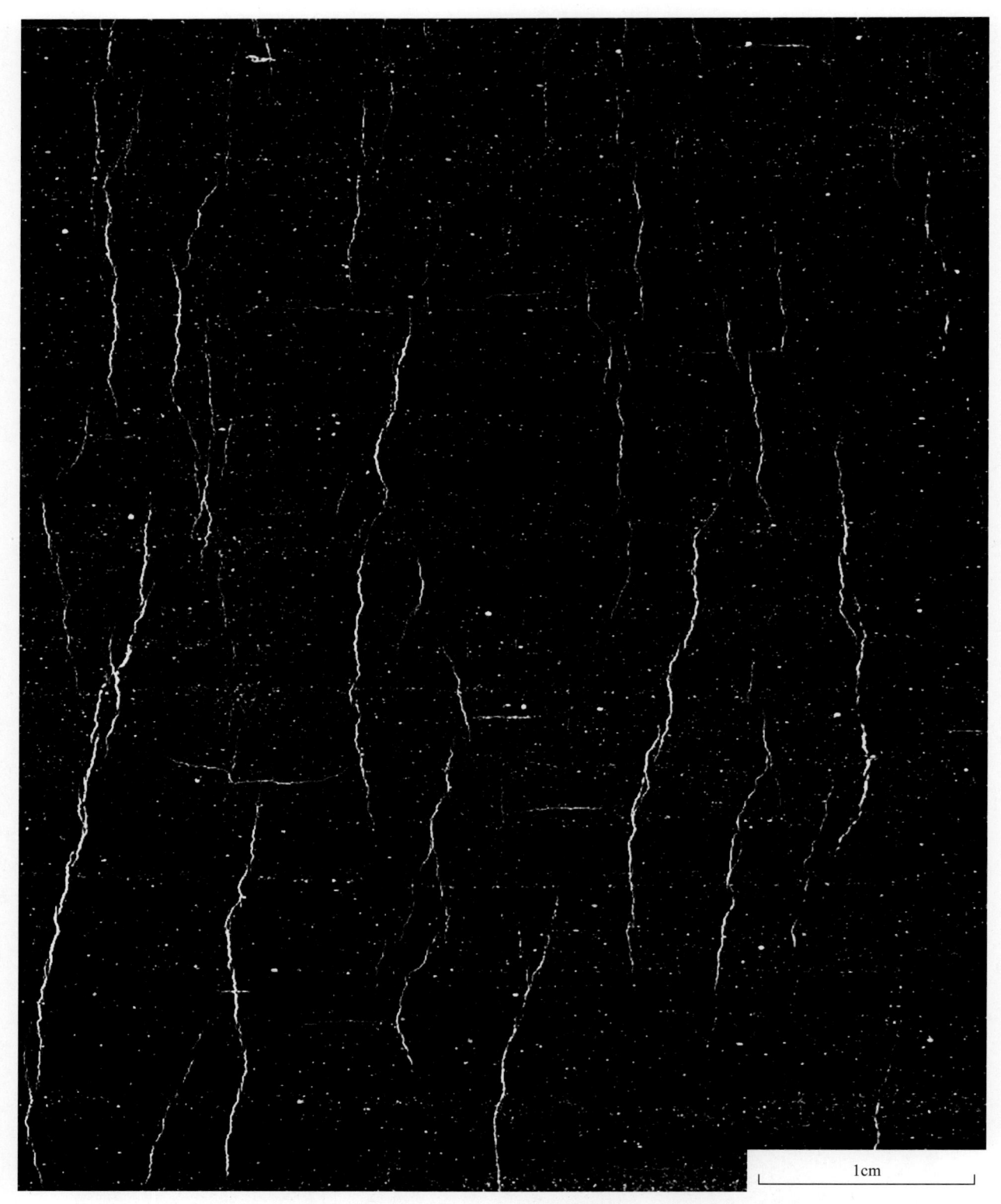

递变层理页岩，主要由泥纹层构成，多个泥纹层构成泥质层，泥质层内部呈粒序构造。垂直缝发育，钙质充填。长宁双河剖面，五峰组，5-4-1

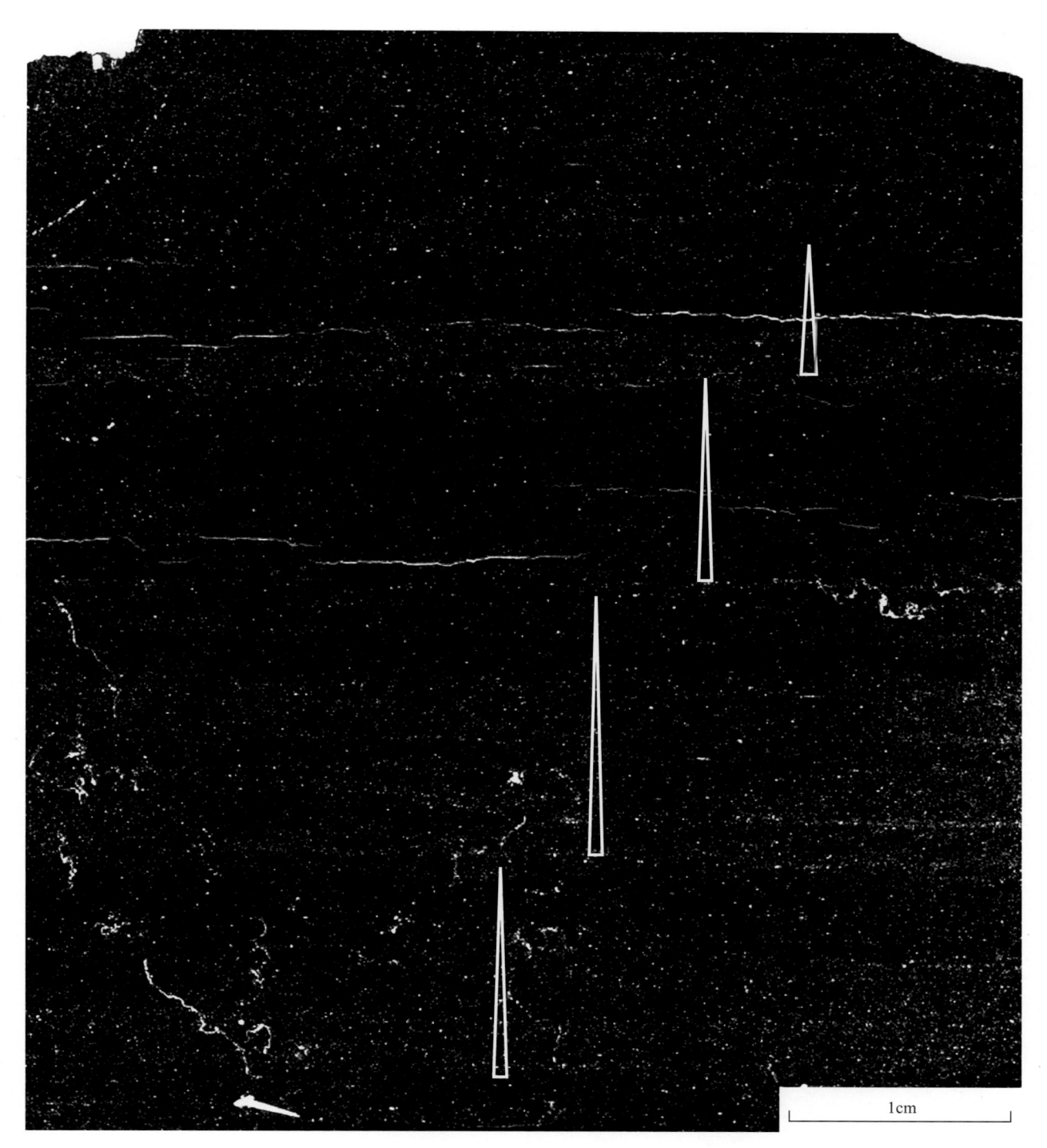

递变层理页岩，主要由泥纹层构成，多个泥纹层构成泥质层，泥质层内部呈粒序构造。发育少量顺层缝，钙质充填，生物碎屑零散分布，长宁双河剖面，五峰组，5-5-1

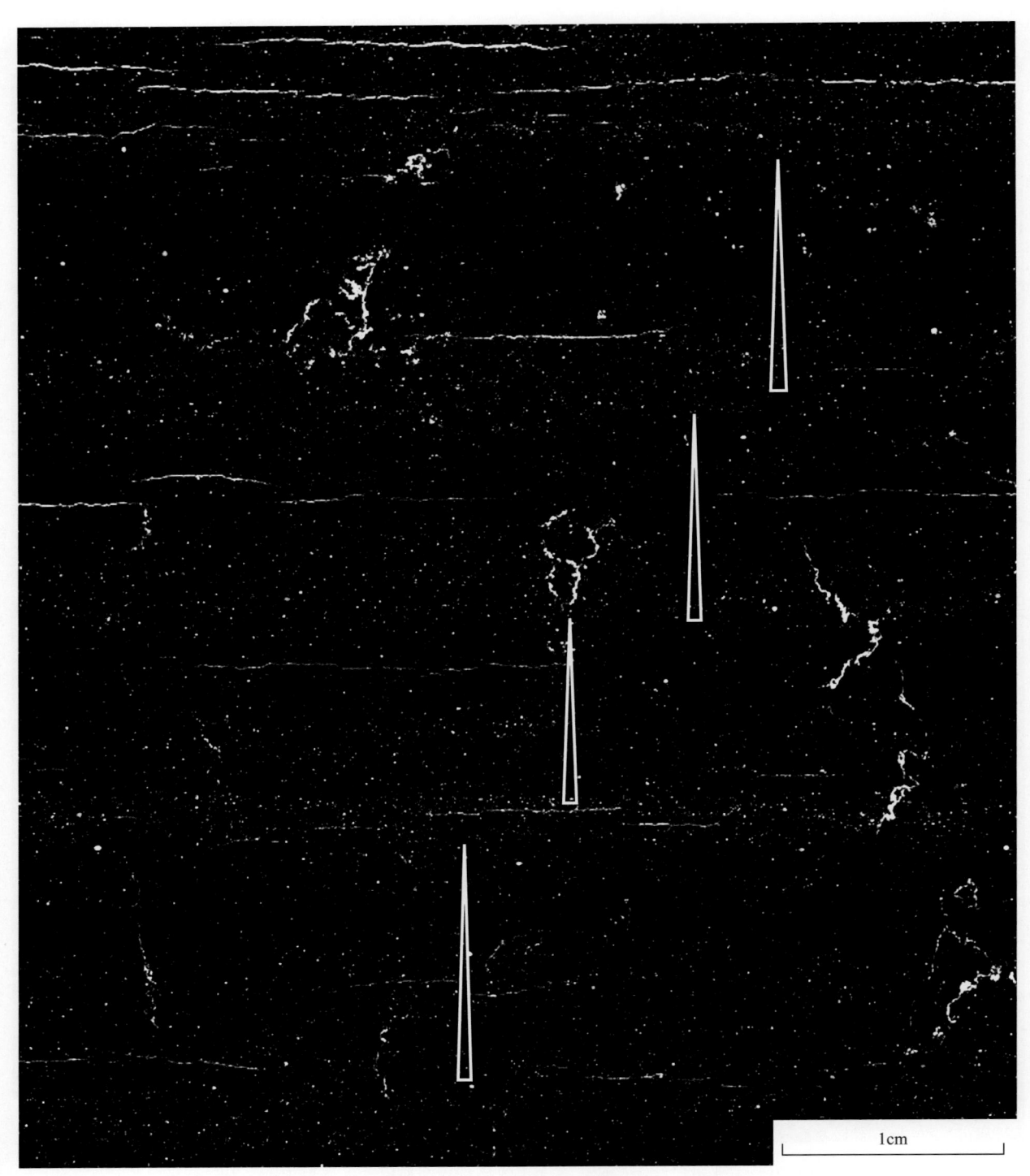

递变层理页岩，主要由泥纹层构成，多个泥纹层构成泥质层，泥质层内部呈粒序构造。发育少量顺层缝，钙质充填，生物碎屑零散分布。长宁双河剖面，五峰组，5-5-2

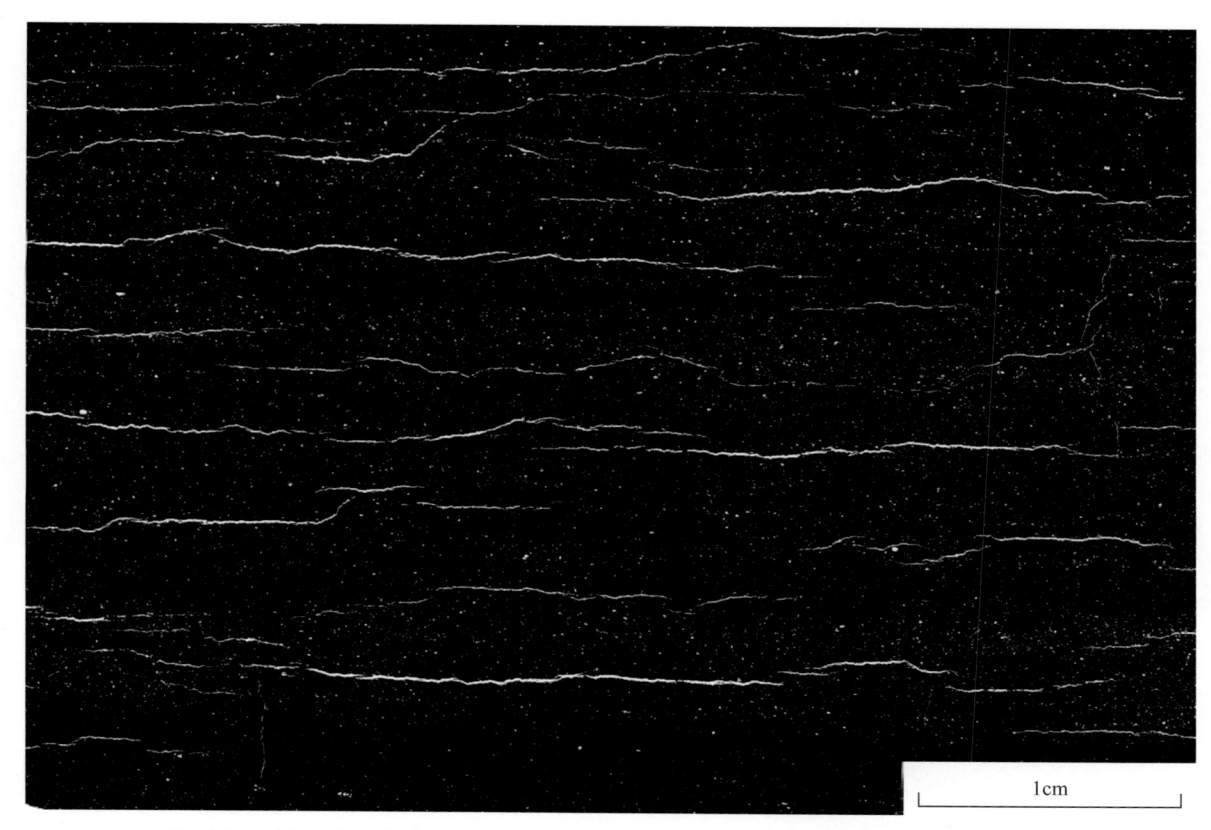

递变层理页岩，主要由泥纹层构成，多个泥纹层构成泥质层，泥质层内部呈粒序构造。顺层缝发育，钙质充填。长宁双河剖面，五峰组，5-7-1

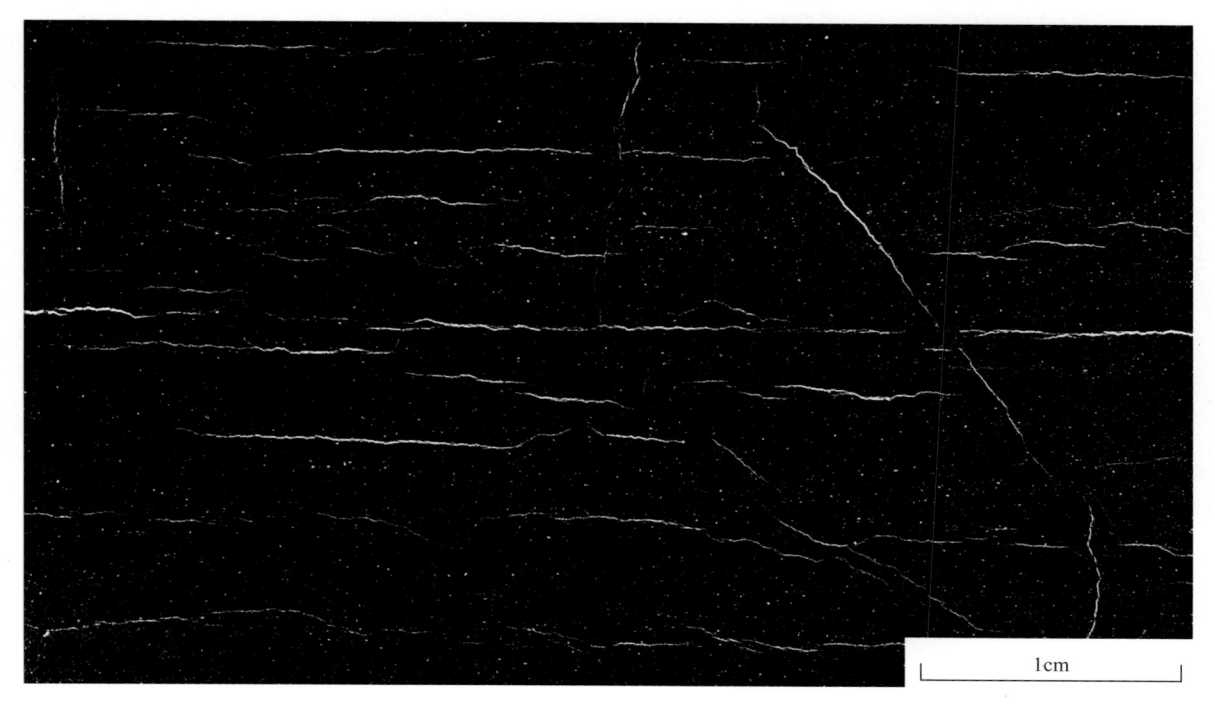

递变层理页岩，主要由泥纹层构成，多个泥纹层构成泥质层，泥质层内部呈粒序构造。顺层缝发育，少量非顺层缝，钙质充填。长宁双河剖面，五峰组，5-8-1

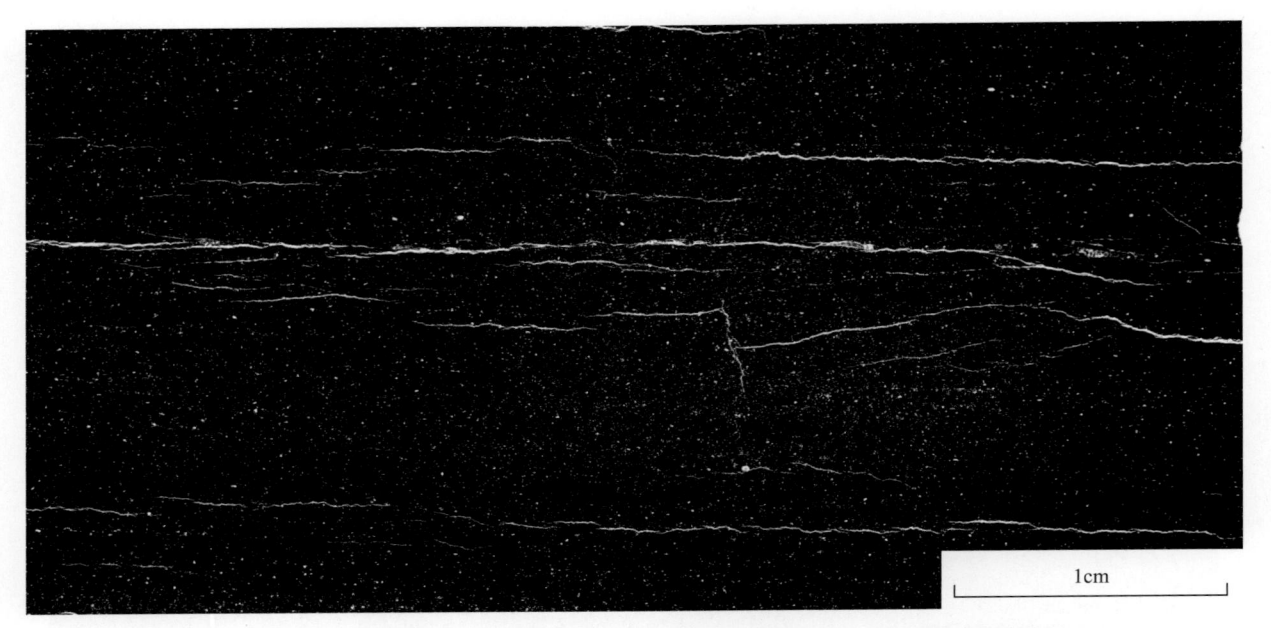

递变层理页岩，主要由泥纹层构成，多个泥纹层构成泥质层，泥质层内部呈粒序构造。顺层缝发育，钙质充填。长宁双河剖面，五峰组，5-9-1

递变层理页岩，主要由泥纹层构成，多个泥纹层构成泥质层，泥质层内部呈粒序构造。顺层缝发育，少量垂直缝，顺层缝与垂直缝相互交切，钙质充填。长宁双河剖面，五峰组，5-10-1

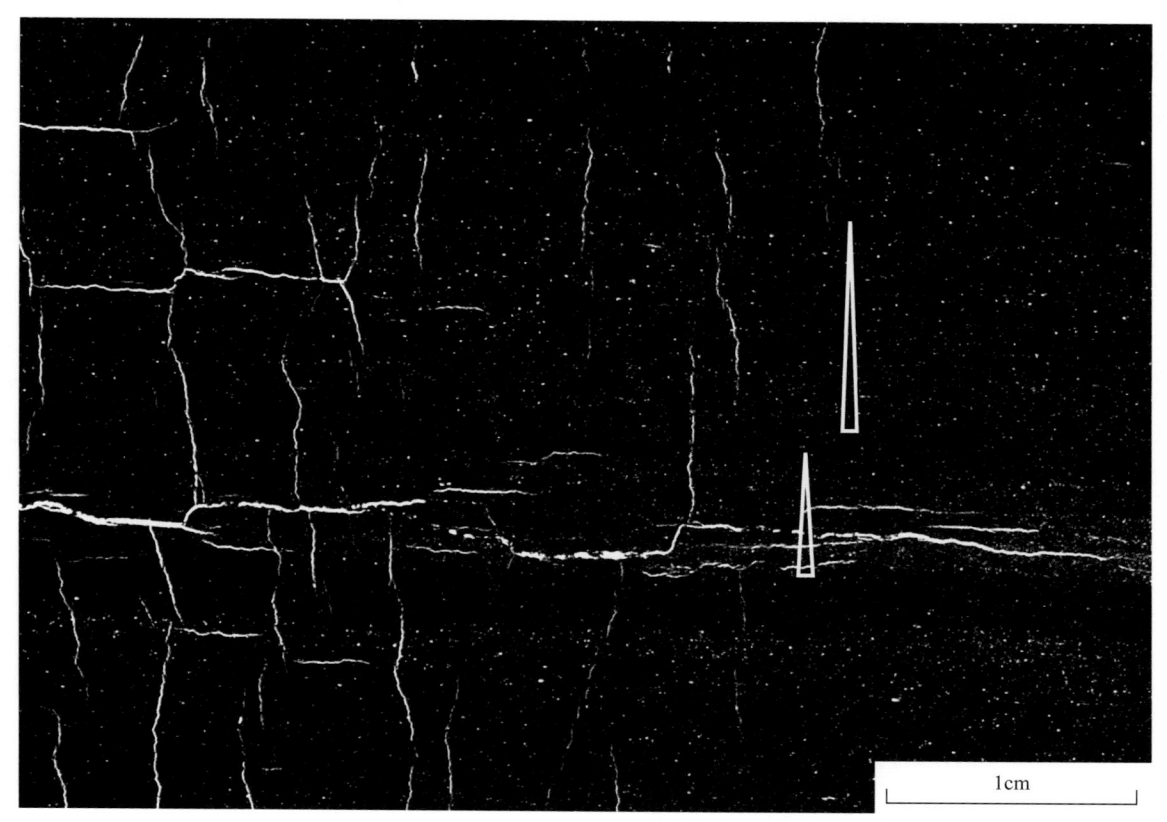

递变层理页岩，主要由泥纹层构成，多个泥纹层构成泥质层，泥质层内部呈粒序构造。
垂直缝发育，少量顺层缝，顺层缝与垂直缝相互交切构成网状。长宁双河剖面，五峰组，5-13-1

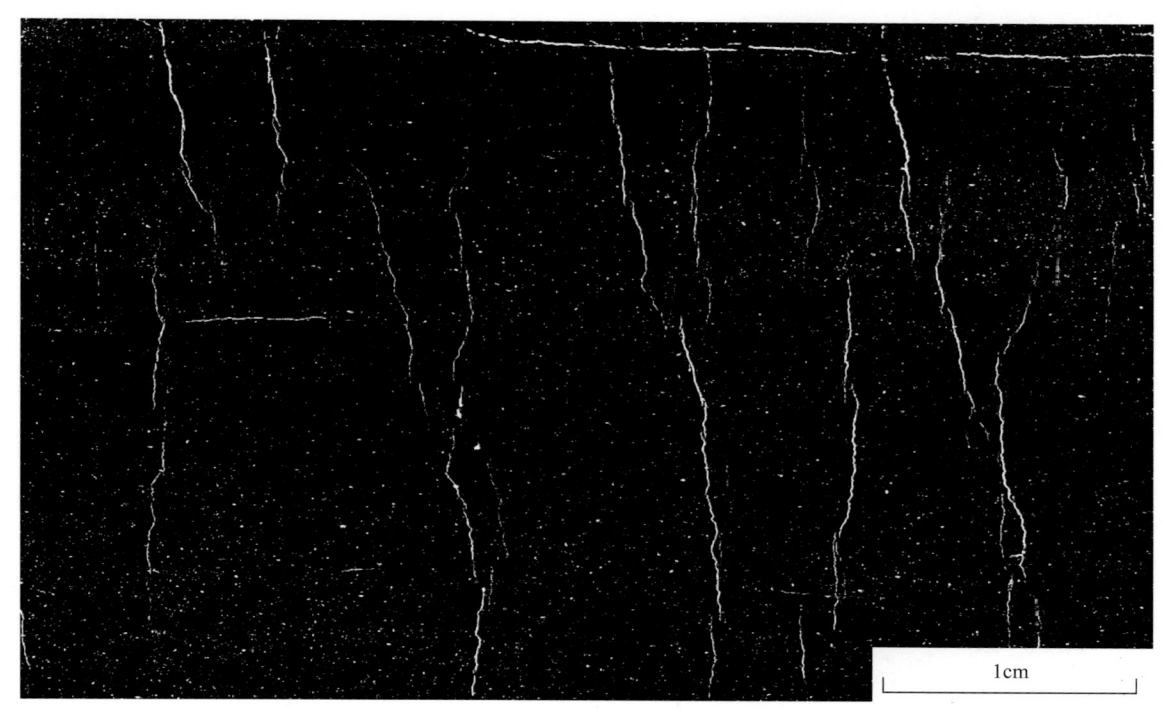

递变层理页岩，主要由泥纹层构成，多个泥纹层构成泥质层，泥质层内部呈粒序构造。
垂直缝发育，少量顺层缝，顺层缝与垂直缝相互交切构成网状。长宁双河剖面，五峰组，5-14-1

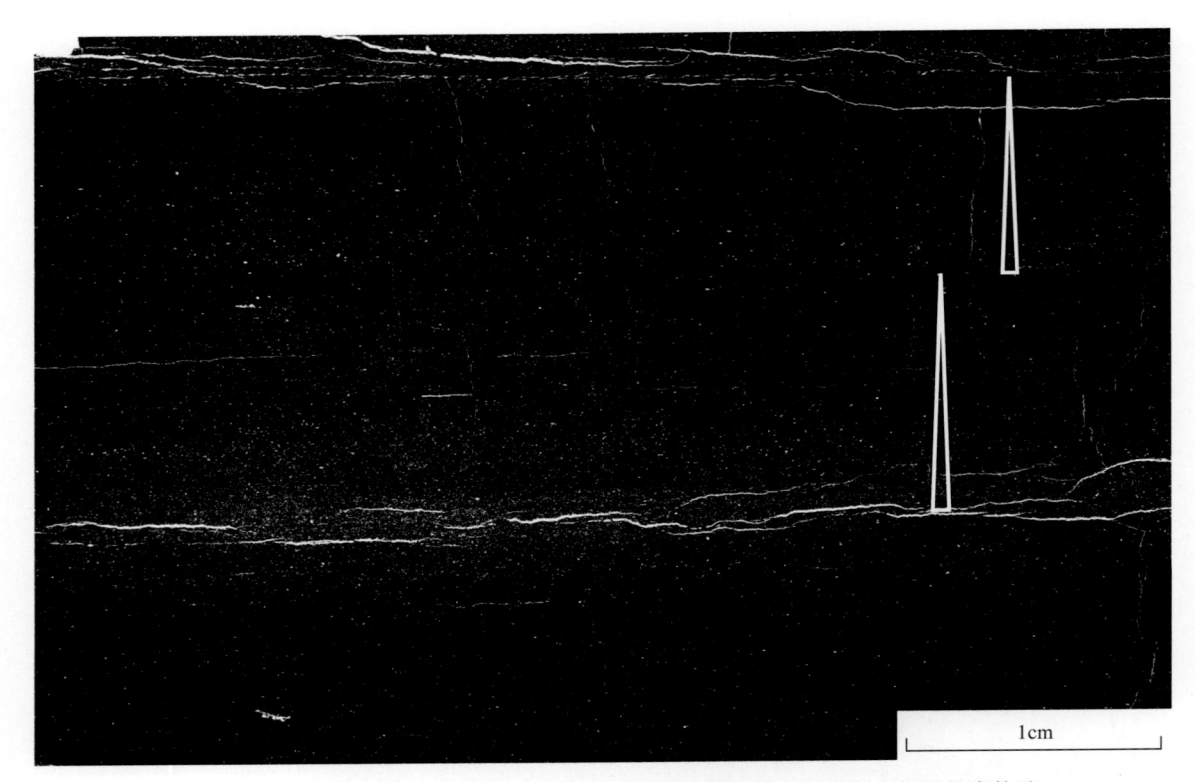

递变层理页岩，主要由泥纹层构成，多个泥纹层构成泥质层，泥质层内部呈粒序构造。发育少量顺层缝，钙质充填。长宁双河剖面，五峰组，5-18-1

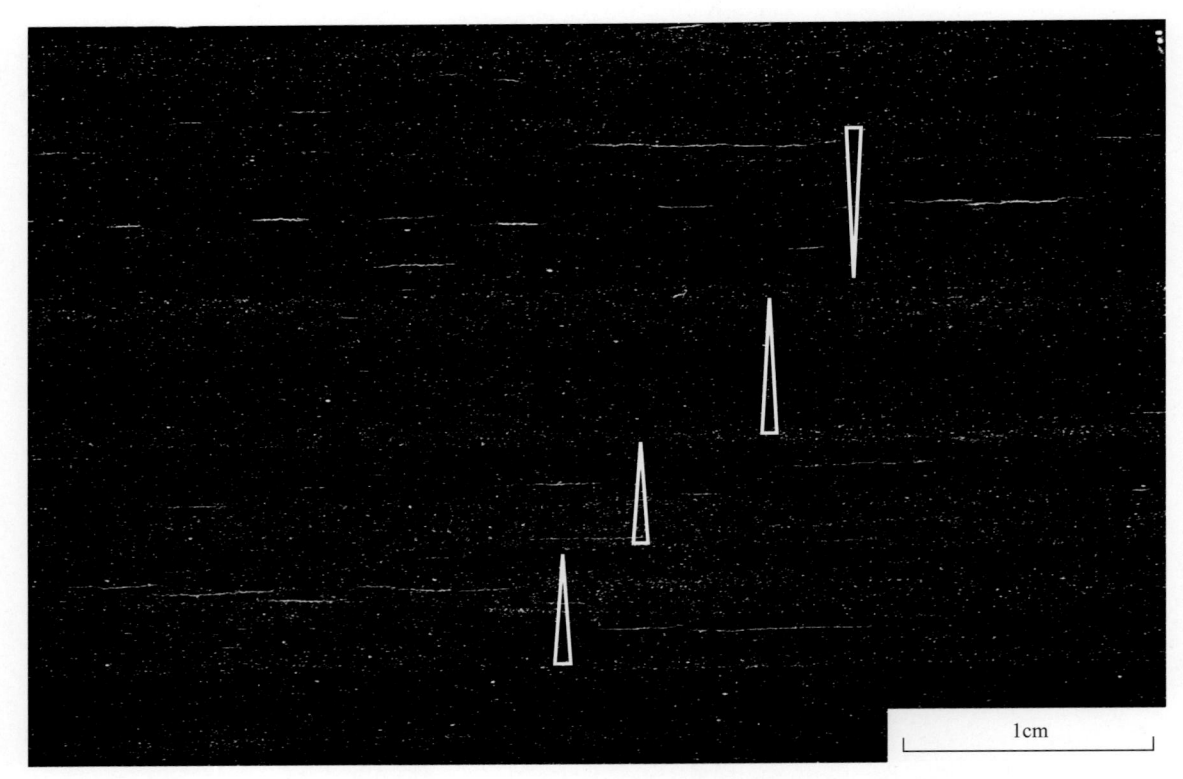

递变层理页岩，主要由泥纹层构成，多个泥纹层构成泥质层，泥质层内部呈粒序构造。发育少量顺层缝，钙质充填。长宁双河剖面，五峰组，5-19-1

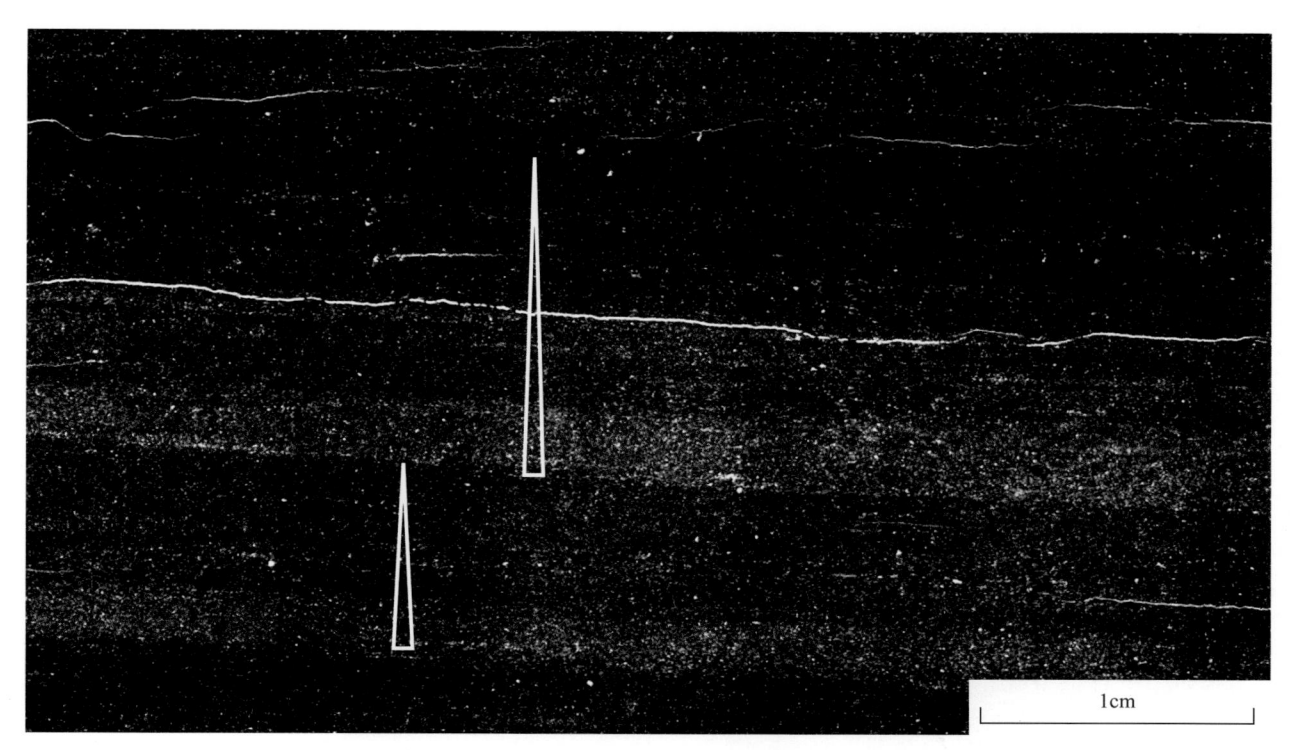

递变层理页岩，主要由泥纹层构成，多个泥纹层构成泥质层，泥质层内部呈粒序构造。发育少量顺层缝，钙质充填。长宁双河剖面，五峰组，5-20-1

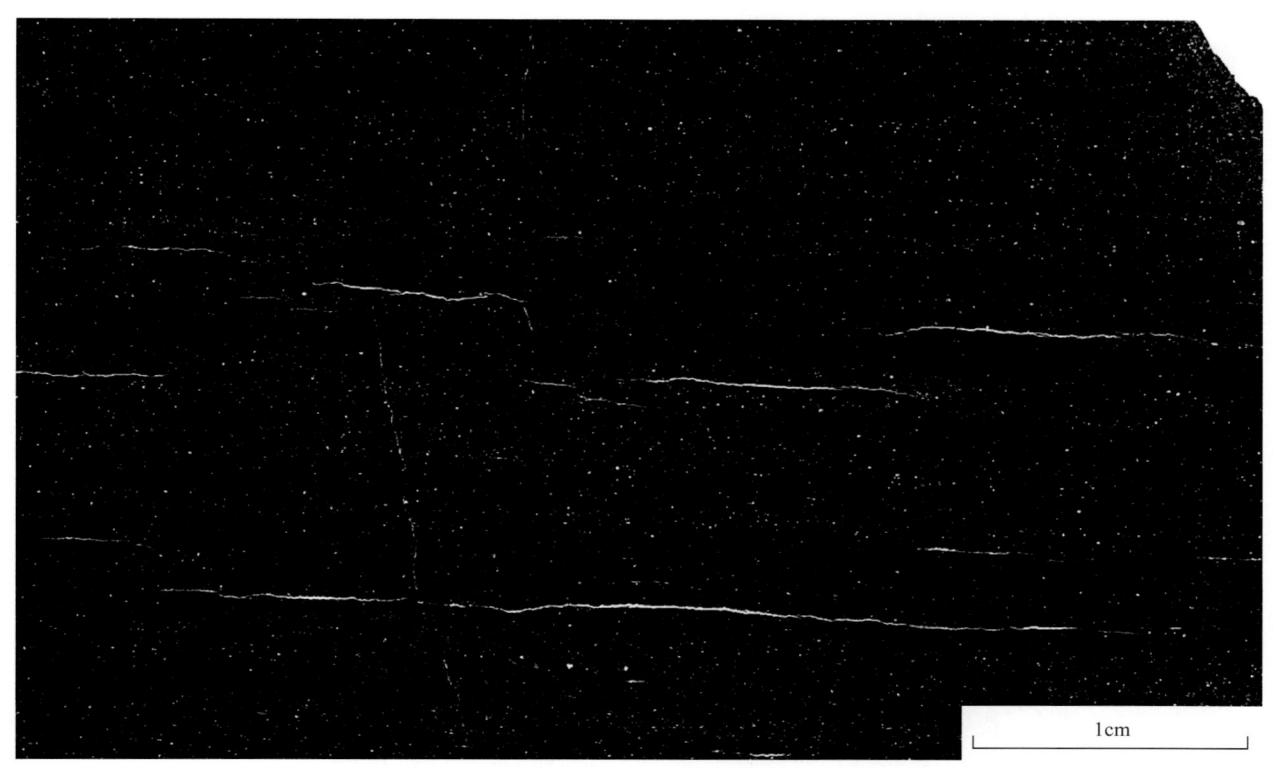

递变层理页岩，主要由泥纹层构成，多个泥纹层构成泥质层，泥质层内部呈粒序构造。发育少量顺层缝，钙质充填。长宁双河剖面，五峰组，5-22-1

递变层理页岩，主要由泥纹层构成，多个泥纹层构成泥质层，泥质层内部呈粒序构造。发育少量顺层缝，钙质充填。长宁双河剖面，五峰组，5-22-2

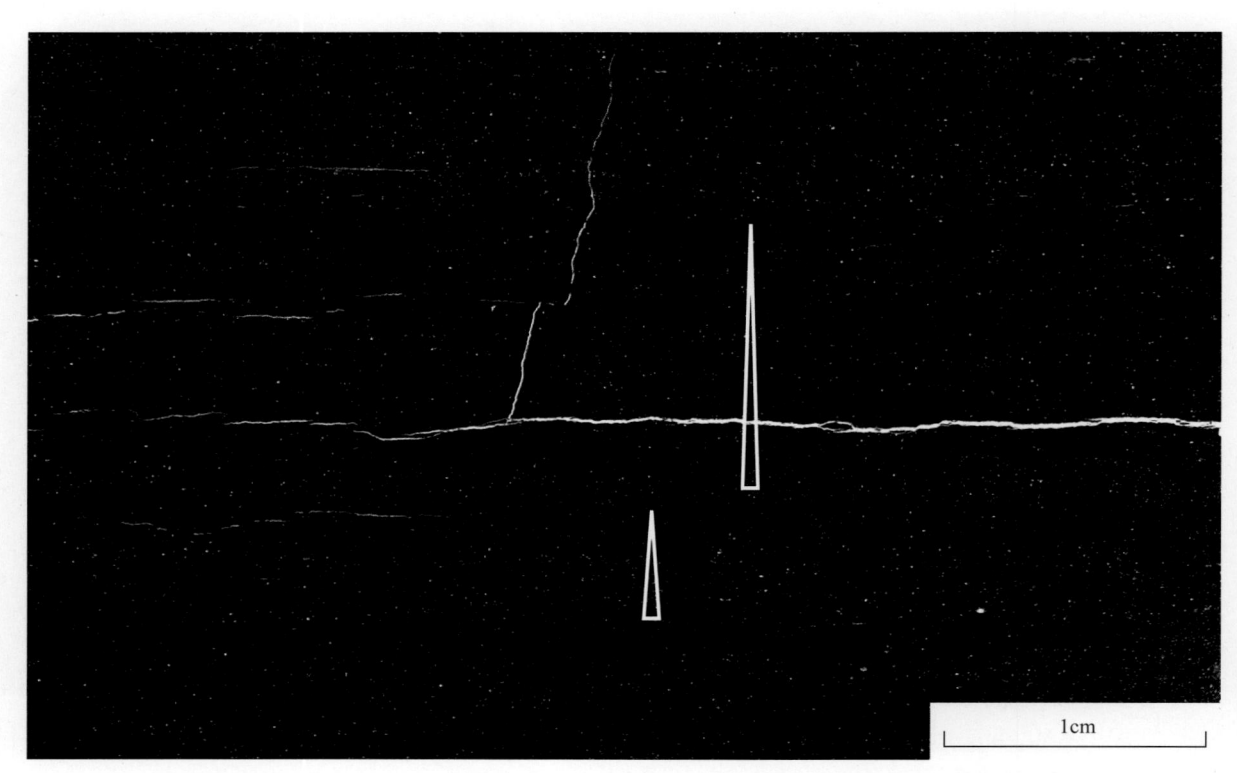

递变层理页岩，主要由泥纹层构成，多个泥纹层构成泥质层，泥质层内部呈粒序构造。发育少量顺层缝，钙质充填。长宁双河剖面，五峰组，5-24-1

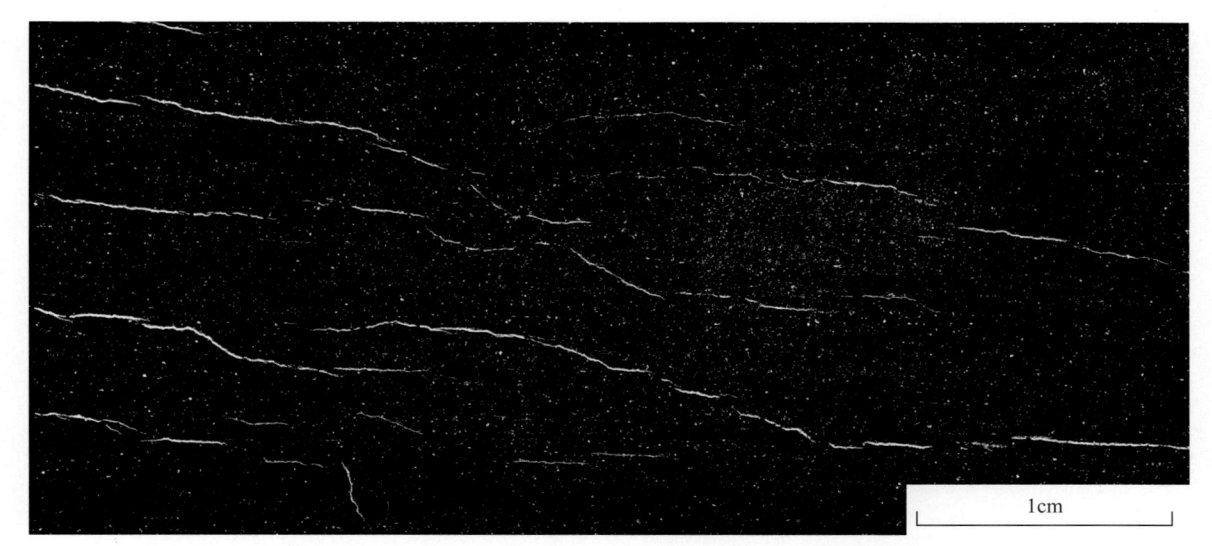

递变层理页岩，主要由泥纹层构成，多个泥纹层构成泥质层，泥质层内部呈粒序构造。发育少量顺层缝，钙质充填。长宁双河剖面，五峰组，5-25-1

递变层理页岩，主要由泥纹层构成，多个泥纹层构成泥质层，泥质层内部呈粒序构造。发育少量顺层缝，钙质充填。长宁双河剖面，五峰组，5-26-1

递变层理页岩，主要由泥纹层构成，多个泥纹层构成泥质层，泥质层内部呈粒序构造。发育少量顺层缝，钙质充填。长宁双河剖面，五峰组，5-26-2

递变层理页岩，主要由泥纹层构成，多个泥纹层构成泥质层，泥质层内部呈粒序构造。发育少量顺层缝，钙质充填。长宁双河剖面，五峰组，5-27-1

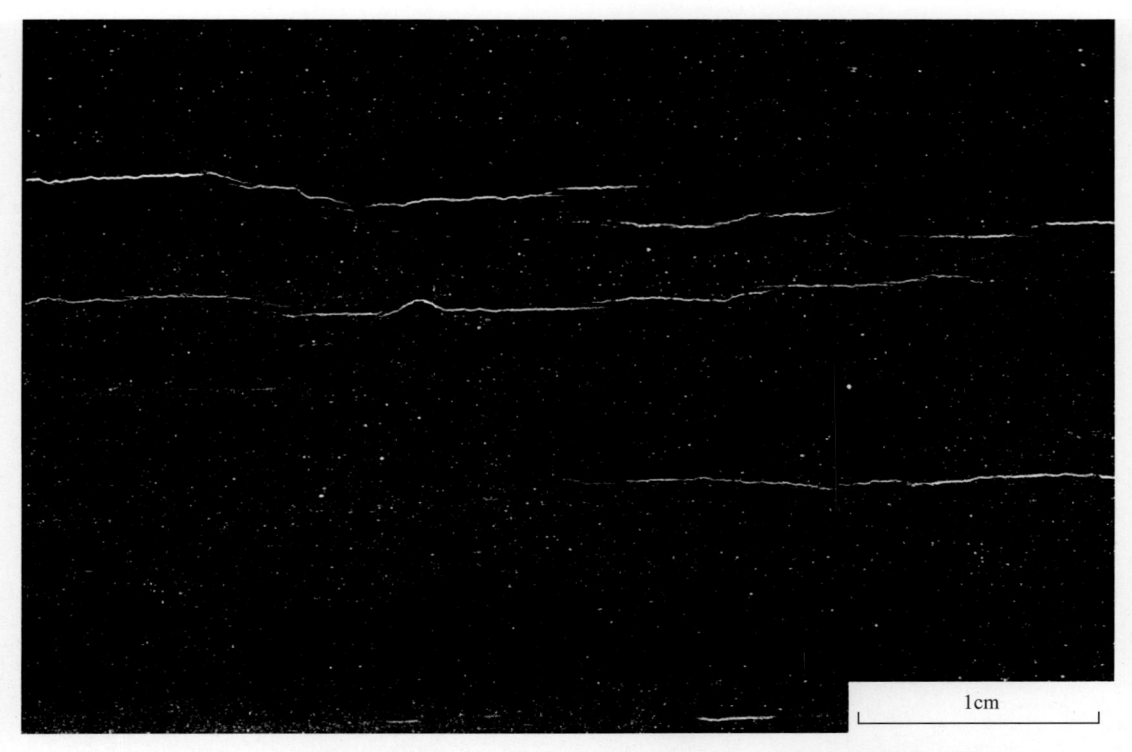

递变层理页岩，主要由泥纹层构成，多个泥纹层构成泥质层，泥质层内部呈粒序构造。发育少量顺层缝，钙质充填。长宁双河剖面，五峰组，5-29-1

递变层理页岩，主要由泥纹层构成，多个泥纹层构成泥质层，泥质层内部呈粒序构造。发育少量顺层缝，钙质充填。长宁双河剖面，五峰组，5-29-2

递变层理页岩，主要由泥纹层构成，多个泥纹层构成泥质层，泥质层内部呈粒序构造。发育少量顺层缝，钙质充填。长宁双河剖面，五峰组，5-30-1

递变层理页岩，主要由泥纹层构成，多个泥纹层构成泥质层，泥质层内部呈粒序构造。发育少量顺层缝，钙质充填。长宁双河剖面，五峰组，5-30-2

递变层理页岩，主要由泥纹层构成，多个泥纹层构成泥质层，泥质层内部呈粒序构造。发育少量顺层缝，钙质充填。长宁双河剖面，五峰组，5-31-1

递变层理页岩，主要由泥纹层构成，多个泥纹层构成泥质层，泥质层内部呈粒序构造。发育少量顺层缝，钙质充填。长宁双河剖面，五峰组，5-31-2

递变层理页岩，主要由泥纹层构成，多个泥纹层构成泥质层，泥质层内部呈粒序构造。发育少量顺层缝，钙质充填。长宁双河剖面，五峰组，5-32-2

递变层理页岩，主要由泥纹层构成，多个泥纹层构成泥质层，泥质层内部呈粒序构造。发育少量顺层缝，钙质充填。薄片底部见粉砂层。长宁双河剖面，五峰组，5-32-3

递变层理页岩，主要由泥纹层构成，多个泥纹层构成泥质层，泥质层内部呈粒序构造。发育少量顺层缝，钙质充填。长宁双河剖面，五峰组，5-33-1

递变层理页岩，主要由泥纹层构成，多个泥纹层构成泥质层，泥质层内部呈粒序构造。发育少量顺层缝，钙质充填。长宁双河剖面，五峰组，5-33-2

递变层理页岩，主要由泥纹层构成，多个泥纹层构成泥质层，泥质层内部呈粒序构造。
长宁双河剖面，五峰组，5-34-1

递变层理页岩，主要由泥纹层构成，多个泥纹层构成泥质层，泥质层内部呈粒序构造。
长宁双河剖面，五峰组，5-34-2

均质层理页岩，由泥纹层构成，均质状。长宁双河剖面，五峰组，5-34-4

递变层理页岩，主要由泥纹层构成，多个泥纹层构成泥质层，泥质层内部呈粒序构造。
长宁双河剖面，五峰组，5-35-1

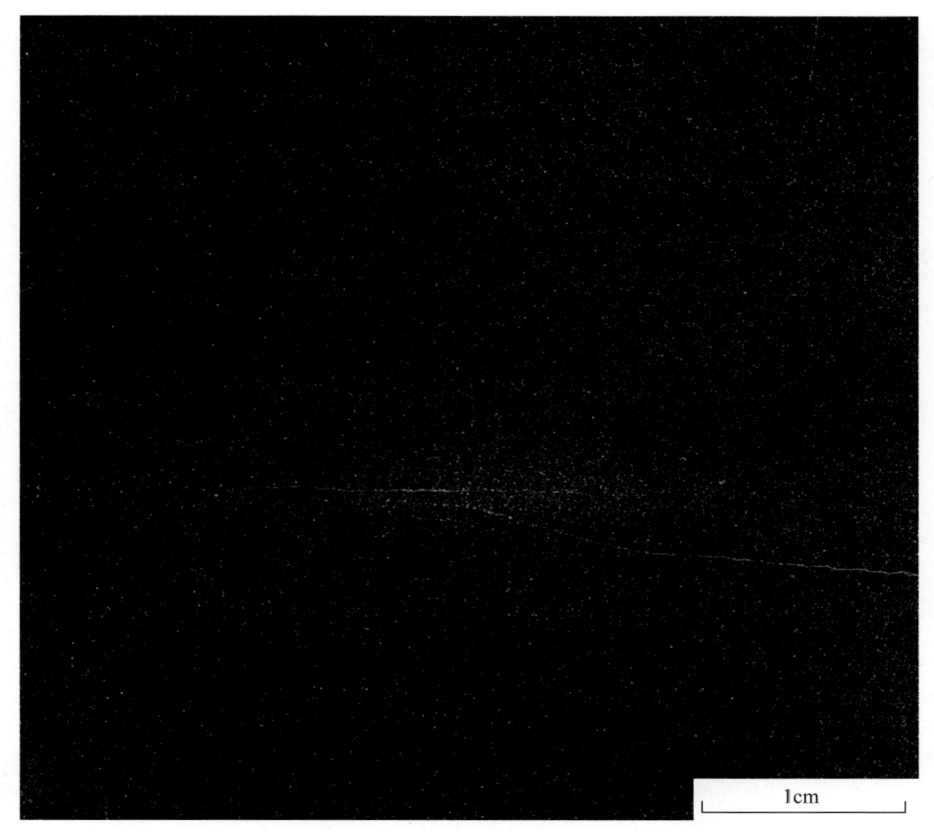

递变层理页岩，主要由泥纹层构成，多个泥纹层构成泥质层，泥质层内部呈粒序构造。
长宁双河剖面，五峰组，5-35-2

递变层理页岩，主要由泥纹层构成，多个泥纹层构成泥质层，泥质层内部呈粒序构造。
长宁双河剖面，五峰组，5-35-3

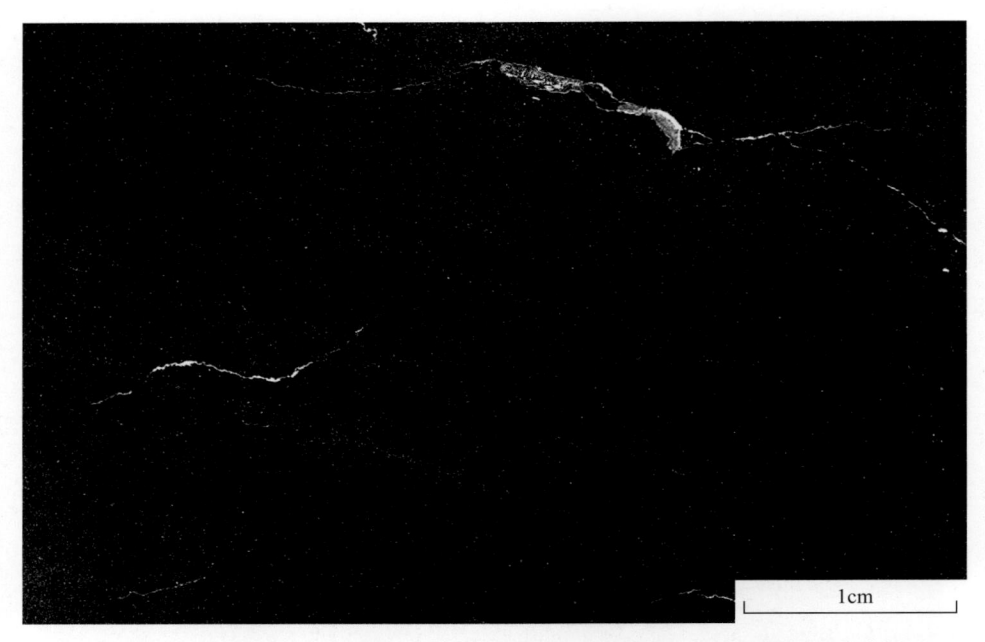

递变层理页岩，主要由泥纹层构成，多个泥纹层构成泥质层，泥质层内部呈粒序构造。长宁双河剖面，五峰组，6-5-2

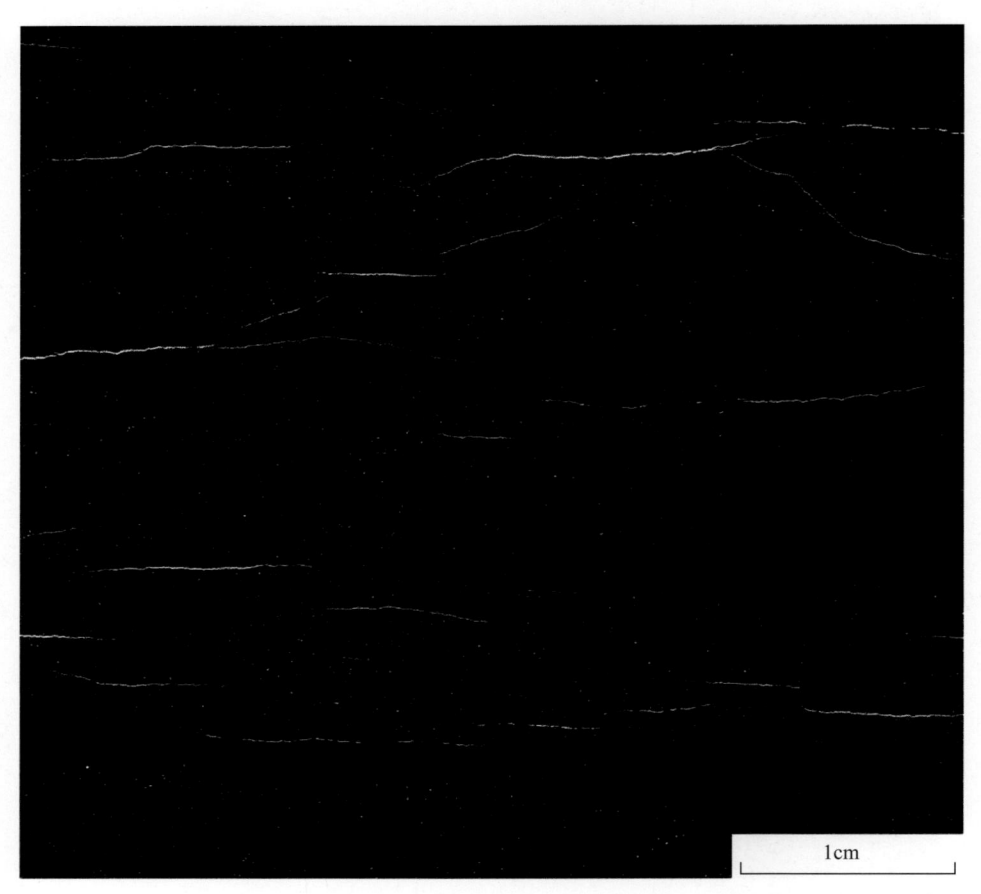

递变层理页岩，主要由泥纹层构成，多个泥纹层构成泥质层，泥质层内部呈粒序构造。顺层缝发育，钙质充填。长宁双河剖面，五峰组，6-4-1

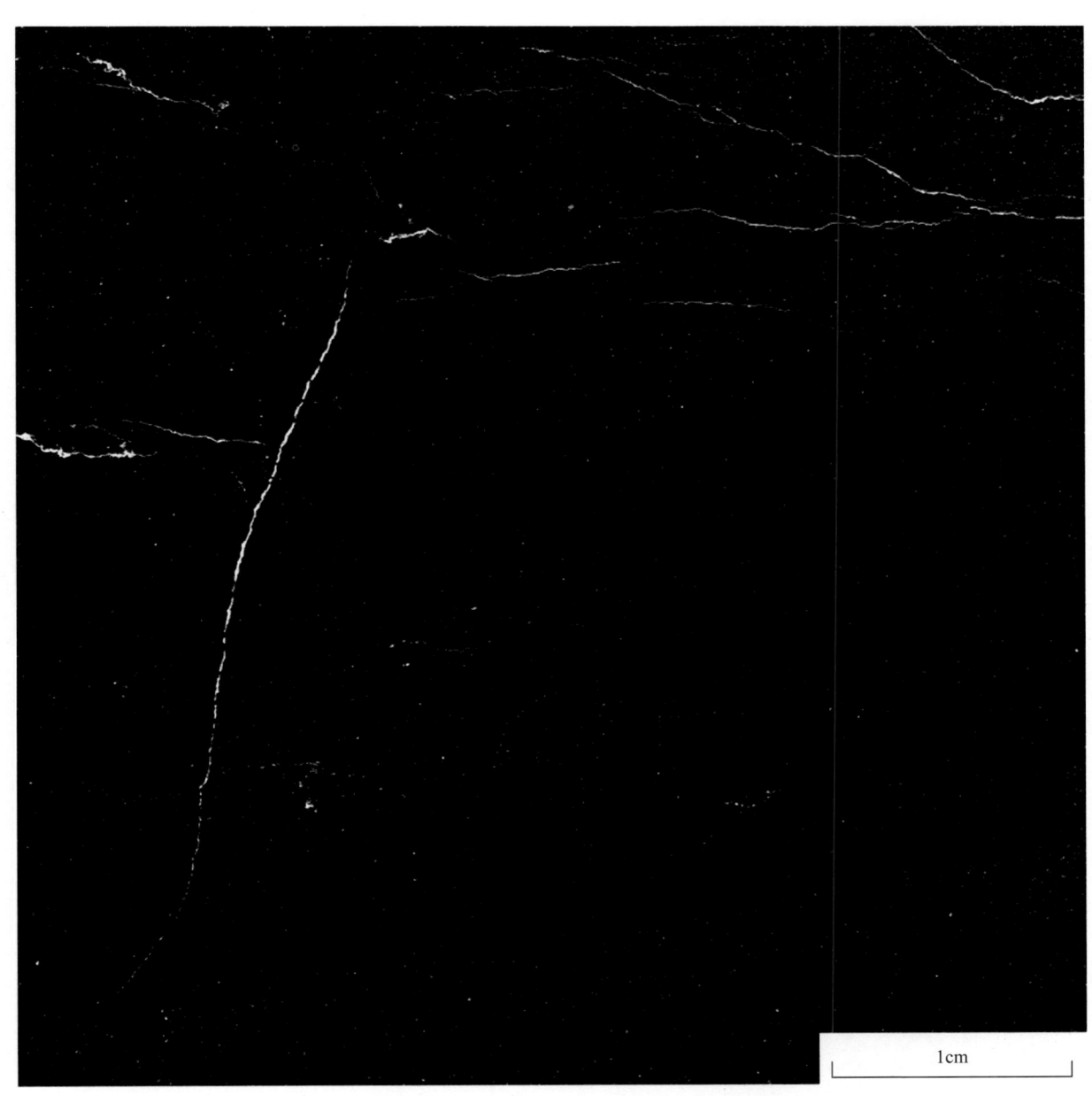

块状层理页岩，均质状，发育少量垂直缝和顺层缝。
长宁双河剖面，五峰组，6-5-1

递变层理页岩，主要由泥纹层构成，多个泥纹层构成泥质层，泥质层内部呈粒序构造。顺层缝发育，钙质充填。长宁双河剖面，五峰组，6-6-1

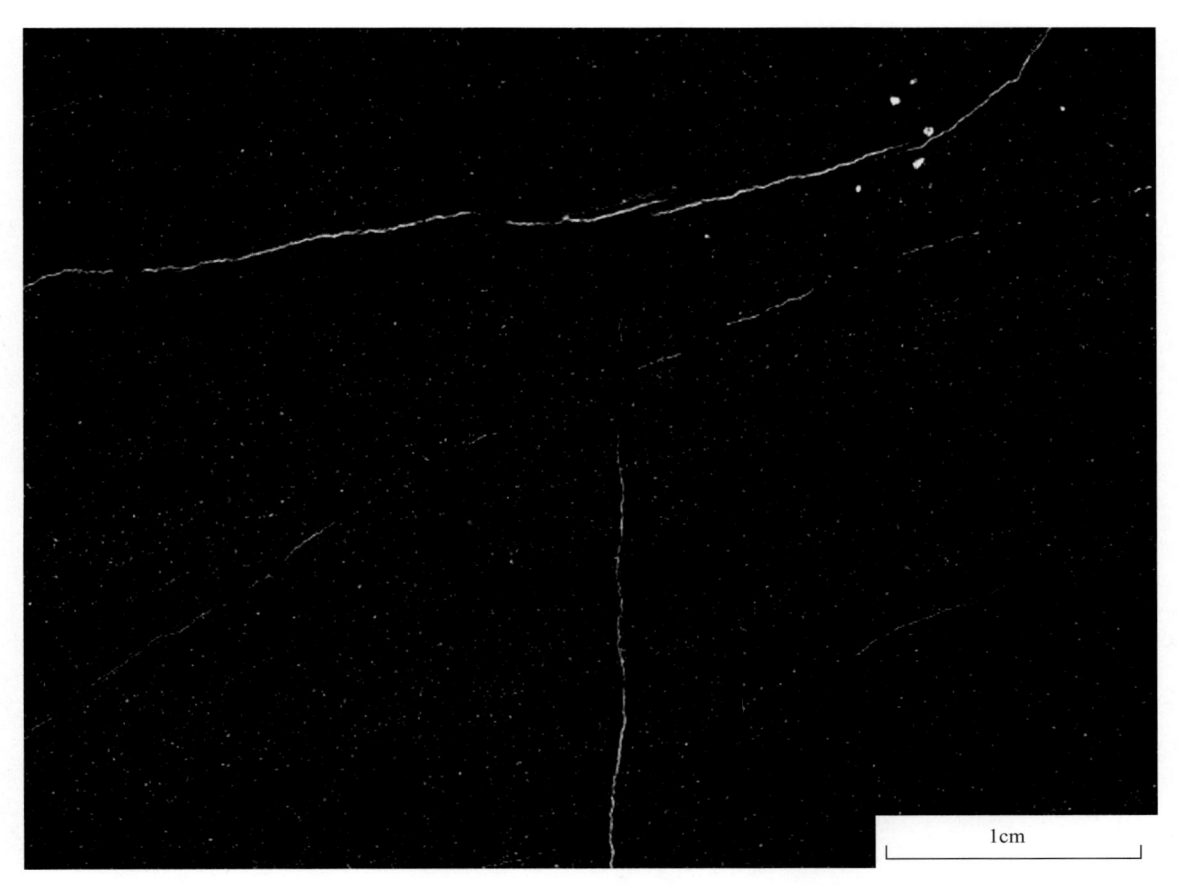

块状层理页岩，均质状，发育少量垂直缝和顺层缝。长宁双河剖面，五峰组，6-7-1

块状层理页岩，均质状，发育少量垂直缝和顺层缝。长宁双河剖面，五峰组，6-15-1

递变层理页岩，主要由泥纹层构成，多个泥纹层构成泥质层，泥质层内部呈粒序构造。发育少量顺层缝，钙质充填。长宁双河剖面，五峰组，6-7-2

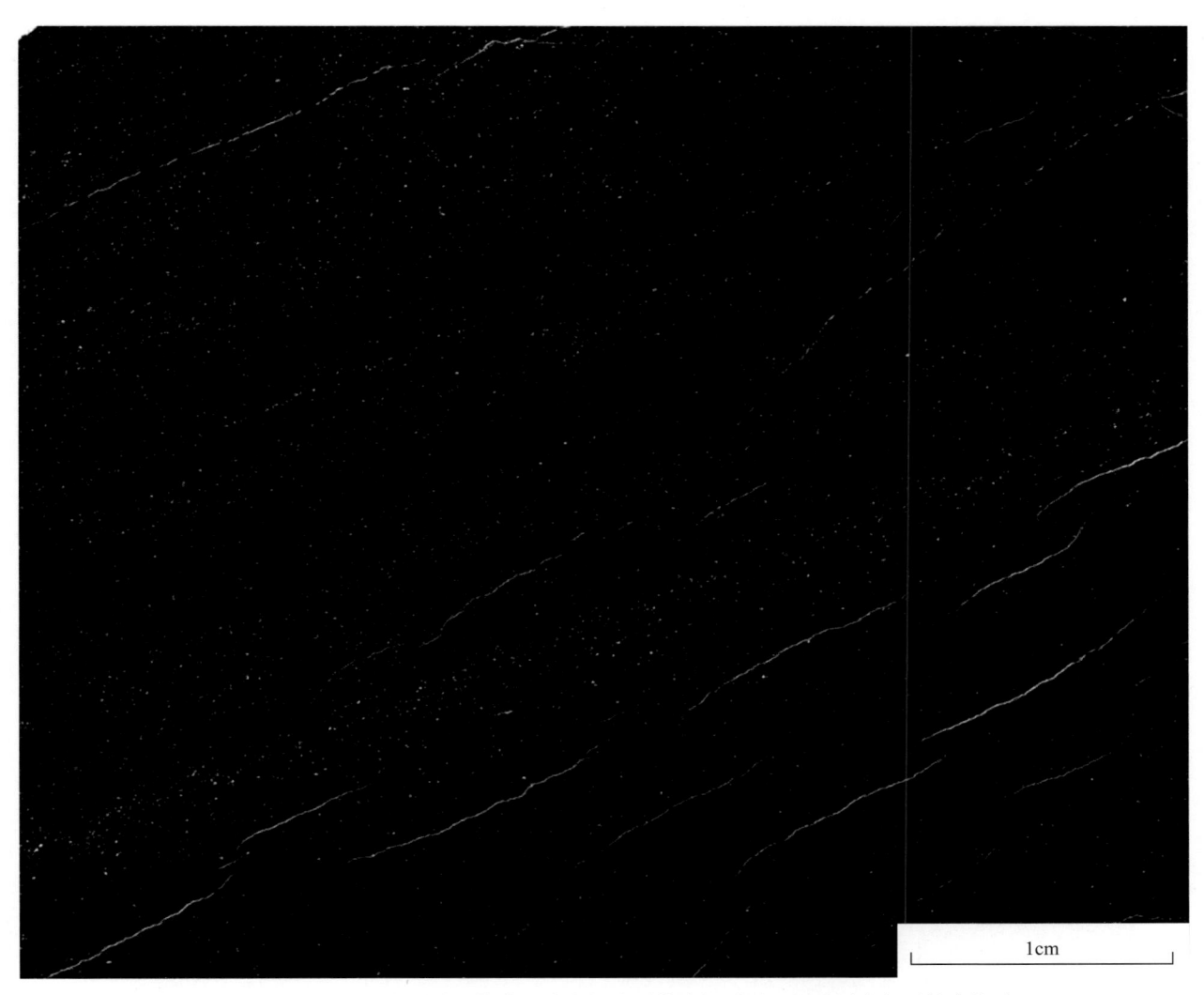

递变层理页岩，主要由泥纹层构成，多个泥纹层构成泥质层，泥质层内部呈粒序构造。发育少量顺层缝，钙质充填。长宁双河剖面，五峰组，6-8-1

递变层理页岩，主要由泥纹层构成，多个泥纹层构成泥质层，泥质层内部呈粒序构造。发育少量顺层缝，钙质充填。长宁双河剖面，五峰组，6-9-1

块状层理页岩，主要由泥纹层组成，均质状。长宁双河剖面，五峰组，6-10-1

块状层理页岩，主要由泥纹层组成，均质状。长宁双河剖面，五峰组，6-11-1

块状层理页岩，主要由泥纹层组成，均质状。长宁双河剖面，五峰组，6-13-1

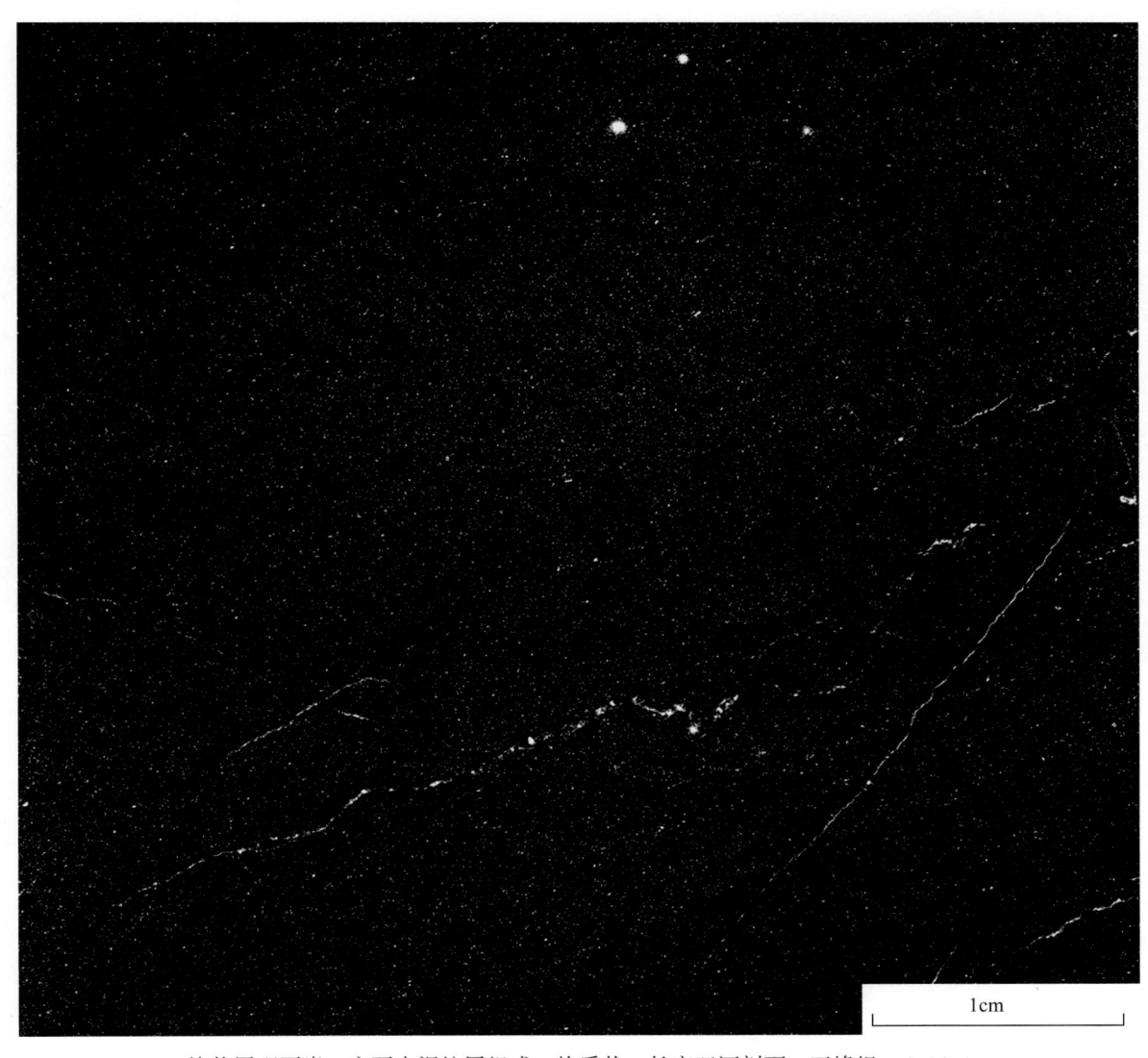

块状层理页岩，主要由泥纹层组成，均质状。长宁双河剖面，五峰组，6-14-1

递变层理页岩，主要由泥纹层构成，多个泥纹层构成泥质层，泥质层内部呈粒序构造。发育非顺层缝，钙质充填。长宁双河剖面，五峰组，6-16-1

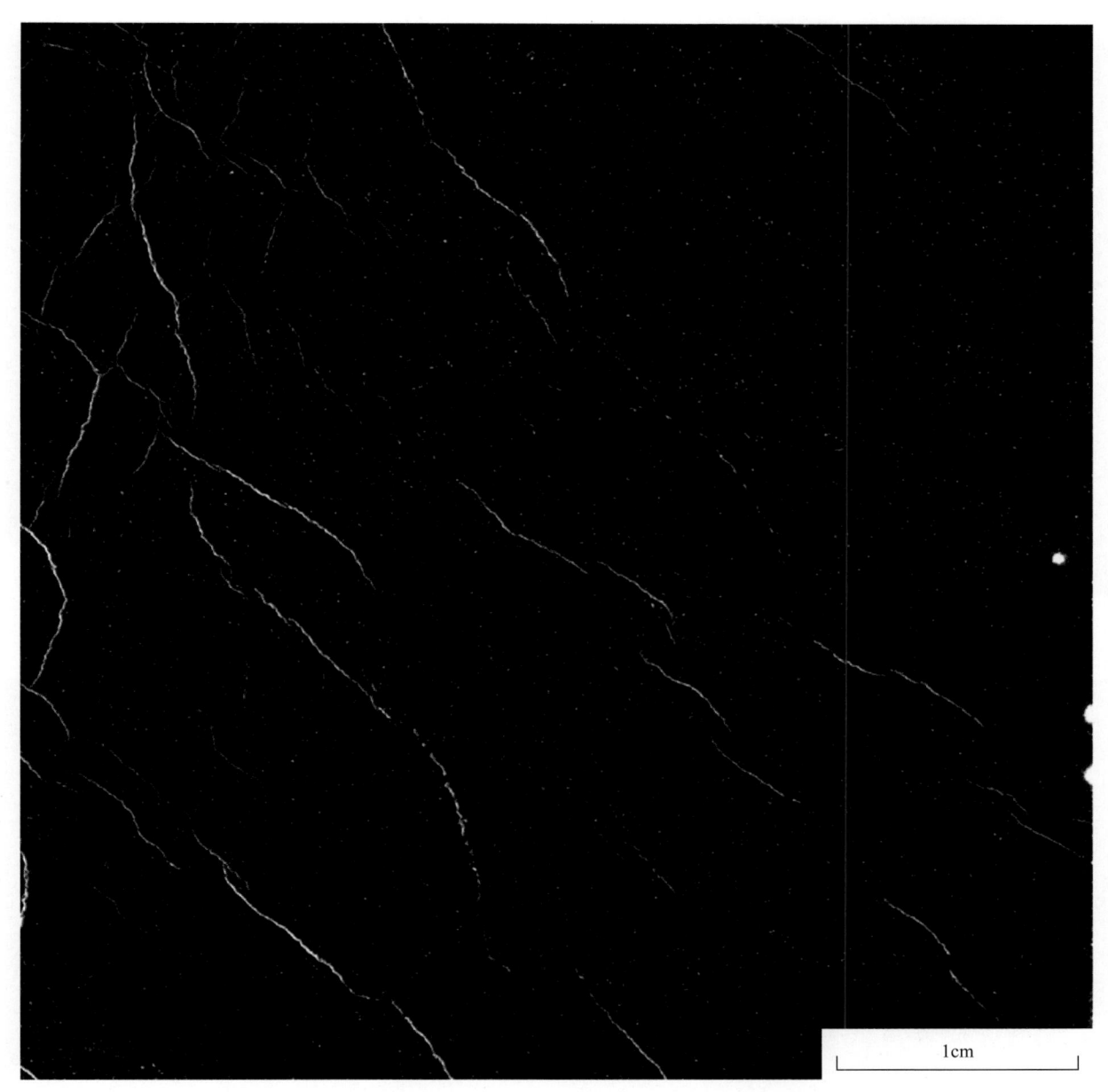

块状层理页岩，主要由泥纹层组成，均质状。发育大量裂缝，钙质充填。
长宁双河剖面，五峰组，6-17-1

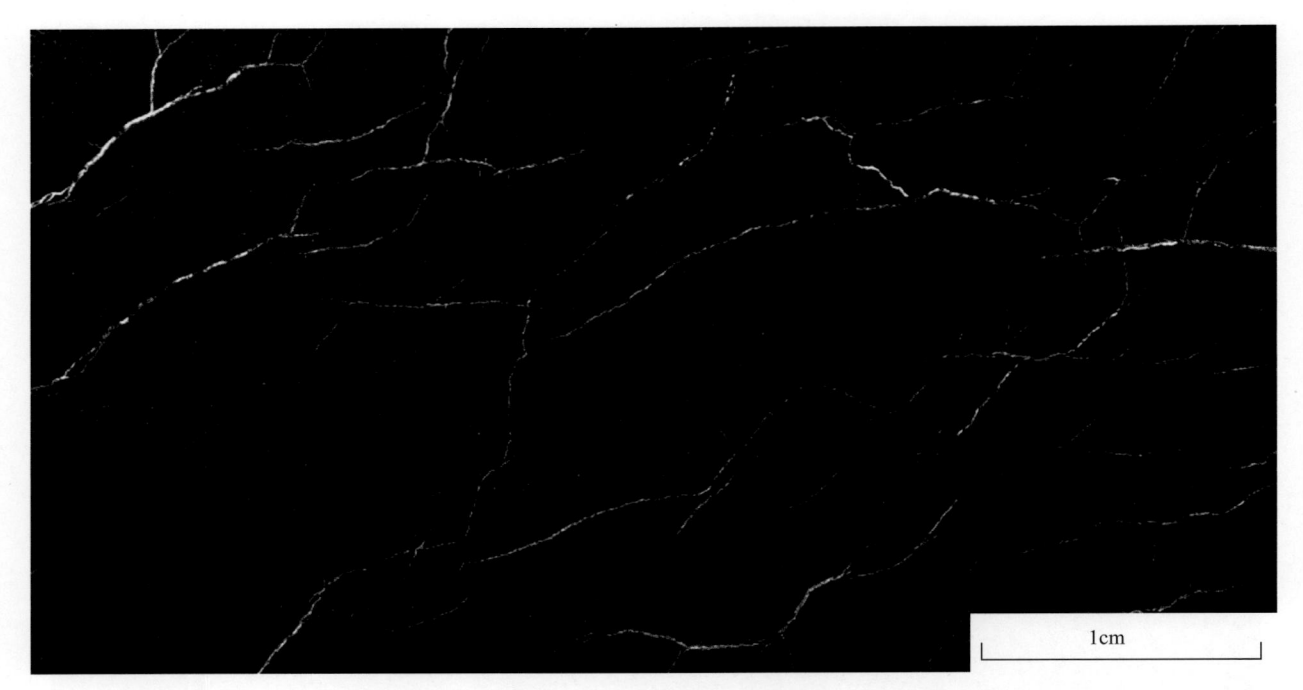

块状层理页岩，主要由泥纹层组成，均质状。发育大量裂缝，钙质充填。长宁双河剖面，五峰组，6-20-1

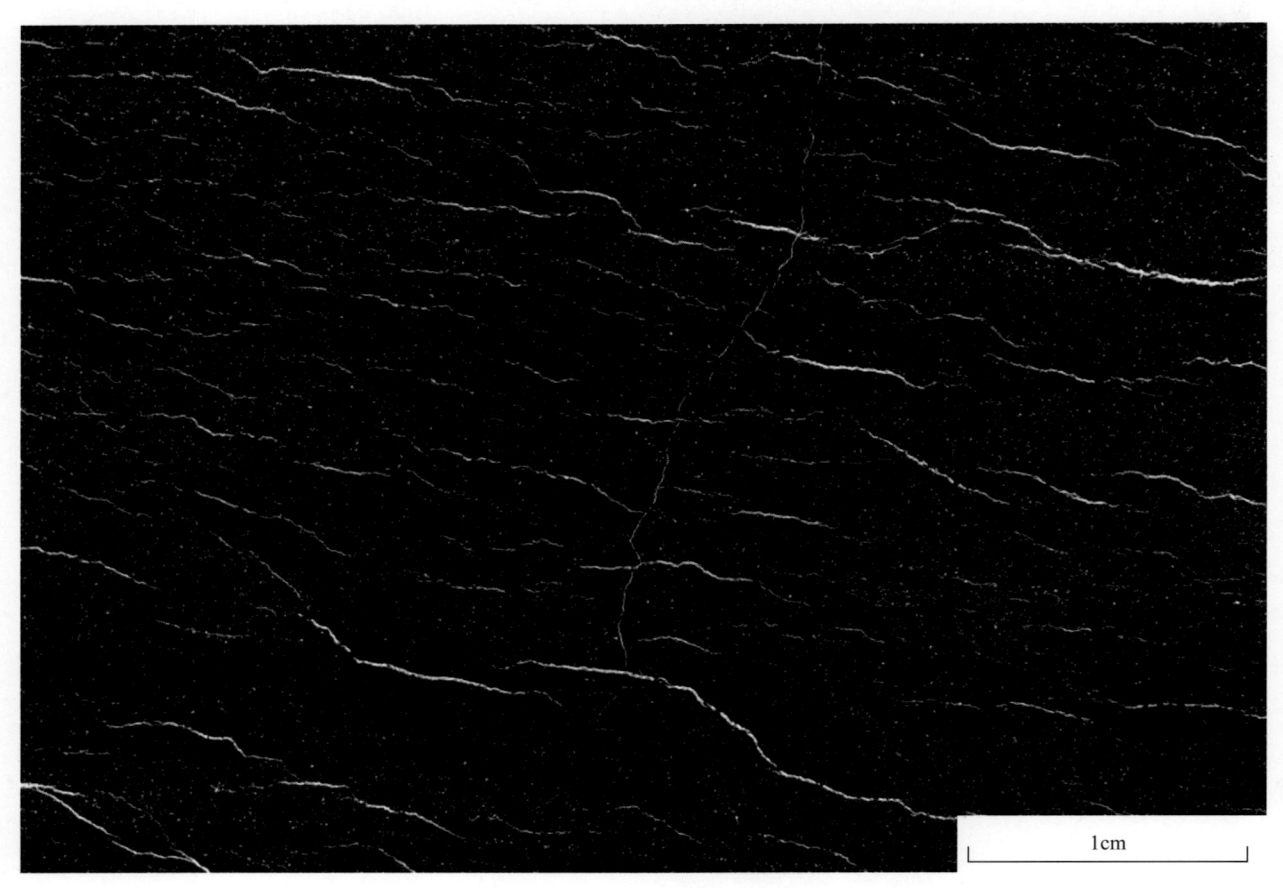

块状层理页岩，主要由泥纹层组成，均质状。发育大量裂缝，钙质充填。长宁双河剖面，五峰组，6-21-1

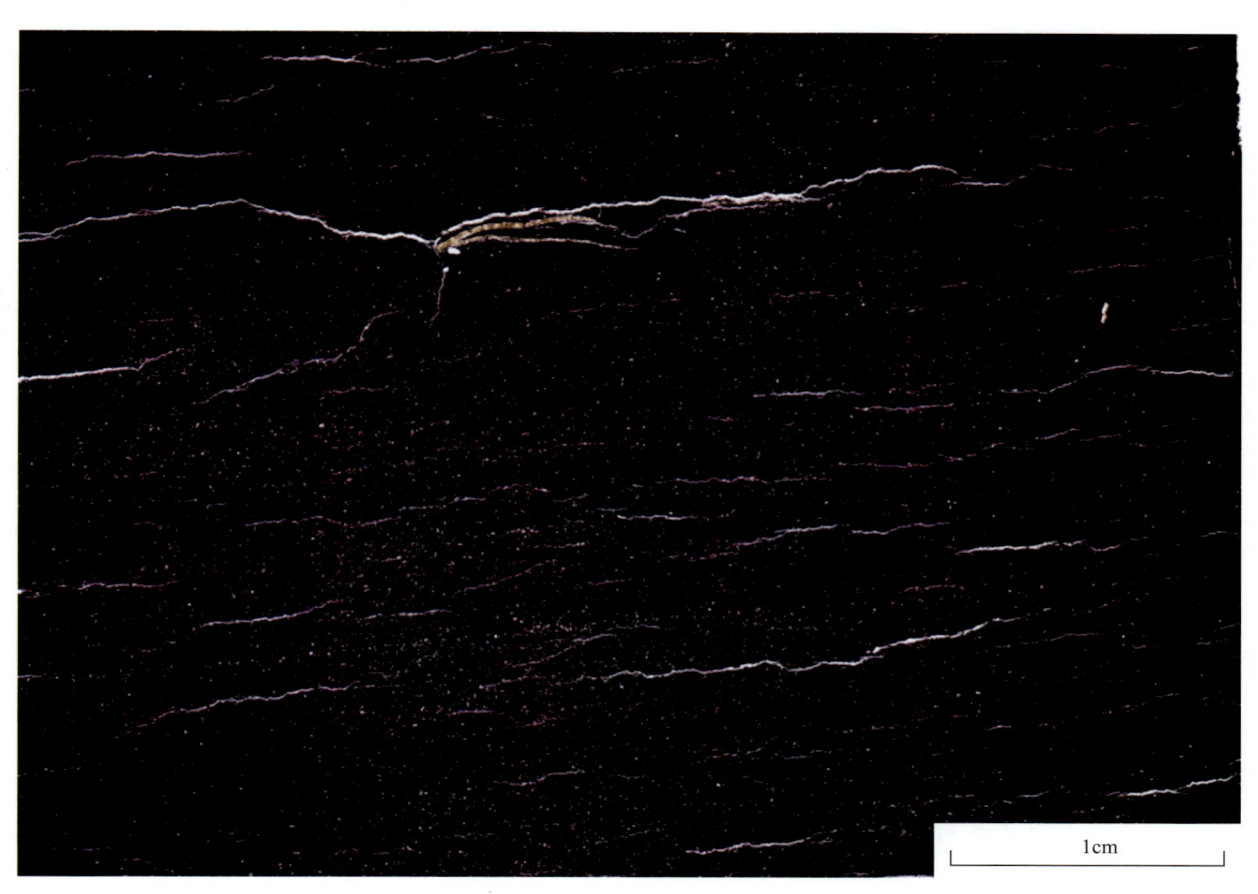

块状层理页岩，主要由泥纹层组成，均质状。发育大量裂缝，钙质充填。长宁双河剖面，五峰组，6-21-2

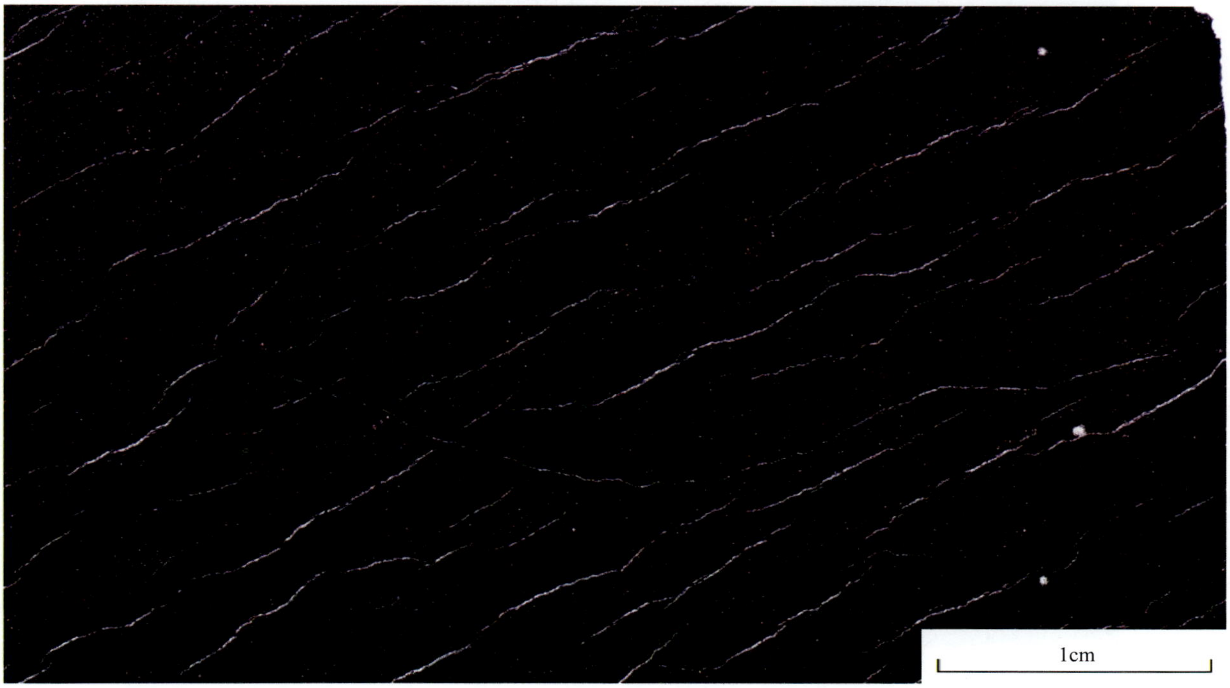

块状层理页岩，主要由泥纹层组成，均质状。发育大量裂缝，钙质充填。长宁双河剖面，五峰组，6-22-1

块状层理页岩，主要由泥纹层组成，均质状。发育大量裂缝，钙质充填。
长宁双河剖面，五峰组，6-23-1

块状层理页岩，主要由泥纹层组成，均质状。发育大量裂缝，钙质充填。
长宁双河剖面，五峰组，6-24-1

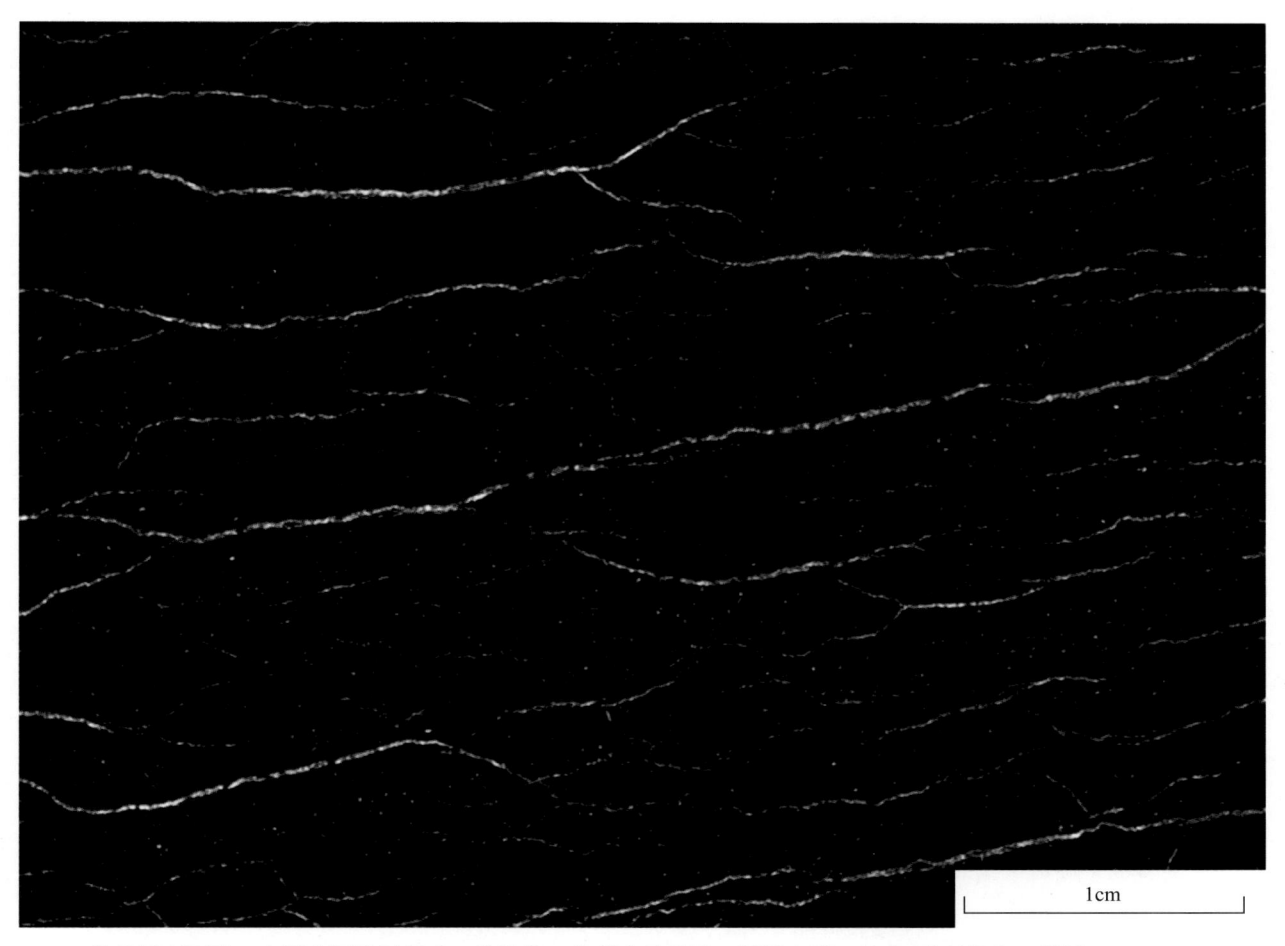

块状层理页岩，主要由泥纹层组成，均质状。发育大量裂缝，钙质充填。长宁双河剖面，五峰组，6-25-1

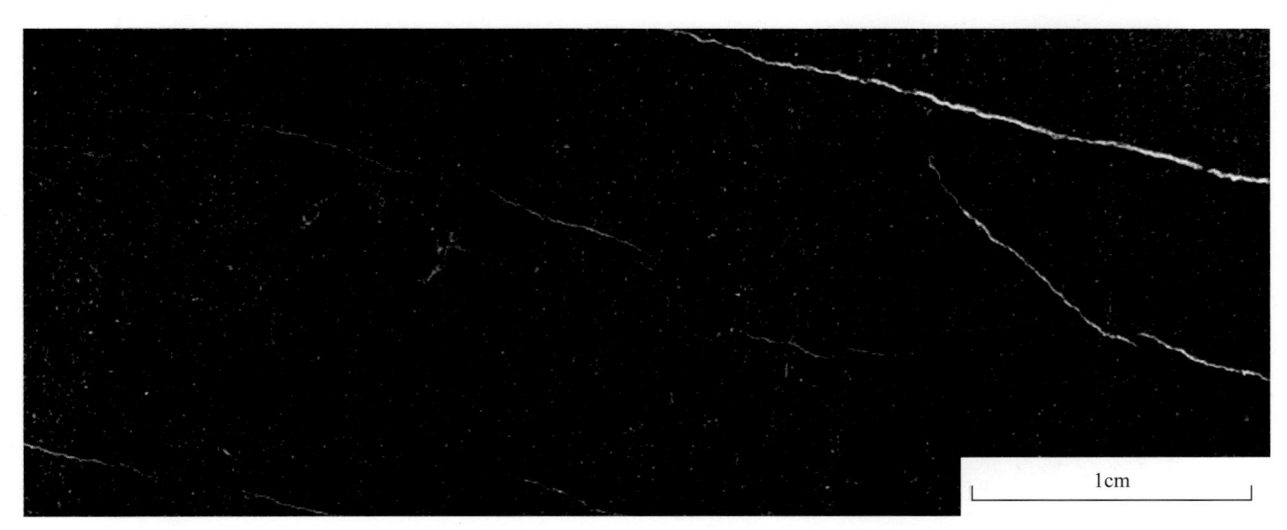

块状层理页岩，主要由泥纹层组成，均质状。发育大量裂缝，钙质充填。长宁双河剖面，五峰组，7-1-2

块状层理页岩，主要由泥纹层组成，均质状。发育大量裂缝，钙质充填，生物碎屑丰富，多顺层排列。
长宁双河剖面，五峰组，7-2-1

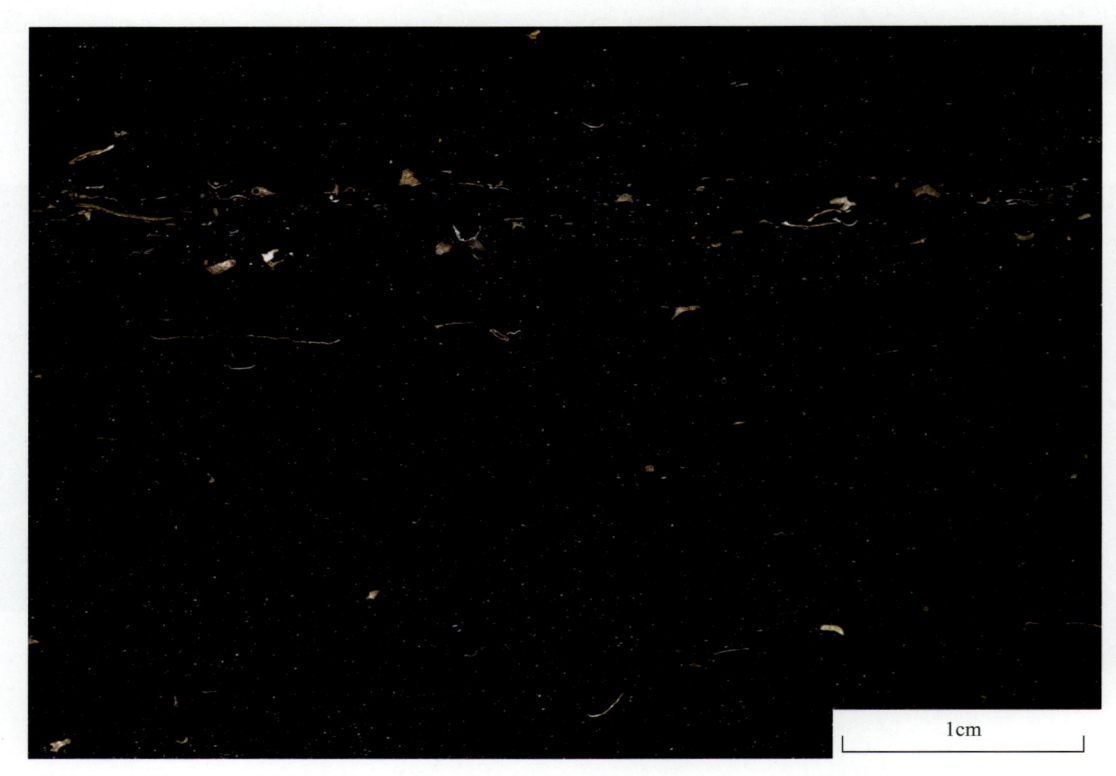

块状层理页岩，主要由泥纹层组成，均质状。发育大量裂缝，钙质充填，生物碎屑丰富，多顺层排列。
长宁双河剖面，五峰组，7-2-2

块状层理页岩，主要由泥纹层组成，均质状。发育少量裂缝，钙质充填，生物碎屑丰富，多顺层排列。
长宁双河剖面，五峰组，7-3-1

块状层理页岩，主要由泥纹层组成，均质状。发育大量裂缝，钙质充填，生物碎屑丰富，多顺层排列。
长宁双河剖面，五峰组，7-4-1

第二节 龙马溪组主要层理类型照片

递变层理页岩，主要由泥纹层构成，夹有少量粉砂纹层。顺层缝发育，钙质充填。
长宁双河剖面，龙马溪组，8-4-1

递变层理页岩，主要由泥纹层构成，夹有极少量粉砂纹层。顺层缝发育，相互之间构成网状，钙质充填。
长宁双河剖面，龙马溪组，8-6-1

递变层理页岩，主要由泥纹层构成，夹有少量粉砂纹层。顺层缝发育，相互之间构成网状，钙质充填。
长宁双河剖面，龙马溪组，8-6-2

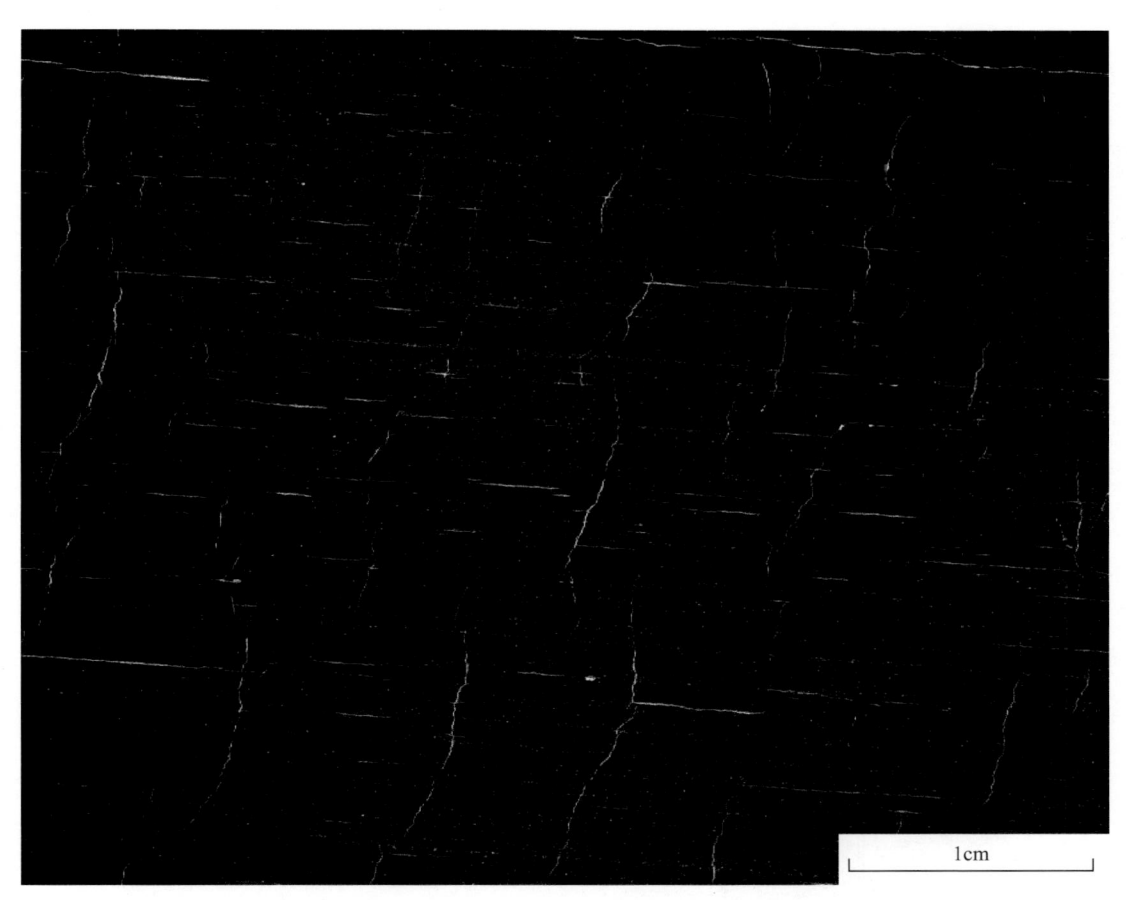

条带状粉砂层理页岩，主要由泥纹层和粉砂纹层构成，粉砂纹层多呈条带状，粉砂纹层与泥纹层突变接触。顺层缝与垂直缝发育，相互交切构成网状。长宁双河剖面，龙马溪组，8-8-1

条带状粉砂层理页岩，主要由泥纹层和粉砂纹层构成，粉砂纹层多呈条带状，粉砂纹层与泥纹层突变接触。顺层缝与垂直缝发育，相互交切构成网状。长宁双河剖面，龙马溪组，8-8-2

条带状粉砂层理页岩，主要由泥纹层和粉砂纹层构成，粉砂纹层多呈条带状，粉砂纹层与泥纹层突变接触。顺层缝发育，钙质充填。长宁双河剖面，龙马溪组，8-9-1

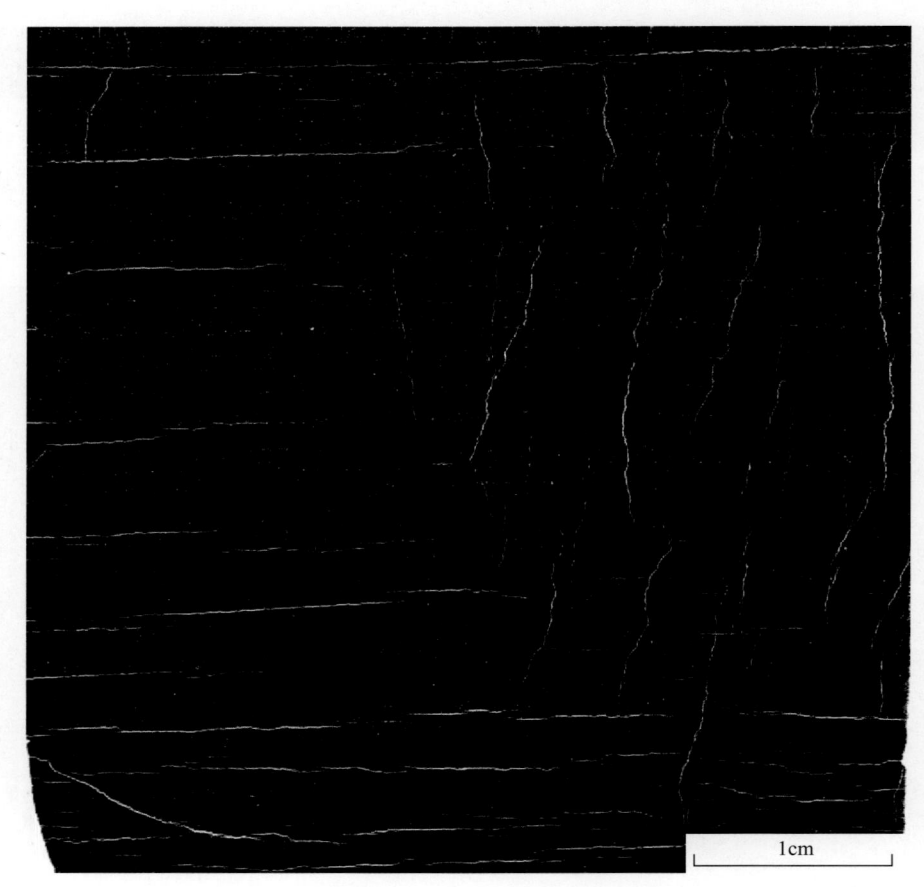

条带状粉砂层理页岩，主要由泥纹层和粉砂纹层构成，粉砂纹层多呈条带状，粉砂纹层与泥纹层突变接触。顺层缝与垂直缝发育，相互交切构成网状。长宁双河剖面，龙马溪组，8-31-1

条带状粉砂层理页岩，主要由泥纹层和粉砂纹层构成，粉砂纹层多呈条带状，粉砂纹层与泥纹层突变接触。垂直缝发育，顺层缝相对较少。长宁双河剖面，龙马溪组，8-31-2

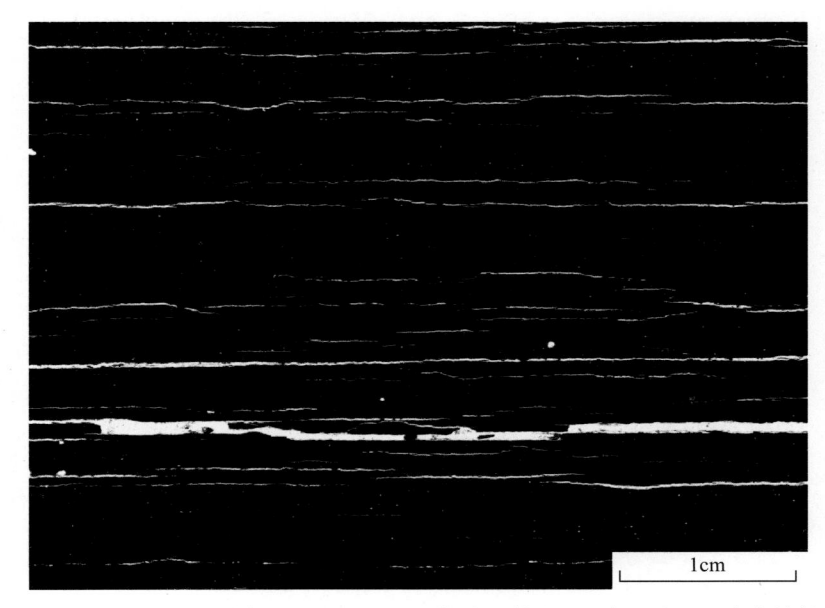

砂泥递变层理页岩，主要由粉砂纹层和泥纹层构成，粉砂纹层与泥纹层呈渐变接触关系。顺层缝发育。长宁双河剖面，龙马溪组，9-2-1

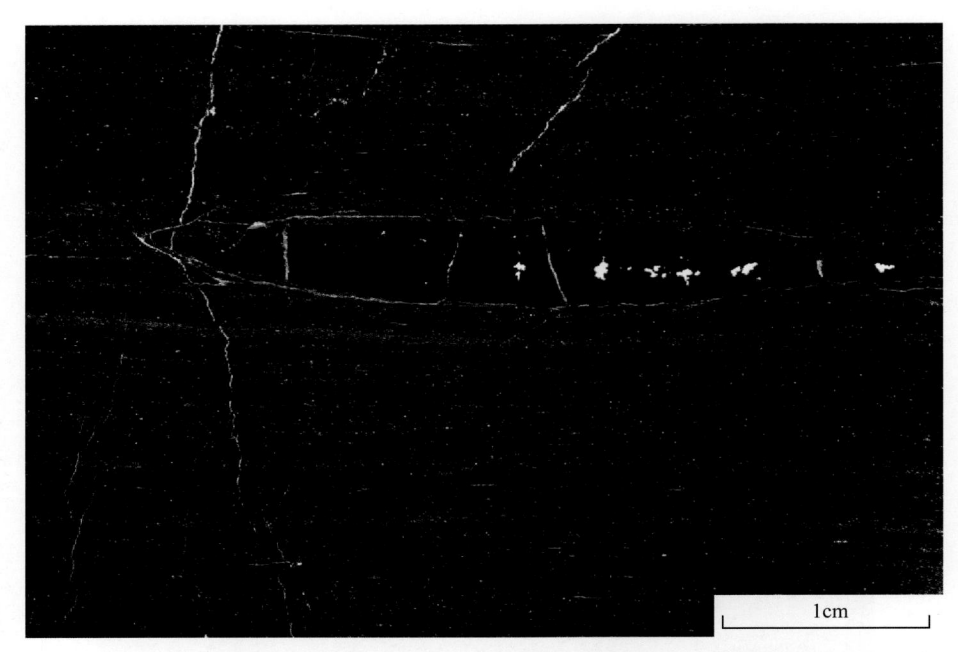

砂泥递变层理页岩，主要由粉砂纹层和泥纹层构成，粉砂纹层与泥纹层呈渐变接触关系。发育少量垂直缝。
长宁双河剖面，龙马溪组，9-4-1

砂泥薄互层层理页岩，主要由泥纹层和粉砂纹层构成，粉砂纹层与泥纹层呈突变接触。
长宁双河剖面，龙马溪组，9-5-1

砂泥薄互层层理页岩，主要由泥纹层和粉砂纹层构成，粉砂纹层与泥纹层呈突变接触。发育少量垂直缝和水平缝。
长宁双河剖面，龙马溪组，9-5-2

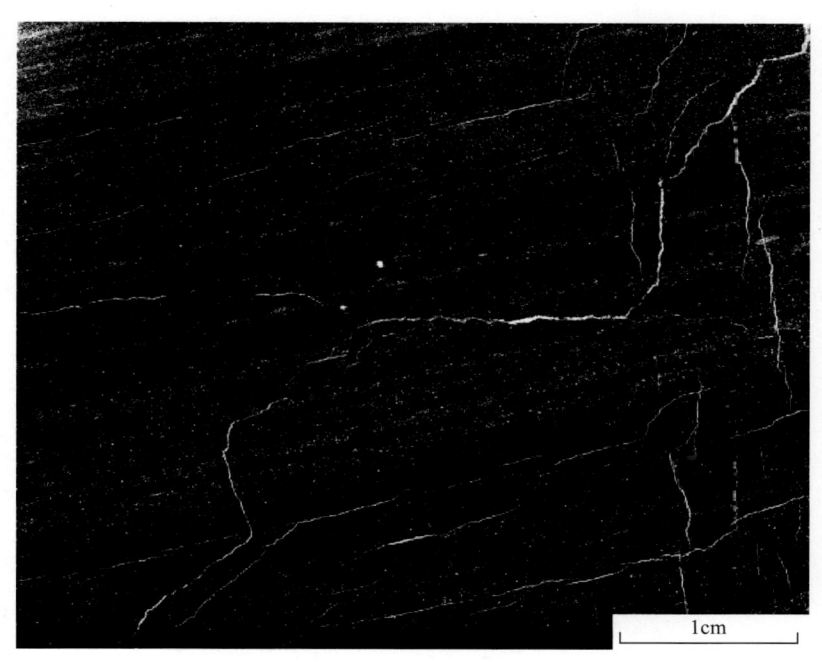

砂泥薄互层层理页岩，主要由泥纹层和粉砂纹层构成，粉砂纹层与泥纹层呈突变接触。发育少量水平缝和垂直缝。
长宁双河剖面，龙马溪组，9-6-1

砂泥薄互层层理页岩，主要由泥纹层和粉砂纹层构成，粉砂纹层与泥纹层呈突变接触，发育大量垂直缝。
长宁双河剖面，龙马溪组，9-9-2

砂泥薄互层层理页岩，主要由泥纹层和粉砂纹层构成，粉砂纹层与泥纹层呈突变接触，发育少量顺层缝和非顺层缝。
长宁双河剖面，龙马溪组，9-9-1

砂泥递变层理页岩，由粉砂纹层和泥纹层组成，粉砂纹层与泥纹层呈递变接触关系，发育少量顺层缝。
长宁双河剖面，龙马溪组，9-12-1

砂泥薄互层层理页岩，主要由泥纹层和粉砂纹层构成，粉砂纹层与泥纹层呈突变接触，发育大量垂直缝。
长宁双河剖面，龙马溪组，9-12-2

砂泥递变层理页岩，由粉砂纹层和泥纹层组成，粉砂纹层与泥纹层呈递变接触关系，发育大量顺层缝。
长宁双河剖面，龙马溪组，9-13-1

砂泥递变层理页岩，由粉砂纹层和泥纹层组成，粉砂纹层与泥纹层呈递变接触关系，发育少量顺层缝。
长宁双河剖面，龙马溪组，9-13-2

砂泥递变层理页岩，由粉砂纹层和泥纹层组成，粉砂纹层与泥纹层呈递变接触关系。顺层缝和垂直缝发育。
长宁双河剖面，龙马溪组，9-13-3

砂泥递变层理页岩，由粉砂纹层和泥纹层组成，粉砂纹层与泥纹层呈递变接触关系，顺层缝和垂直缝发育。
长宁双河剖面，龙马溪组，9-14-1

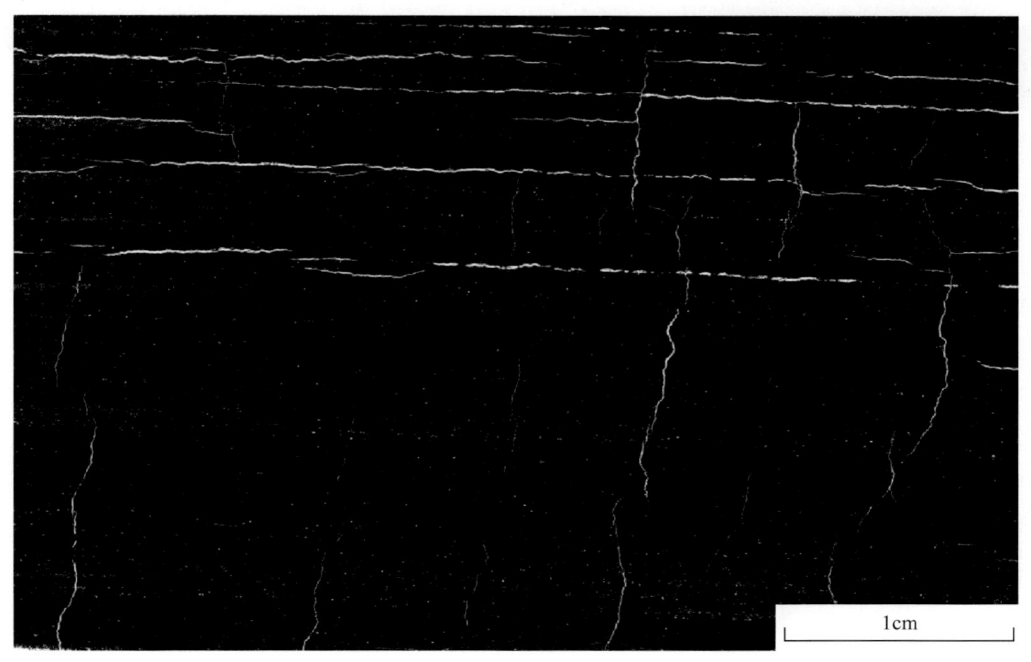

砂泥递变层理页岩，由粉砂纹层和泥纹层组成，粉砂纹层与泥纹层呈递变接触关系，顺层缝和垂直缝发育。
长宁双河剖面，龙马溪组，9-15-1

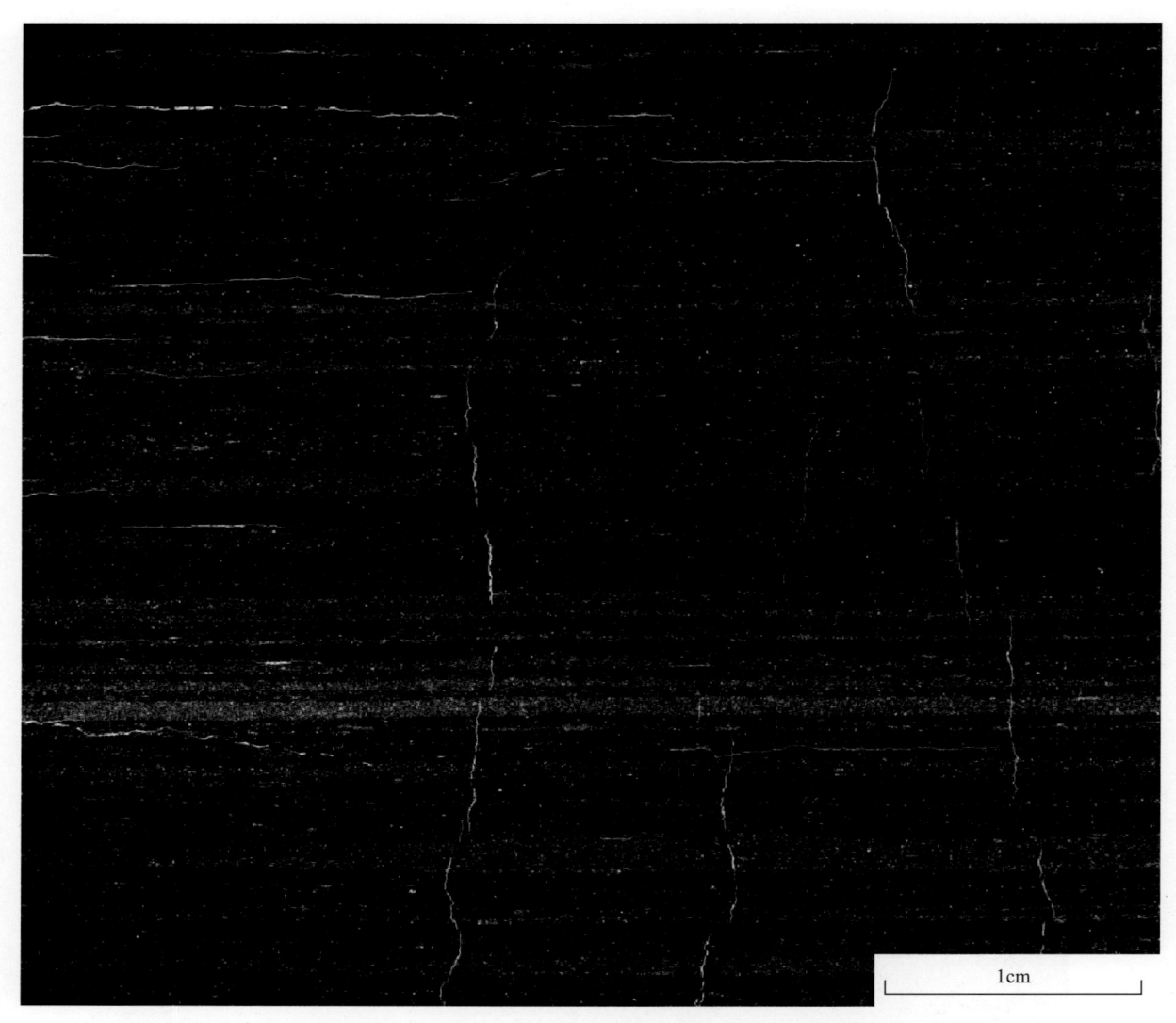

砂泥递变层理页岩，由粉砂纹层和泥纹层组成，粉砂纹层与泥纹层呈递变接触关系，发育少量顺层缝。
长宁双河剖面，龙马溪组，9-15-2

砂泥递变层理页岩，由粉砂纹层和泥纹层组成，粉砂纹层与泥纹层呈递变接触关系，发育少量顺层缝。
长宁双河剖面，龙马溪组，9-16-1

砂泥薄互层层理页岩，主要由泥纹层和粉砂纹层构成，粉砂纹层与泥纹层呈突变接触，发育少量顺层缝和垂直缝。
长宁双河剖面，龙马溪组，9-16-2

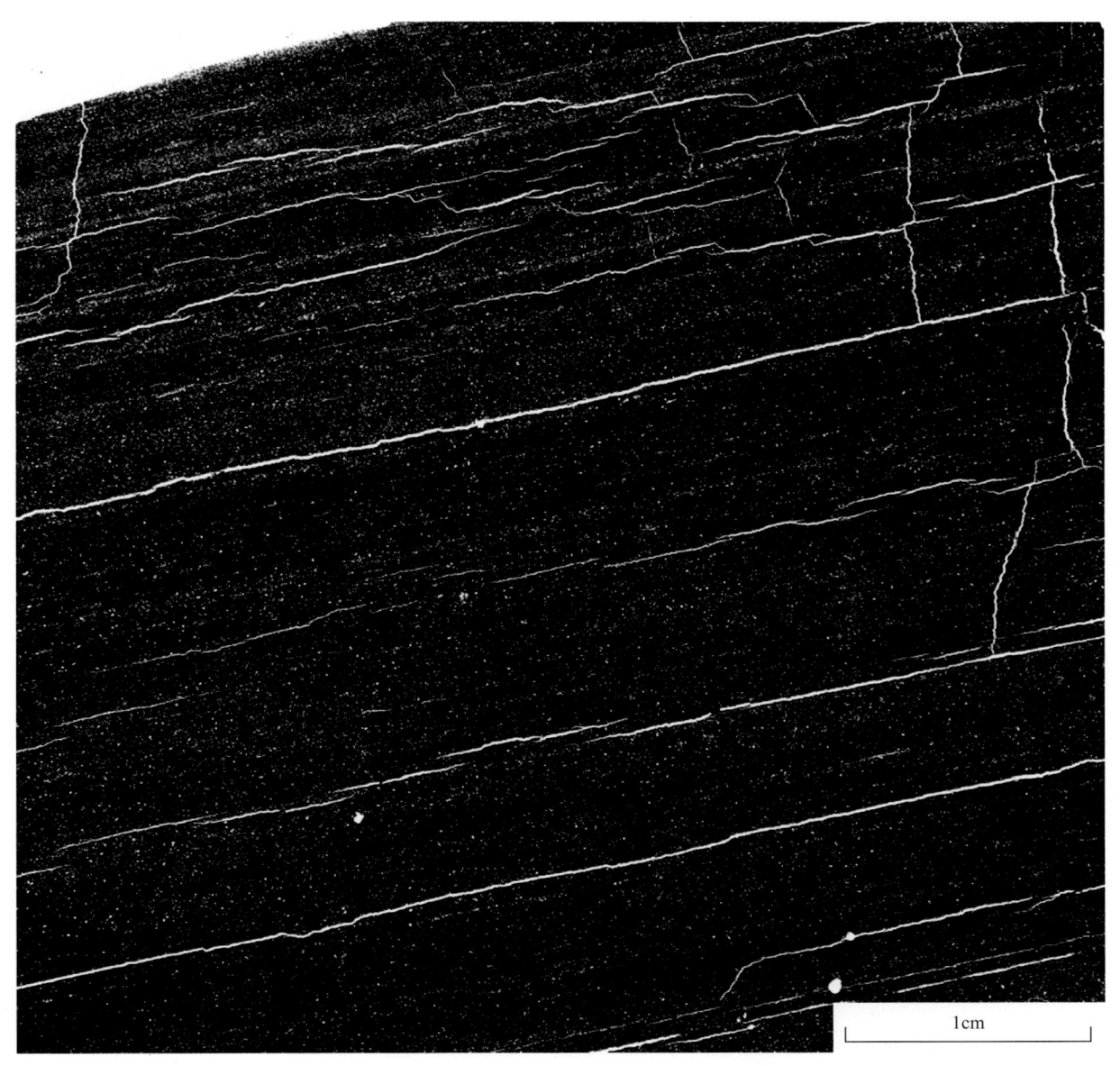

砂泥薄互层层理页岩，主要由泥纹层和粉砂纹层构成，粉砂纹层与泥纹层呈突变接触，发育大量顺层缝和垂直缝。
长宁双河剖面，龙马溪组，9-17-1

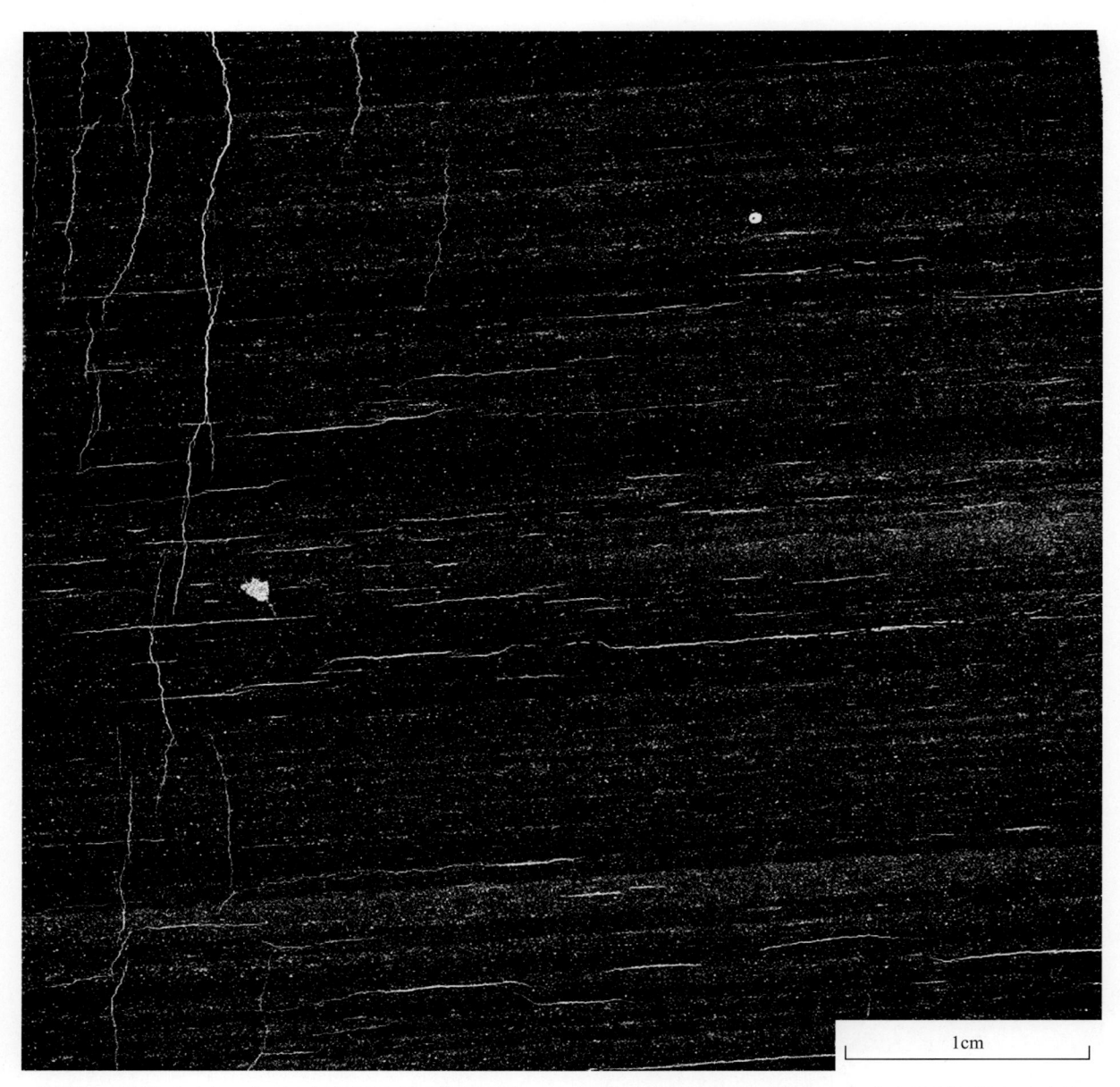

砂泥薄互层层理页岩，主要由泥纹层和粉砂纹层构成，粉砂纹层与泥纹层呈突变接触，发育大量顺层缝和垂直缝。长宁双河剖面，龙马溪组，9-18-2

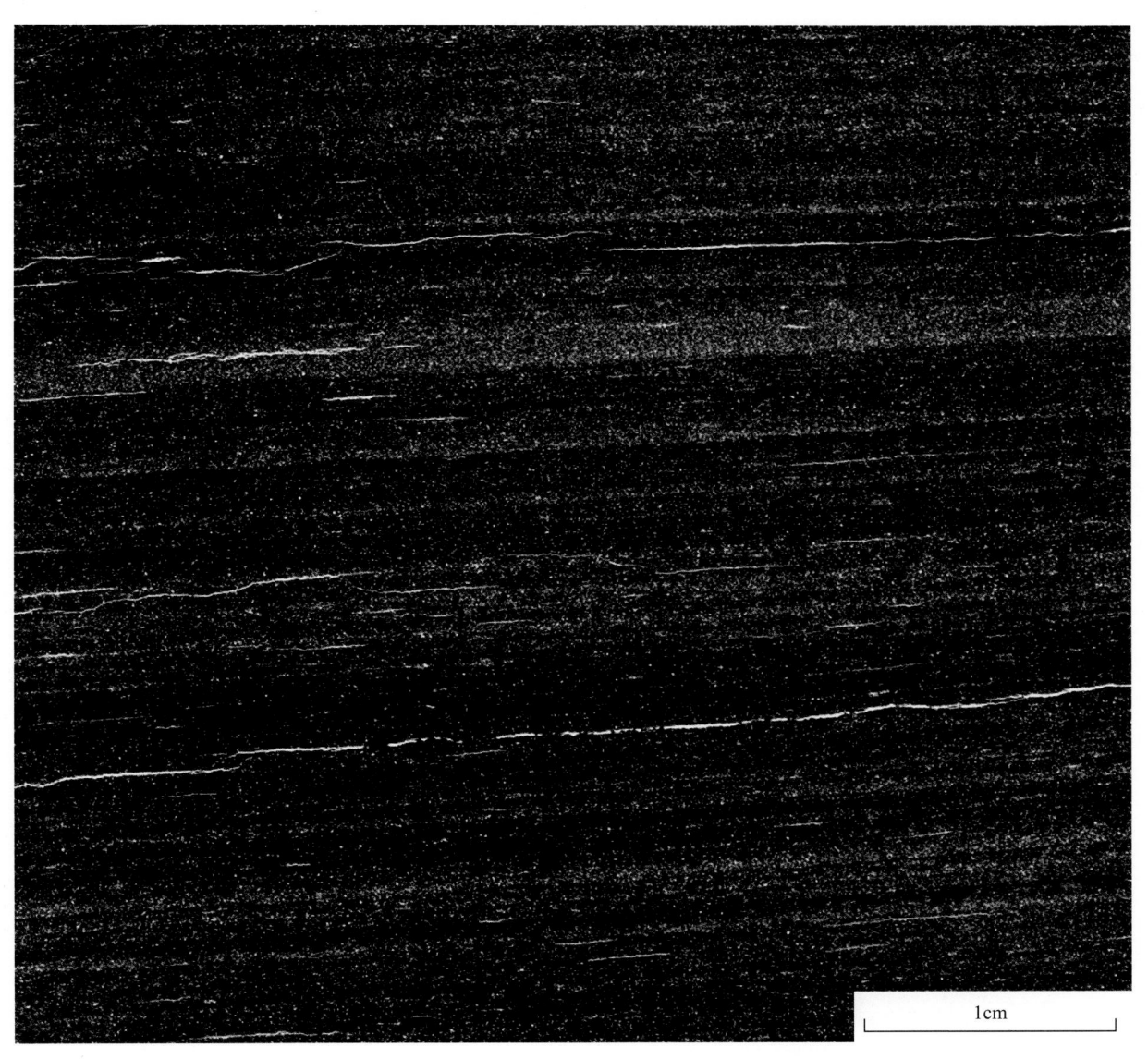

砂泥递变层理页岩，由粉砂纹层和泥纹层组成，粉砂纹层与泥纹层呈递变接触关系，顺层缝和垂直缝发育。
长宁双河剖面，龙马溪组，9-18-3

砂泥薄互层层理页岩，主要由泥纹层和粉砂纹层构成，粉砂纹层与泥纹层呈突变接触，发育大量顺层缝和垂直缝。
长宁双河剖面，龙马溪组，9-20-2

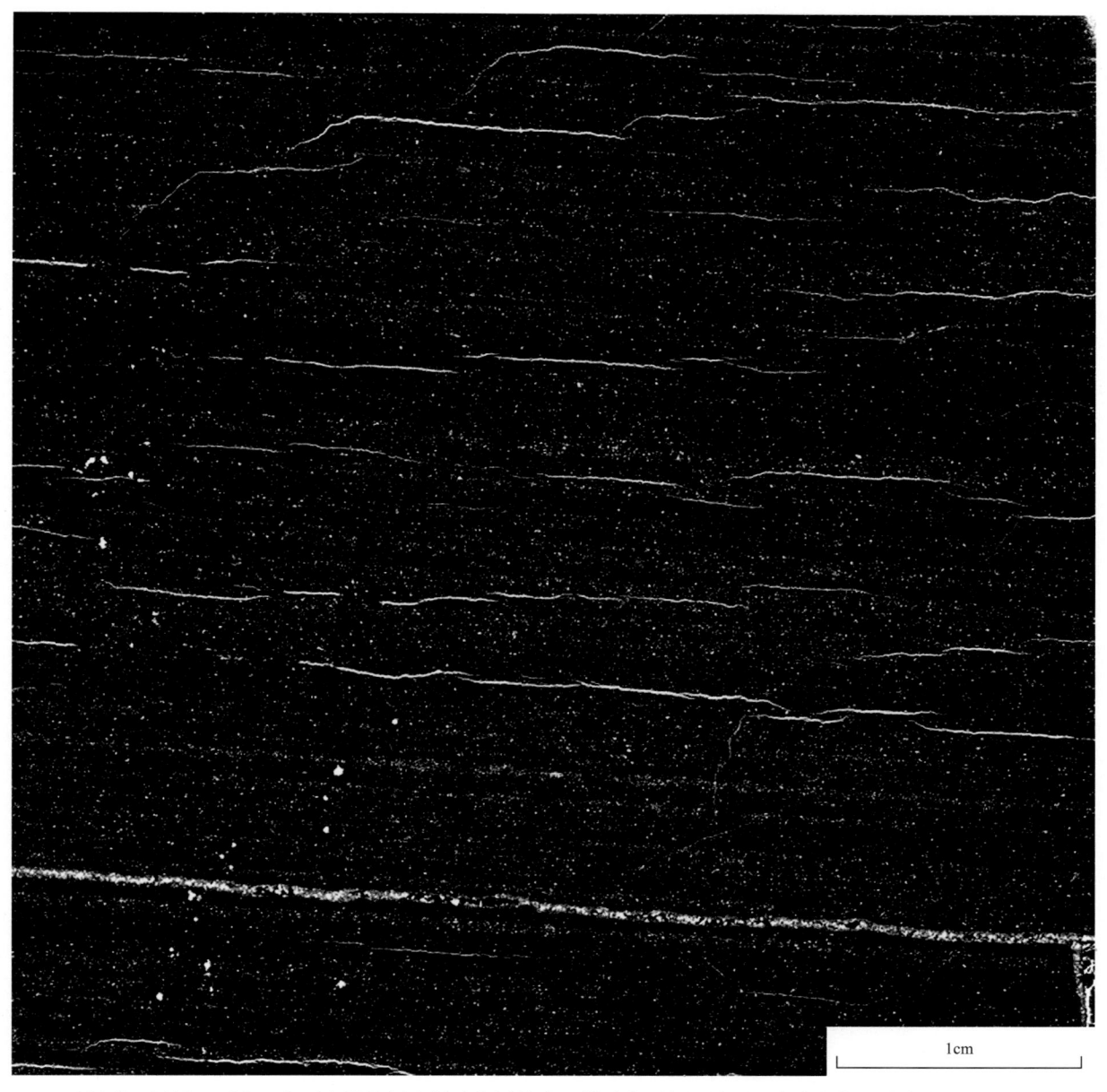

砂泥薄互层层理页岩，主要由泥纹层和粉砂纹层构成，粉砂纹层与泥纹层呈突变接触，发育大量顺层缝。
长宁双河剖面，龙马溪组，9-22-1

砂泥薄互层层理页岩，主要由泥纹层和粉砂纹层构成，粉砂纹层与泥纹层呈突变接触，发育大量顺层缝。
长宁双河剖面，龙马溪组，9-22-2

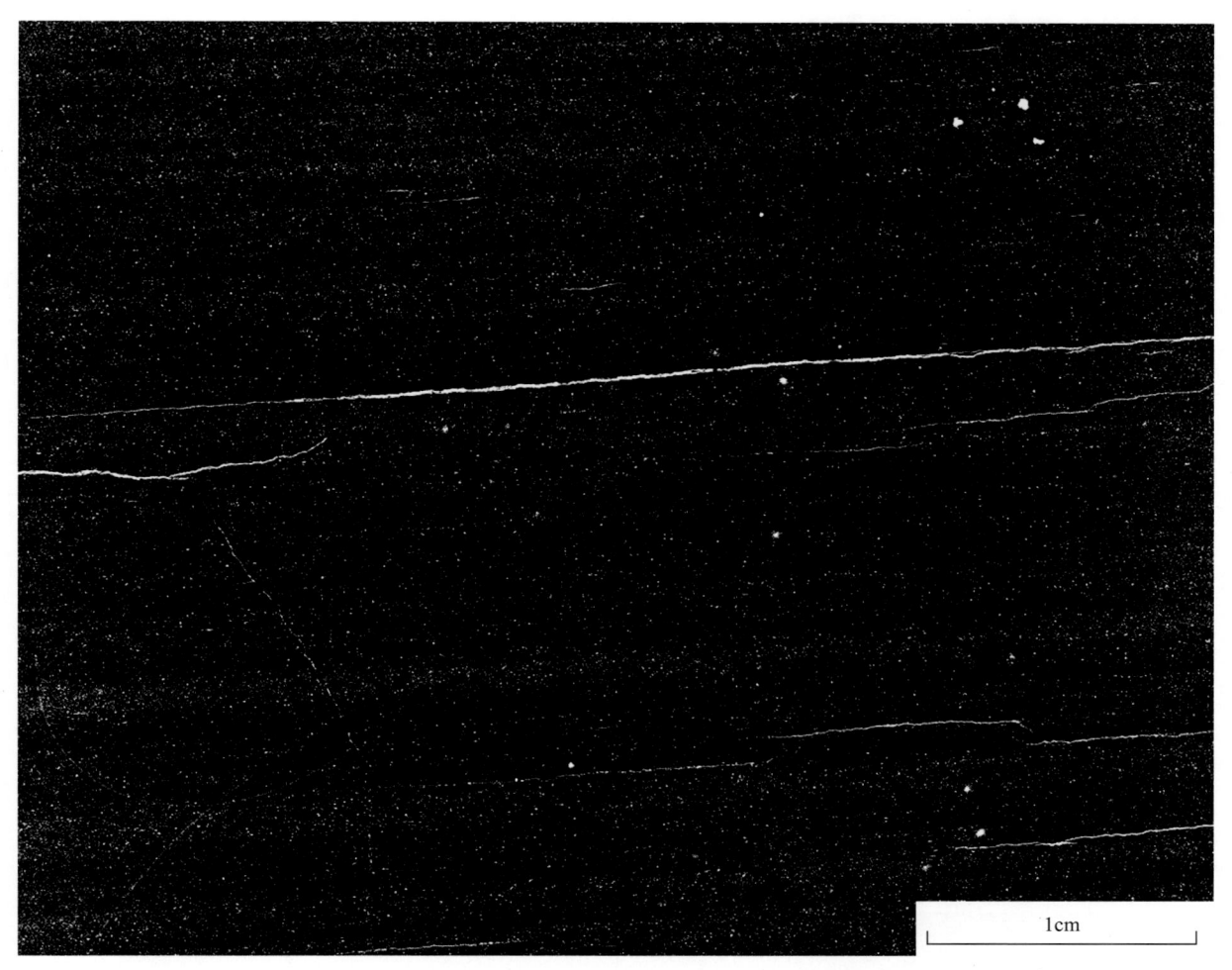

砂泥薄互层层理页岩，主要由泥纹层和粉砂纹层构成，粉砂纹层与泥纹层呈突变接触，发育少量顺层缝。
长宁双河剖面，龙马溪组，9-24-2

砂泥薄互层层理页岩，主要由泥纹层和粉砂纹层构成，粉砂纹层与泥纹层呈突变接触。
长宁双河剖面，龙马溪组，10-1-1

砂泥薄互层层理页岩，主要由泥纹层和粉砂纹层构成，粉砂纹层与泥纹层呈突变接触，发育少量顺层缝。
长宁双河剖面，龙马溪组，10-5-1

砂泥薄互层层理页岩，主要由泥纹层和粉砂纹层构成，粉砂纹层与泥纹层呈突变接触，发育少量顺层缝。
长宁双河剖面，龙马溪组，10-2-1

砂泥薄互层层理页岩，主要由泥纹层和粉砂纹层构成，粉砂纹层与泥纹层呈突变接触，发育少量顺层缝。
长宁双河剖面，龙马溪组，10-2-2

砂泥薄互层层理页岩，主要由泥纹层和粉砂纹层构成，粉砂纹层与泥纹层呈突变接触，发育少量顺层缝。
长宁双河剖面，龙马溪组，10-5-2

砂泥薄互层层理页岩，主要由泥纹层和粉砂纹层构成，粉砂纹层与泥纹层呈突变接触，发育少量顺层缝。
长宁双河剖面，龙马溪组，10-6-2

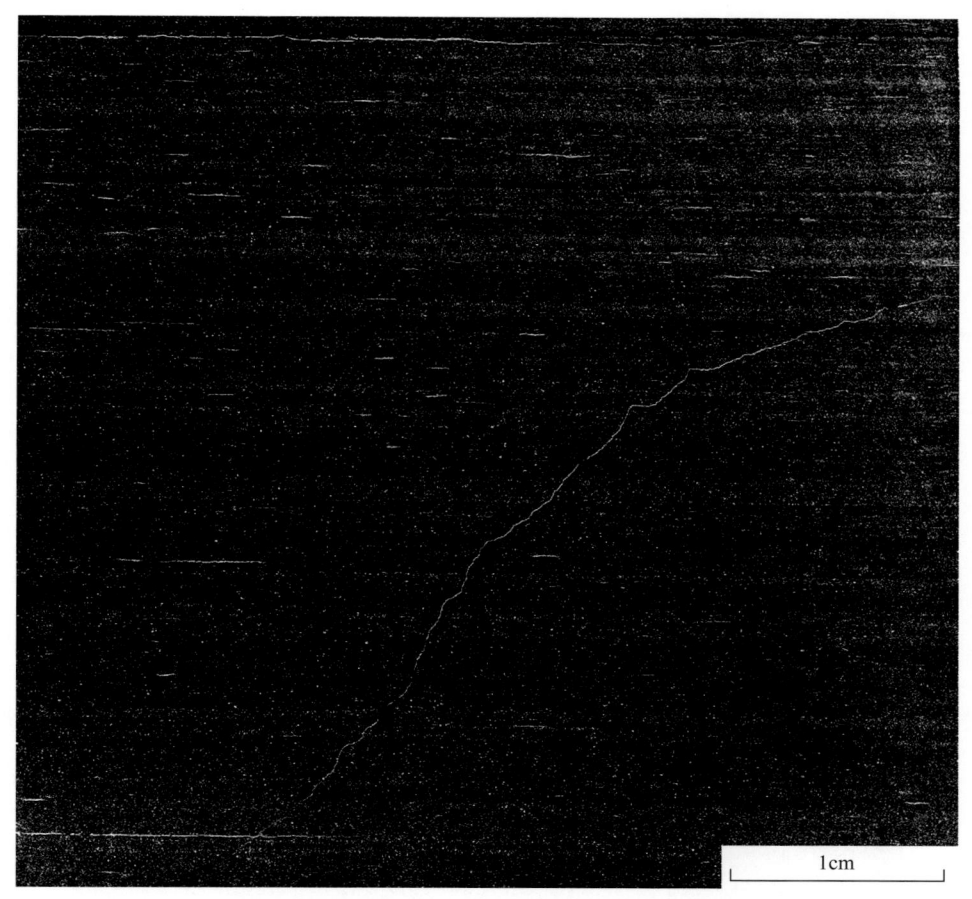

砂泥薄互层层理页岩，主要由泥纹层和粉砂纹层构成，粉砂纹层与泥纹层呈突变接触，发育少量顺层缝。
长宁双河剖面，龙马溪组，10-8-2

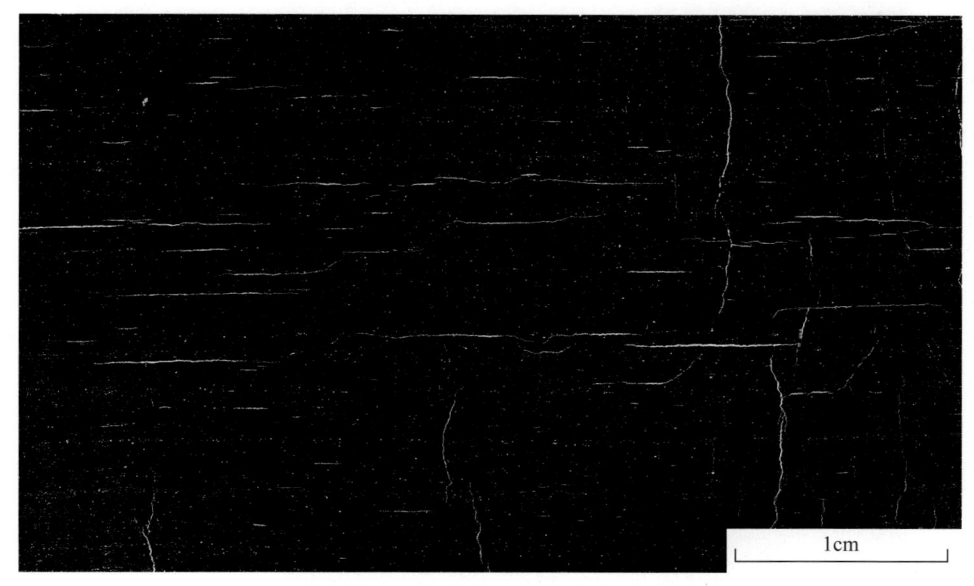

砂泥薄互层层理页岩，主要由泥纹层和粉砂纹层构成，粉砂纹层与泥纹层呈突变接触，发育少量顺层缝和垂直缝，相互交切成网状。长宁双河剖面，龙马溪组，10-10-1

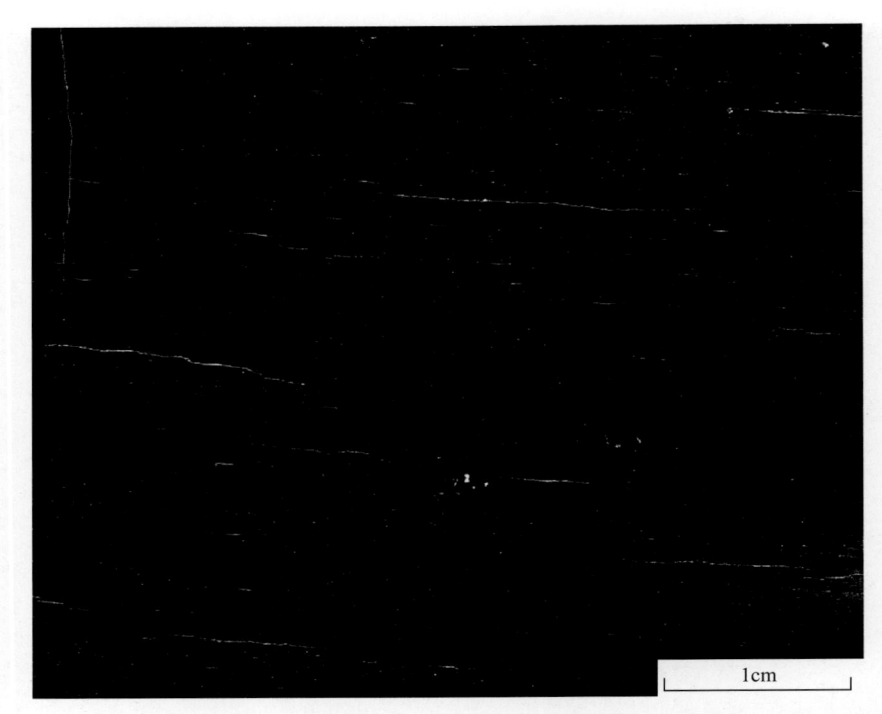

砂泥薄互层层理页岩，主要由泥纹层和粉砂纹层构成，粉砂纹层与泥纹层呈突变接触，发育少量顺层缝和垂直缝。
长宁双河剖面，龙马溪组，10-10-2

砂泥递变层理页岩，主要由粉砂纹层和泥纹层构成，粉砂纹层与泥纹层呈渐变接触关系，垂直缝发育。
长宁双河剖面，龙马溪组，10-12-1

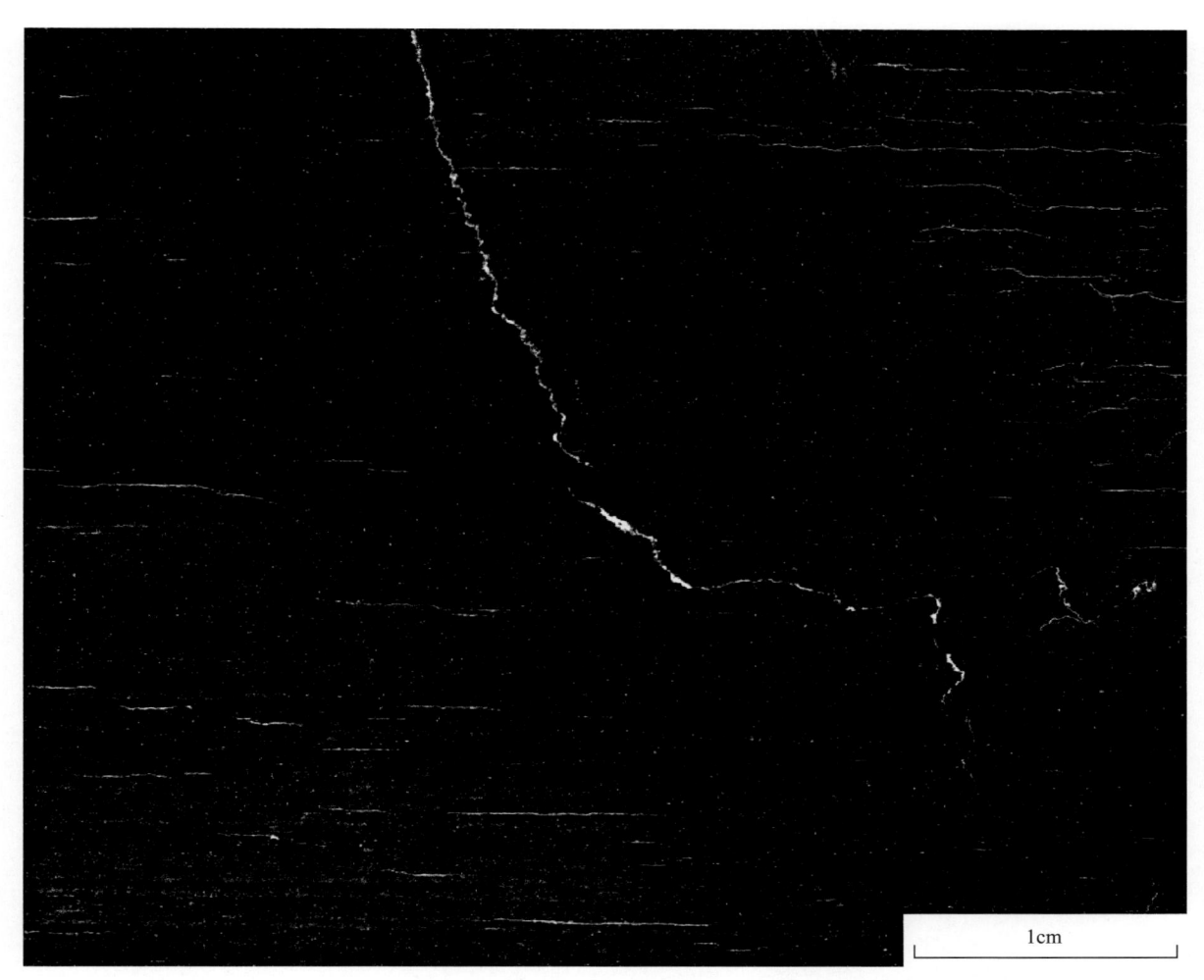

砂泥薄互层层理页岩，主要由泥纹层和粉砂纹层构成，粉砂纹层与泥纹层呈突变接触，发育少量顺层缝。
长宁双河剖面，龙马溪组，10-12-2

砂泥薄互层层理页岩，主要由泥纹层和粉砂纹层构成，粉砂纹层与泥纹层呈突变接触，发育少量顺层缝。
长宁双河剖面，龙马溪组，10-13-1

砂泥薄互层层理页岩，主要由泥纹层和粉砂纹层构成，粉砂纹层与泥纹层呈突变接触，发育少量顺层缝。
长宁双河剖面，龙马溪组，10-13-2

砂泥薄互层层理页岩，主要由泥纹层和粉砂纹层构成，粉砂纹层与泥纹层呈突变接触，发育少量顺层缝。
长宁双河剖面，龙马溪组，10-14-1

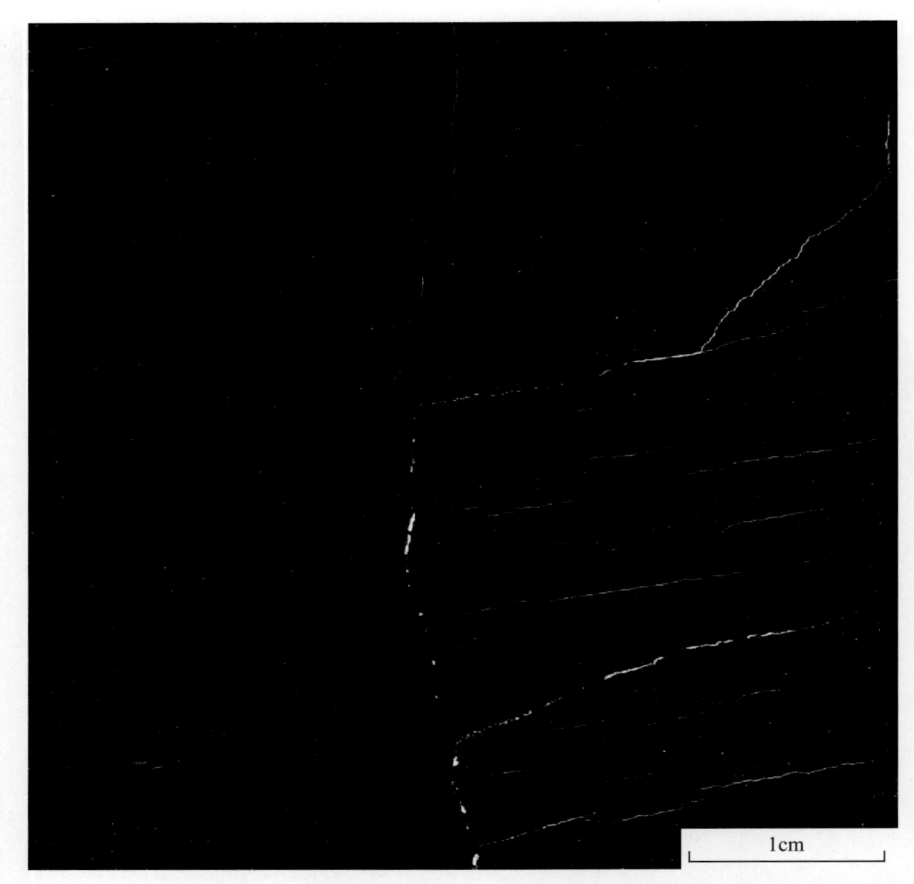

砂泥薄互层层理页岩，主要由泥纹层和粉砂纹层构成，粉砂纹层与泥纹层呈突变接触，发育少量顺层缝。
长宁双河剖面，龙马溪组，10-14-2

砂泥薄互层层理页岩，主要由泥纹层和粉砂纹层构成，粉砂纹层与泥纹层呈突变接触，发育少量顺层缝。
长宁双河剖面，龙马溪组，10-15-1

砂泥薄互层层理页岩，主要由泥纹层和粉砂纹层构成，粉砂纹层与泥纹层呈突变接触，发育少量顺层缝。
长宁双河剖面，龙马溪组，10-15-3

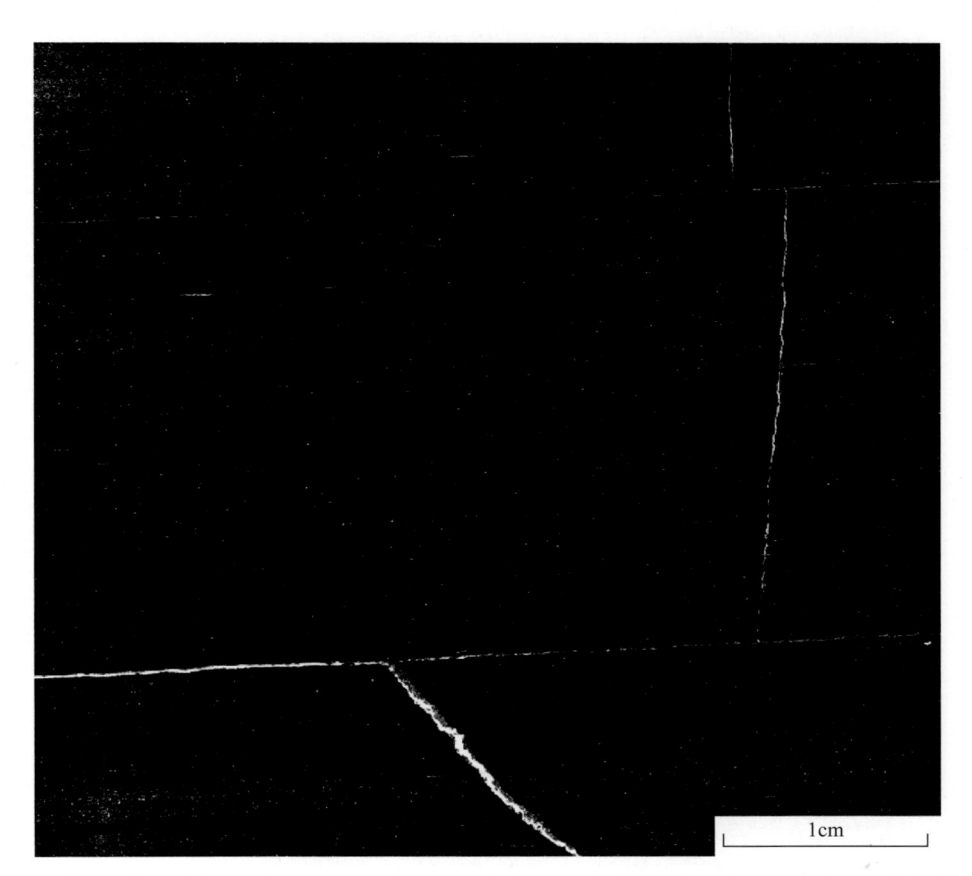

砂泥薄互层层理页岩，主要由泥纹层和粉砂纹层构成，粉砂纹层与泥纹层呈突变接触，发育少量顺层缝。
长宁双河剖面，龙马溪组，10-16-1

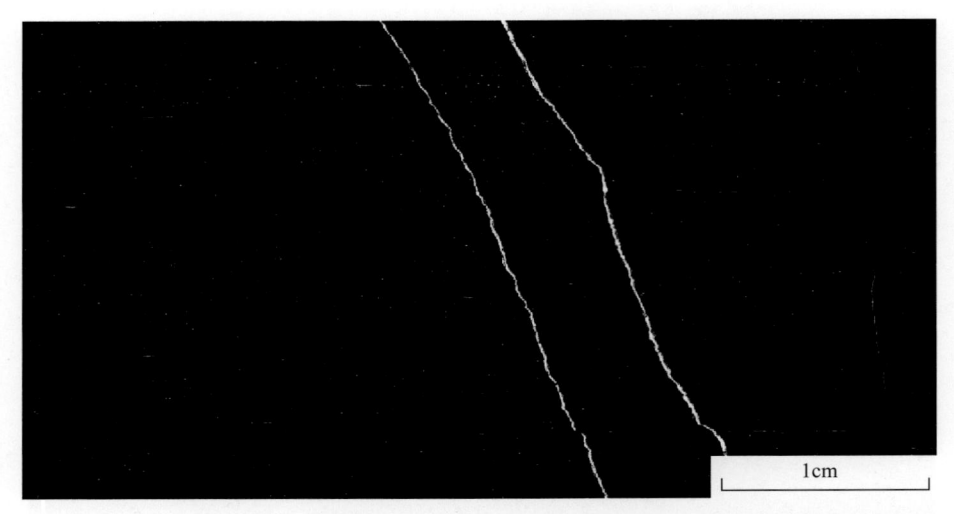

砂泥薄互层层理页岩，主要由泥纹层和粉砂纹层构成，粉砂纹层与泥纹层呈突变接触，发育少量顺层缝。
长宁双河剖面，龙马溪组，10-16-2

砂泥递变层理页岩，由粉砂纹层和泥纹层组成，粉砂纹层与泥纹层呈递变接触关系。
长宁双河剖面，龙马溪组，10-17-2

砂泥薄互层层理页岩，主要由泥纹层和粉砂纹层构成，粉砂纹层与泥纹层呈突变接触，发育少量顺层缝。

长宁双河剖面，龙马溪组，10-18-1

砂泥薄互层层理页岩，主要由泥纹层和粉砂纹层构成，粉砂纹层与泥纹层呈突变接触，发育少量顺层缝。
长宁双河剖面，龙马溪组，10-18-2

砂泥薄互层层理页岩，主要由泥纹层和粉砂纹层构成，粉砂纹层与泥纹层呈突变接触，发育少量顺层缝。
长宁双河剖面，龙马溪组，11-1-1

砂泥薄互层层理页岩，主要由泥纹层和粉砂纹层构成，粉砂纹层与泥纹层呈突变接触，发育少量顺层缝。
长宁双河剖面，龙马溪组，11-3-1

砂泥薄互层层理页岩，主要由泥纹层和粉砂纹层构成，粉砂纹层与泥纹层呈突变接触，发育少量顺层缝。
长宁双河剖面，龙马溪组，11-3-2

砂泥薄互层层理页岩，主要由泥纹层和粉砂纹层构成，粉砂纹层与泥纹层呈突变接触，发育少量顺层缝。
长宁双河剖面，龙马溪组，11-4-1

砂泥薄互层层理页岩，主要由泥纹层和粉砂纹层构成，粉砂纹层与泥纹层呈突变接触，发育少量顺层缝。
长宁双河剖面，龙马溪组，11-4-2

砂泥薄互层层理页岩，主要由泥纹层和粉砂纹层构成，粉砂纹层与泥纹层呈突变接触，发育少量顺层缝。
长宁双河剖面，龙马溪组，11-5-2

砂泥薄互层层理页岩，主要由泥纹层和粉砂纹层构成，粉砂纹层与泥纹层呈突变接触，发育少量顺层缝。
长宁双河剖面，龙马溪组，11-6-1

砂泥薄互层层理页岩，主要由泥纹层和粉砂纹层构成，粉砂纹层与泥纹层呈突变接触，发育少量顺层缝。
长宁双河剖面，龙马溪组，11-7-1

砂泥薄互层层理页岩，主要由泥纹层和粉砂纹层构成，粉砂纹层与泥纹层呈突变接触，发育少量顺层缝。
长宁双河剖面，龙马溪组，11-7-2

砂泥薄互层层理页岩，主要由泥纹层和粉砂纹层构成，粉砂纹层与泥纹层呈突变接触，发育少量顺层缝。
长宁双河剖面，龙马溪组，11-9-1

砂泥薄互层层理页岩，主要由泥纹层和粉砂纹层构成，粉砂纹层与泥纹层呈突变接触，发育少量顺层缝。
长宁双河剖面，龙马溪组，11-10-1

第三节　五峰组—龙马溪组层理类型纵向演化

长宁双河剖面五峰组—龙马溪组主要发育5种层理类型，递变层理、块状层理、条带状粉砂层理、砂泥递变层理和砂泥薄互层层理（图3-2）。由下至上，层理类型及特征发生规律性变化。

五峰组底部主要发育递变层理，页岩主要由泥纹层组成，多个泥纹层构成泥质层，内部呈现正粒序或反粒序变化，由五峰组底部向上，泥质颗粒粒序逐渐变大。观音桥层主要发育块状层理，主要由粉砂纹层构成，内部呈均质状，发育大量生物碎屑。

龙马溪组主要发育条带状粉砂层理、砂泥递变层理和砂泥薄互层层理。条带状粉砂层理主要发育于准层序组SLM1内部，主要由泥纹层和粉砂纹层构成，粉砂纹层呈条带状。砂泥递变层理主要发育于准层序组SLM2内部，主要由泥纹层和粉砂纹层构成，粉砂纹层和泥纹层交互构成递变层。砂泥薄互层层理主要发育于准层序组SLM3—SLM5内部，主要由泥纹层和粉砂纹层构成，粉砂纹层和泥纹层交互构成薄互层。整体上，龙马溪组内部，由下至上，泥纹层逐渐减少，粉砂纹层逐渐增加。

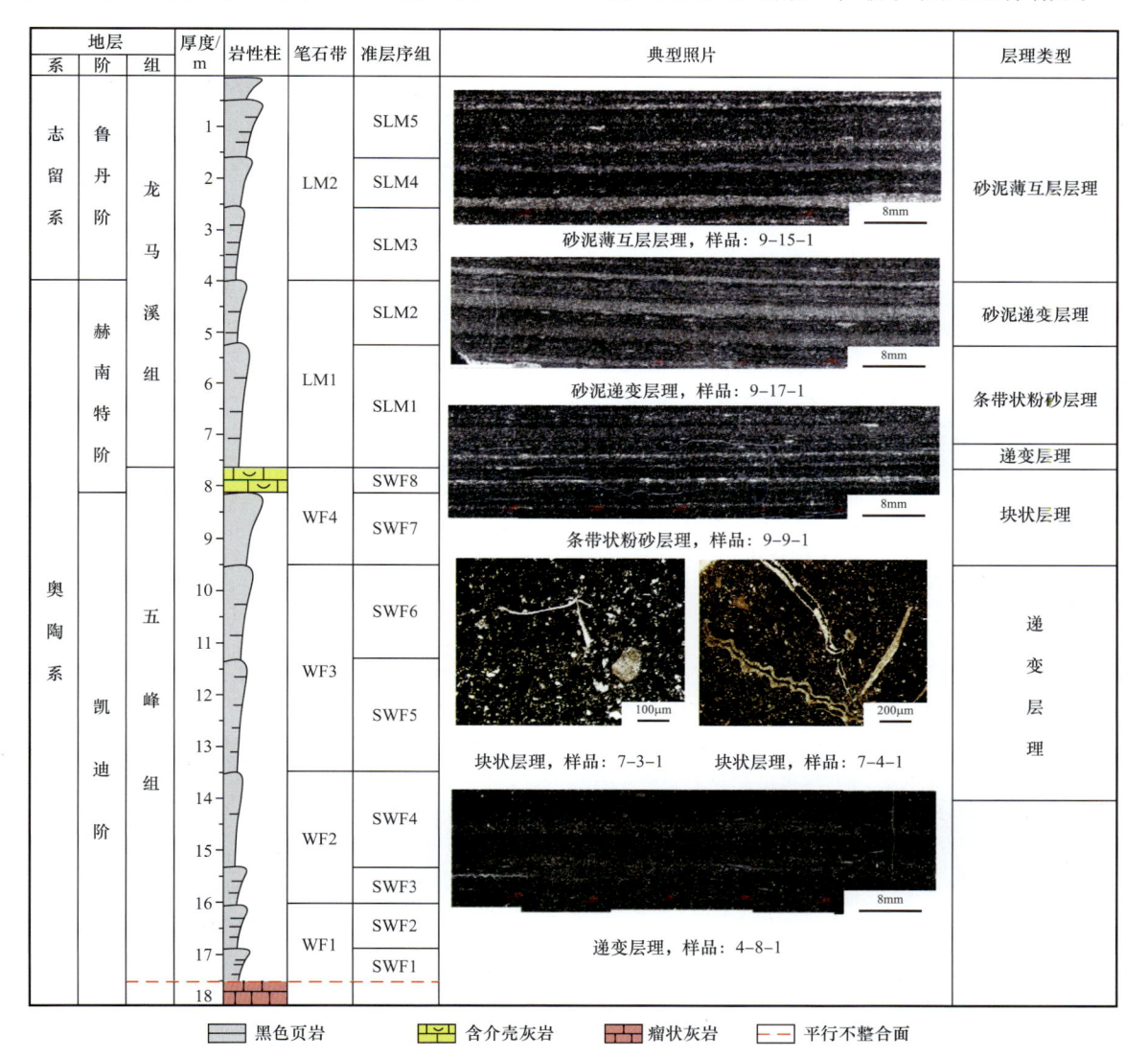

图3-2　长宁双河剖面五峰组—龙马溪组层理类型纵向分布

第四章　典型井五峰组—龙马溪组层理照片

四川盆地典型井主要有威202井、自201井、阳101H3-8井、宁211井和宁212井（图4-1），这些井位于目前川南页岩气的主要勘探开发区块。

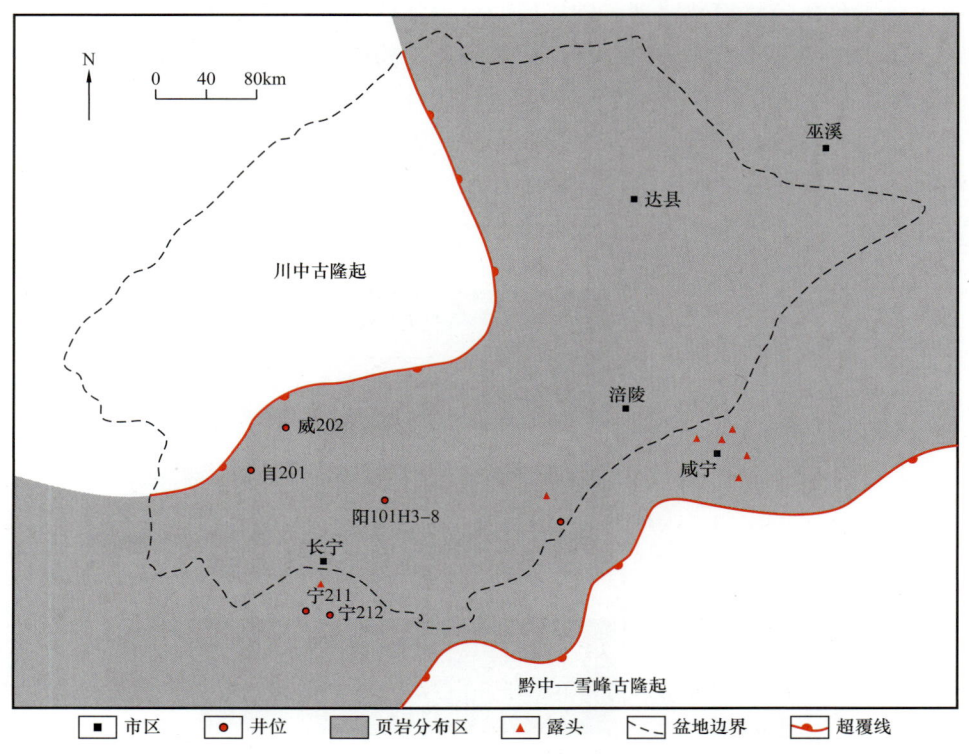

图4-1　四川盆地五峰组—龙马溪组典型井位置

第一节　威202井主要层理类型照片

块状层理页岩，中间夹有厚层状粉砂纹层，威202井，2573.8m，五峰组

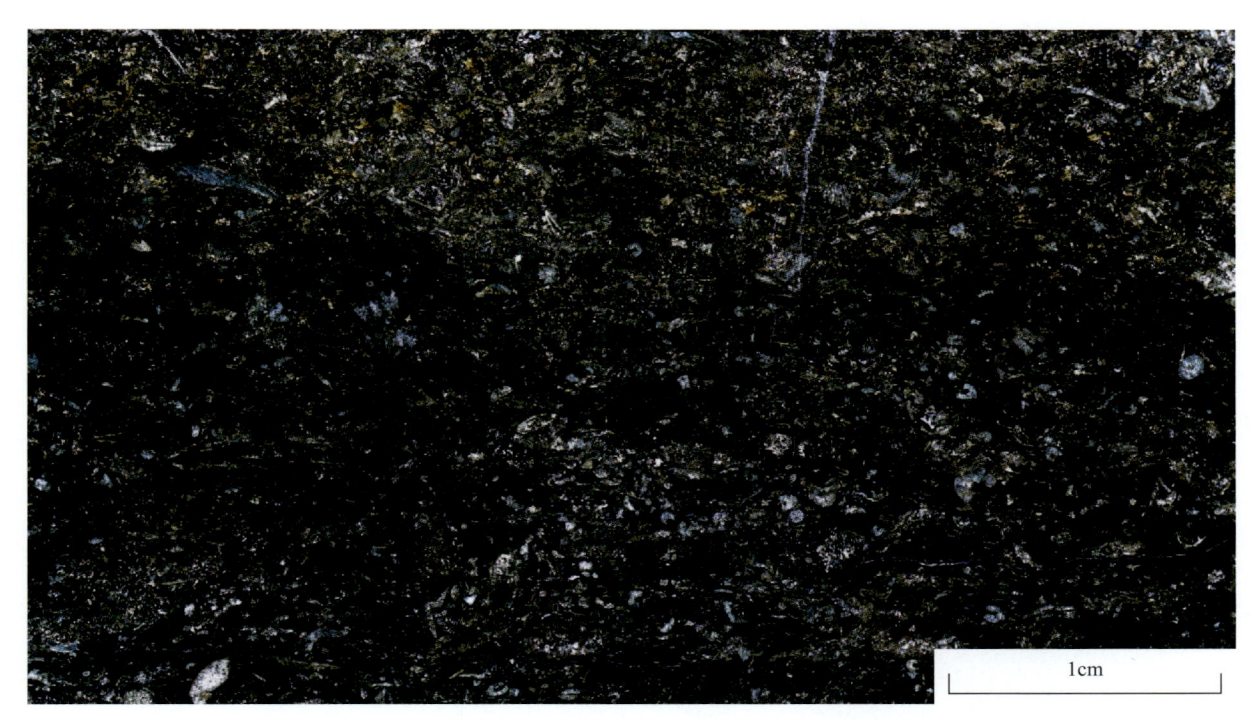

块状层理页岩，含有大量生物碎屑，威202井，2572.06m，观音桥层

砂泥递变层理页岩，粉砂纹层相对较厚，泥纹层相对较薄，粉砂纹层和泥纹层界面见少量顺层缝，威202井，2570.09m，龙一$_1^2$

砂泥薄互层层理页岩，由粉砂纹层和泥纹层构成，泥纹层多构成泥质层，顺层缝发育，多被方解石充填，威202井，2566.05m，龙一$_1^3$

砂泥薄互层层理页岩，由粉砂纹层和泥纹层构成，泥纹层多构成泥质层，顺层缝发育，多被方解石充填，威202井，2563.5m，龙一$_1^4$

砂泥薄互层层理页岩，由粉砂纹层和泥纹层构成，泥纹层多构成泥质层，顺层缝发育，多被方解石充填，威202井，2558.58m，龙一$_1^4$

砂泥薄互层层理页岩，由粉砂纹层和泥纹层构成，泥纹层多构成泥质层，顺层缝发育，多被方解石充填，威 202 井，2554.23m，龙一$_2$

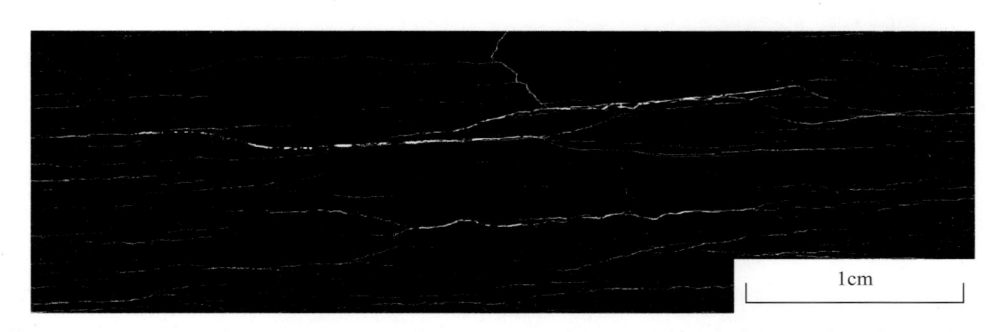

砂泥薄互层层理页岩，由粉砂纹层和泥纹层构成，泥纹层多构成泥质层，顺层缝发育，多被方解石充填，威 202 井，2548.54m，龙一$_2$

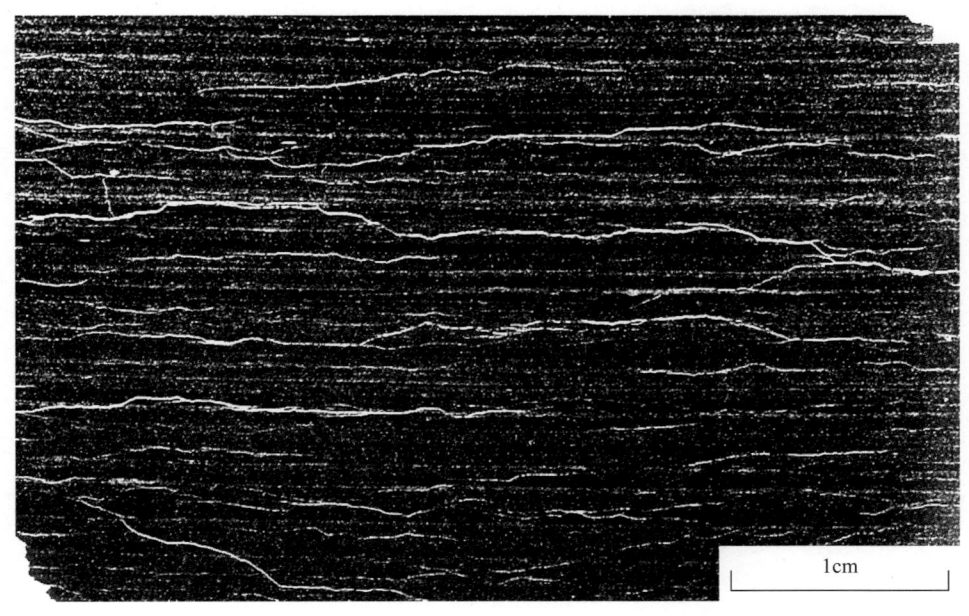

砂泥薄互层层理页岩，由粉砂纹层和泥纹层构成，泥纹层多构成泥质层，顺层缝发育，方解石充填，威 202 井，2544.09m，龙一$_2$

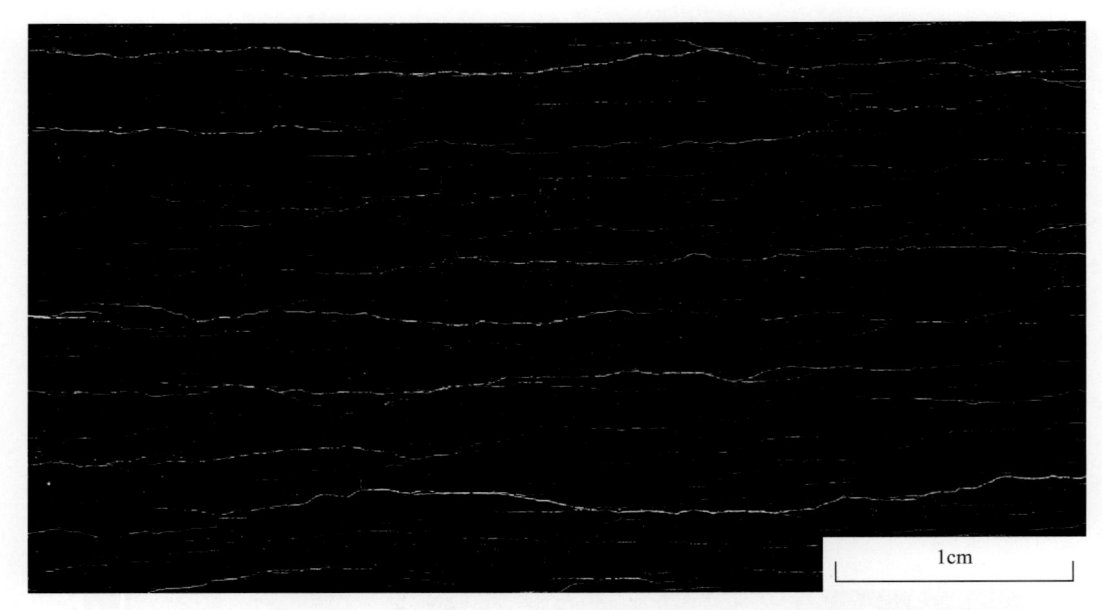

砂泥薄互层层理页岩，由粉砂纹层和泥纹层构成，泥纹层多构成泥质层，裂缝发育，构成网状，方解石充填，威202井，2540.05m，龙一$_2$

第二节　宁211井主要层理类型照片

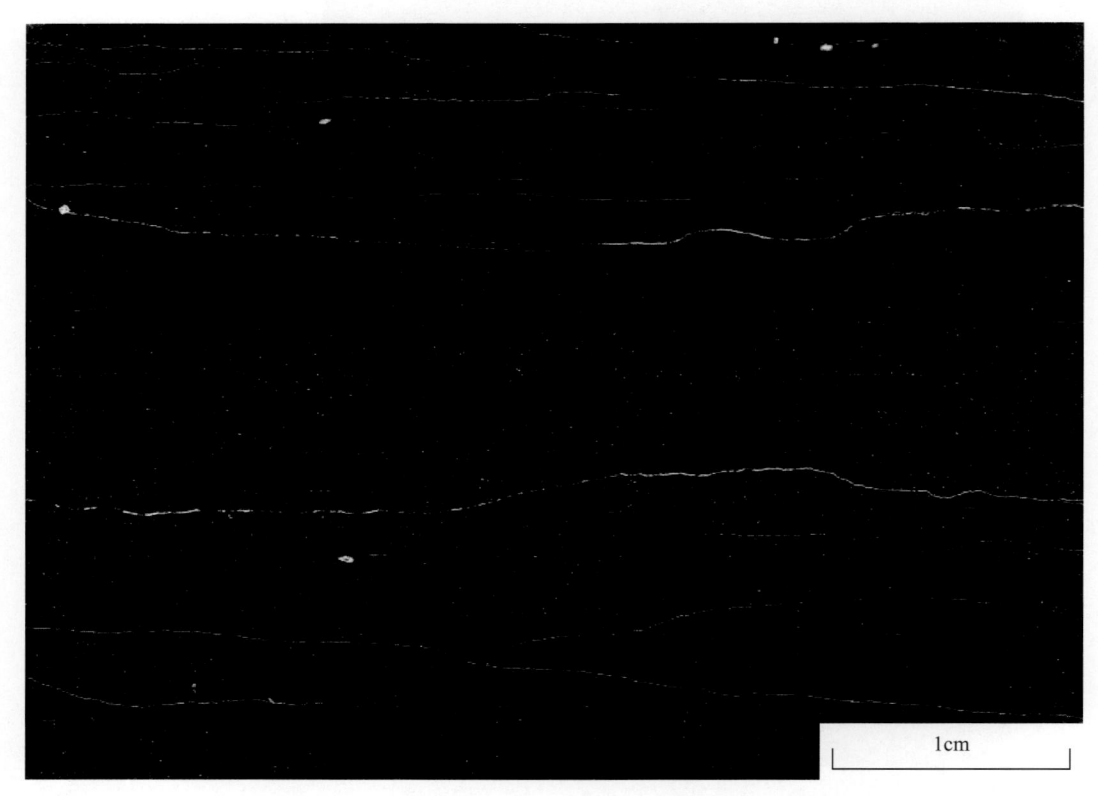

递变层理页岩，以泥纹层为主，粉砂纹层不发育，泥纹层中可见微弱的递变层理，正粒序或反粒序，宁211井，2355.3m，五峰组

块状层理页岩，以泥纹层为主，粉砂纹层不发育，泥纹层中可见微弱的递变层理，正粒序或反粒序，宁211井，2354.05m，五峰组

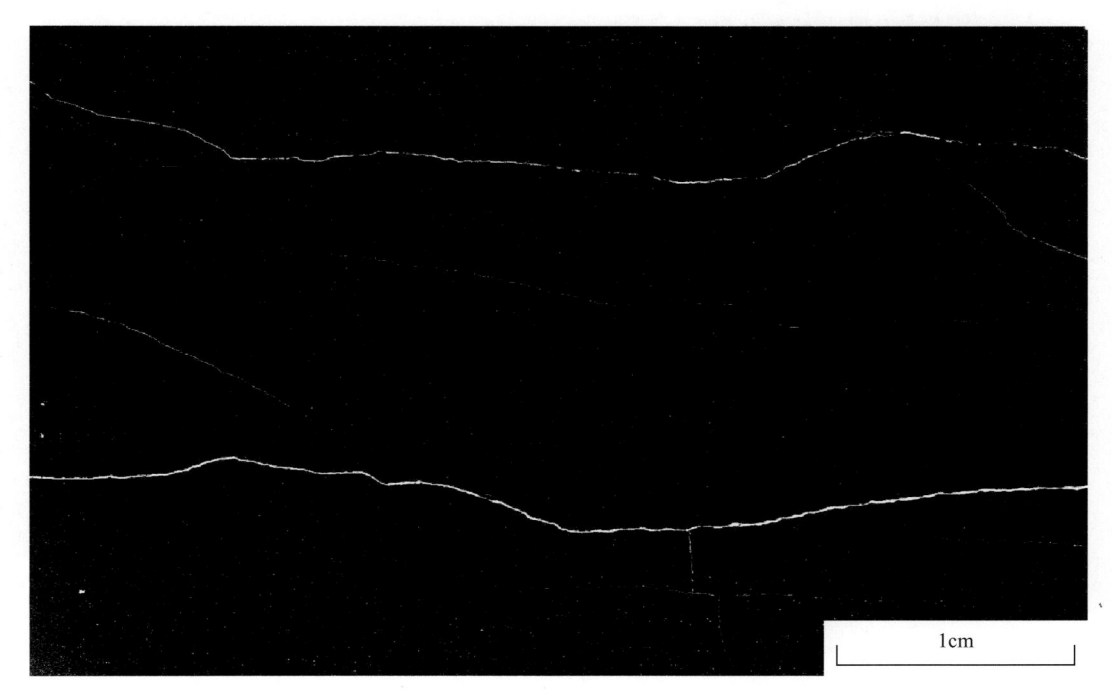

块状层理页岩，以泥质层为主，粉砂层不发育，发育少量裂缝，方解石充填，宁211井，2350.25m，五峰组

块状层理页岩,以泥质层为主,块状构造,生物碎屑丰富,宁211井,2348.05m,观音桥层

砂泥递变层理页岩,由砂泥正递变层和砂泥反递变层组成。砂泥正递变层(BNS)由粉砂纹层和泥纹层互层构成,由下至上,粉砂纹层和泥纹层单层均变薄;砂泥反递变层(BIS)由粉砂纹层和泥纹层互层组成,由下至上,粉砂纹层厚度逐渐增大,泥纹层厚度逐渐减薄,宁211井,2345.87m,龙一$_1^1$

砂泥薄互层层理页岩，由粉砂纹层和泥纹层构成，泥纹层多构成泥质层，发育少量顺层缝，方解石充填，宁211井，2344.38m，龙一$_1^2$

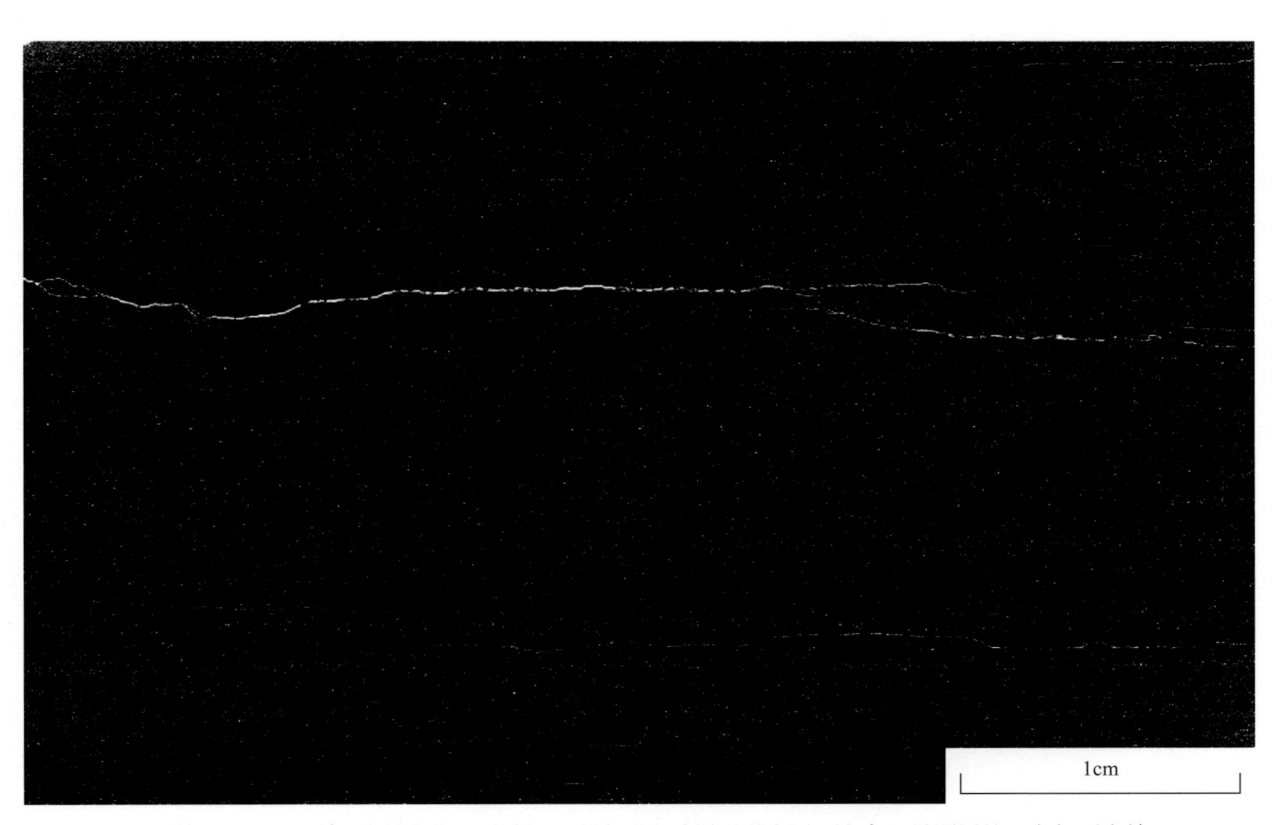

砂泥薄互层层理页岩，中间夹有少量砂泥正递变层和砂泥反递变层，发育少量顺层缝，方解石充填，宁211井，2342.05m，龙一$_1^2$

条带状粉砂层理页岩，主要由泥纹层构成，中间夹有薄层粉砂纹层。粉砂纹层底界为突变，顶界为渐变界面，发育少量顺层缝，方解石充填，宁211井，2336.18m，龙一$_1^3$

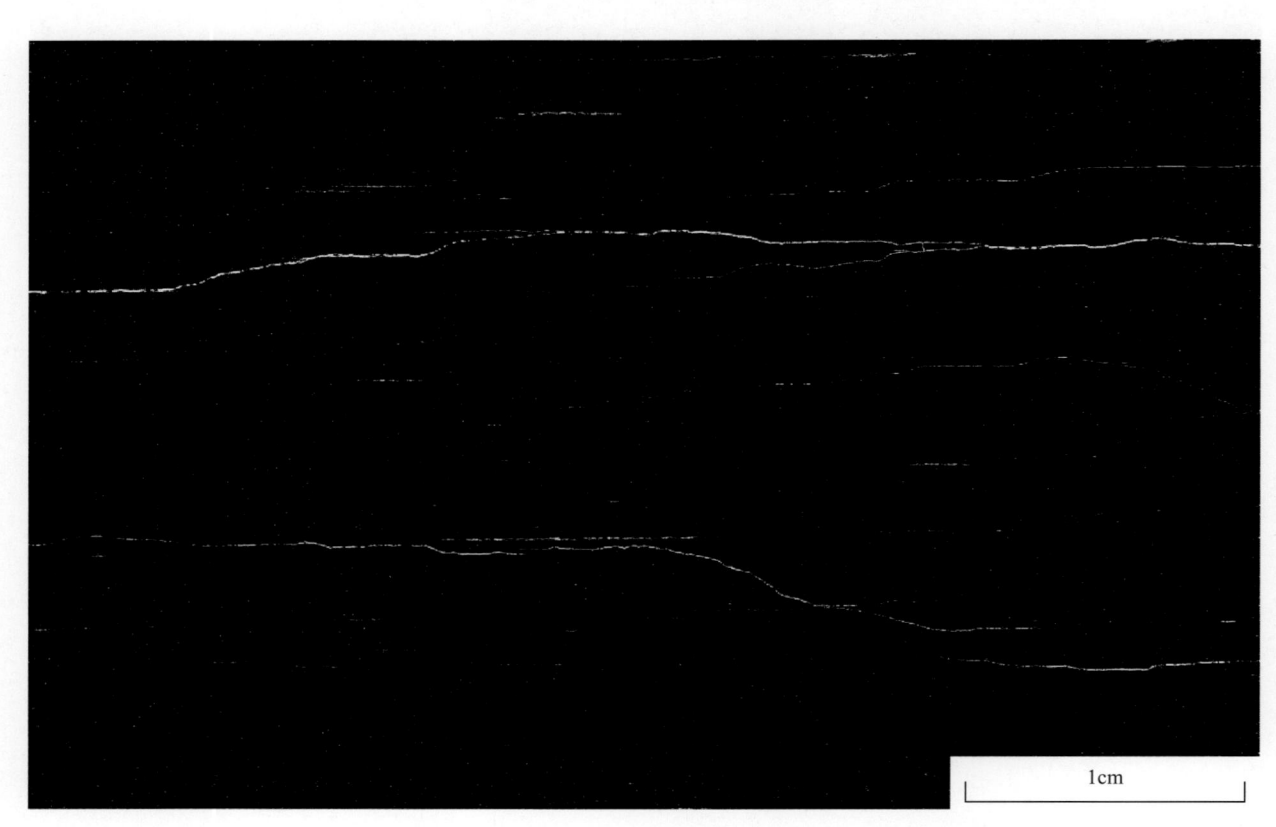

条带状粉砂层理页岩，主要由泥纹层构成，中间夹有薄层粉砂纹层。粉砂纹层底界为突变，顶界为渐变界面，发育少量顺层缝，方解石充填，宁211井，2334.17m，龙一$_1^3$

砂泥递变层理页岩，由粉砂纹层和泥纹层构成，二者之间界面呈递变状，发育少量顺层缝，方解石充填，宁211井，2326.76m，龙一$_1^4$

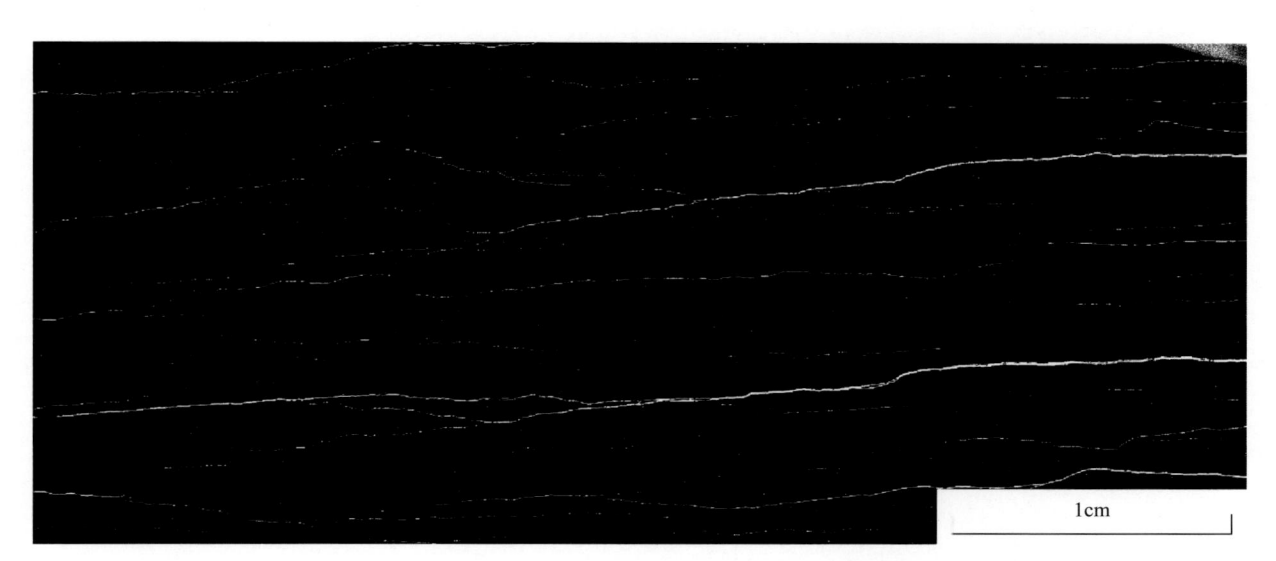

砂泥递变纹层页岩，由粉砂纹层和泥纹层构成，二者之间界面呈递变状，顺层缝发育、构成网状，方解石充填，宁211井，2321.05m，龙一$_1^4$

第三节　宁212井主要层理类型照片

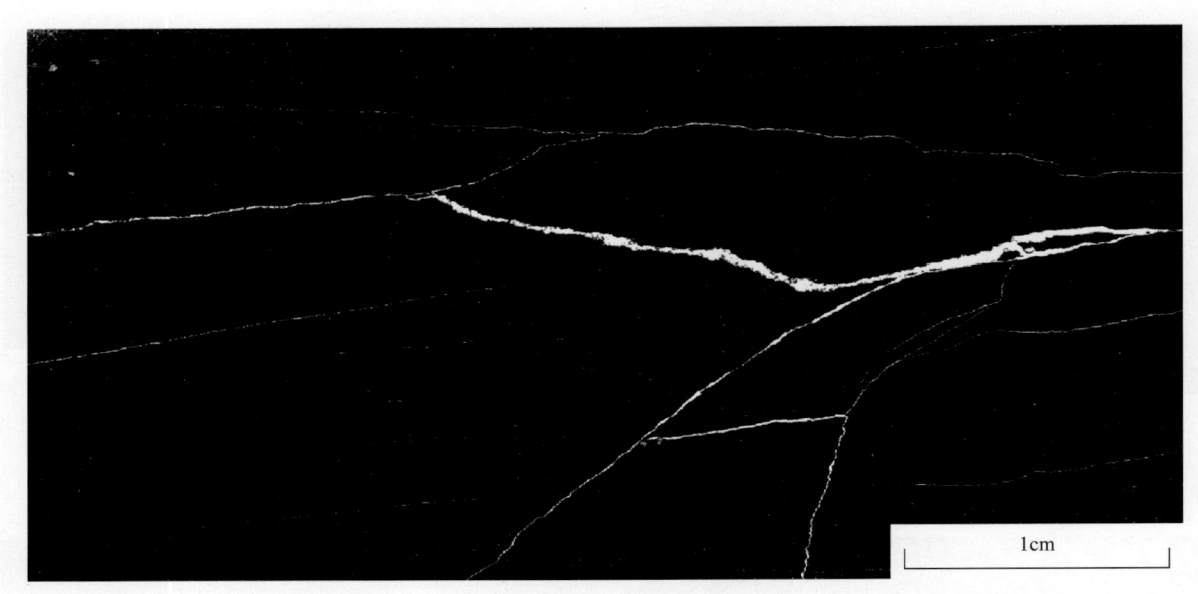

砂泥递变层理页岩，由砂泥正递变层和砂泥反递变层组成。裂缝发育，方解石充填，宁212井，2070.05m，龙一$_2$

递变层理页岩，由砂泥正递变层和砂泥反递变层组成。砂泥正递变层（BNS）由粉砂纹层和泥纹层互层构成，由下至上，粉砂纹层和泥纹层单层均变薄；砂泥反递变层（BIS）由粉砂纹层和泥纹层互层组成，由下至上，粉砂纹层厚度逐渐增大，泥纹层厚度逐渐减薄，宁212井，2065.01m，龙一$_2$

第四节 自 201 井主要层理类型照片

条带状粉砂层理页岩，由粉砂纹层和泥纹层构成，粉砂纹层较薄，界面清晰、突变，泥纹层相对较厚，构成泥质层。自 201 井，3670.2m，龙一$_1^1$

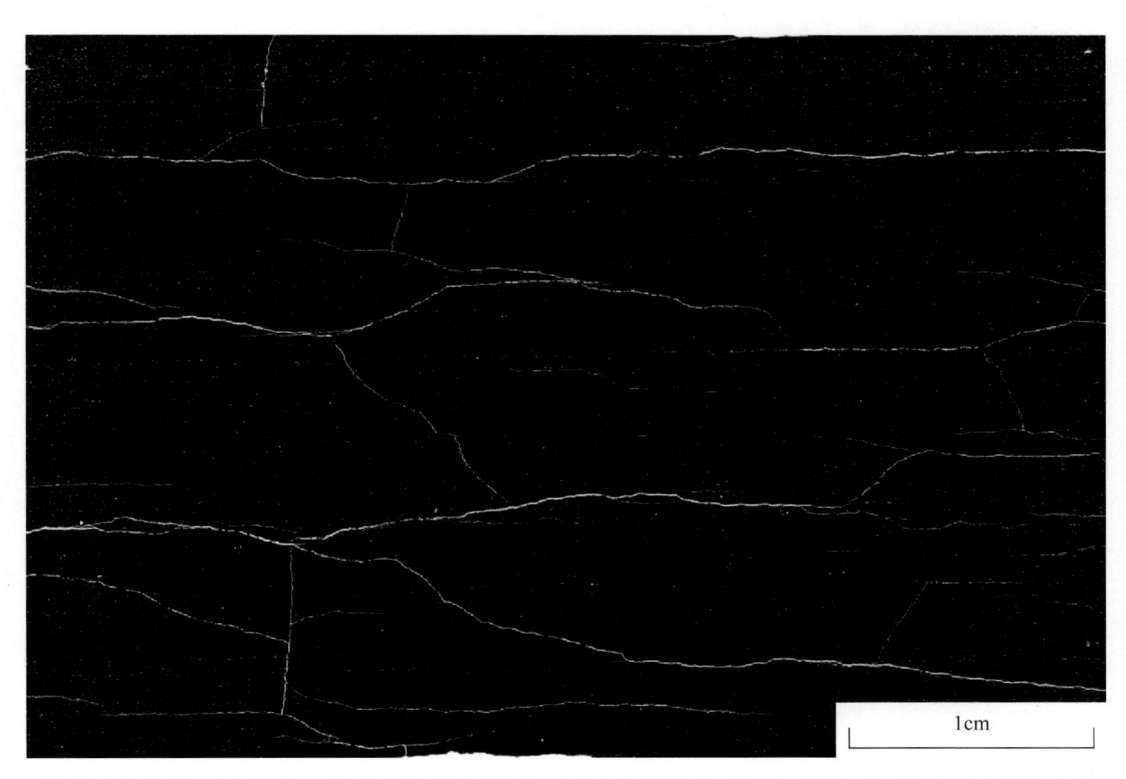

条带状粉砂层理页岩，由泥纹层和粉砂纹层构成，粉砂纹层呈条带状，泥纹层厚度较大，构成泥质层。顺层缝和非顺层缝发育，构成网状，钙质充填。自 201 井，3670.4m，龙一$_1^1$

条带状粉砂层理页岩，主要由泥纹层构成，中间夹有薄层条带状粉砂纹层。泥纹层多构成泥质层，呈递变状。
自 201 井，3669.95m，龙一$_1^1$

条带状粉砂层理页岩，由粉砂纹层和泥纹层构成，粉砂纹层较薄，界面清晰、突变，泥纹层相对较厚，构成泥质层。自201井，3668.8m，龙一$_1^2$

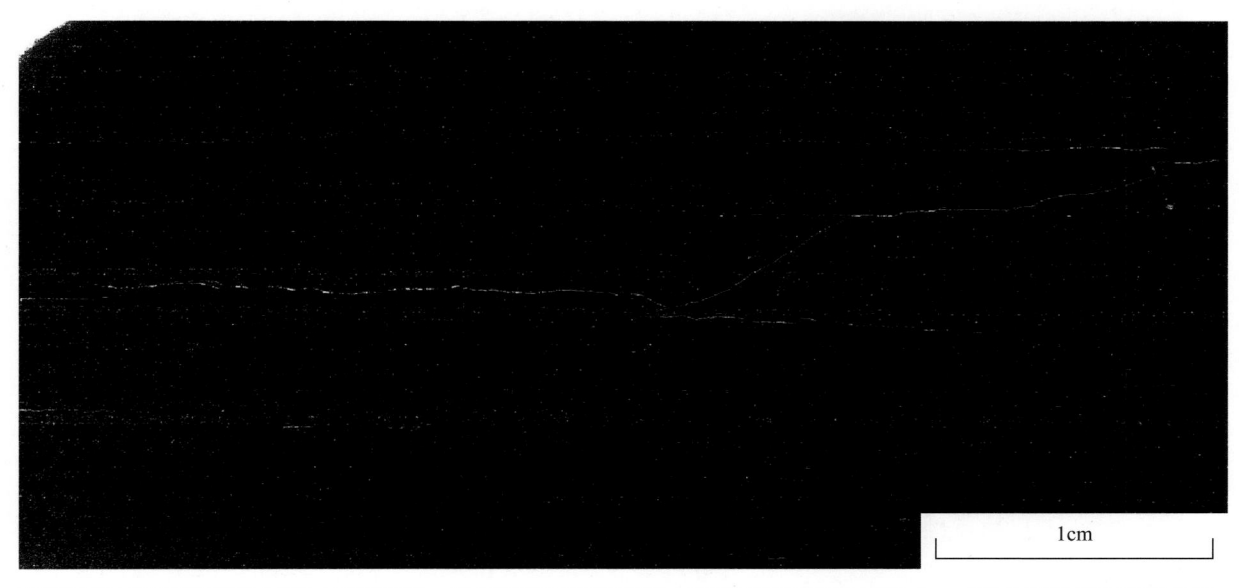

砂泥递变层理页岩和砂泥互层层理页岩，砂泥递变层理页岩段由粉砂纹层和泥纹层组成，二者之间呈渐变接触关系，粉砂纹层相对较薄，泥纹层较厚，多个泥纹层构成泥质层；砂泥薄互层段，粉砂纹层呈清晰的亮纹层，界面突变、清晰。自201井，3668.3m，龙一$_1^2$

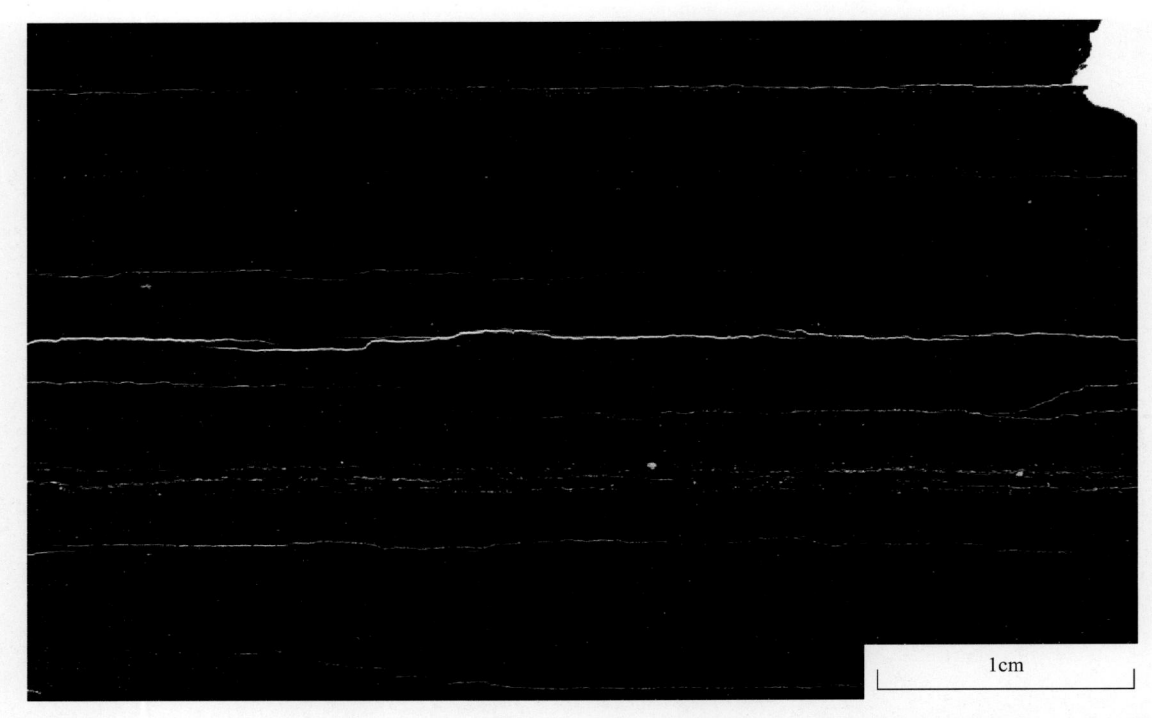

砂泥递变层理页岩,由泥纹层和粉砂纹层组成,粉砂纹层与泥纹层之间呈渐变接触关系,顺层缝发育,方解石充填。自 201 井,3664.1m,龙一$_1^3$

砂泥薄互层层理页岩,由泥纹层和粉砂纹层组成,局部见交错层理。自 201 井,3660.26m,龙一$_1^4$

砂泥薄互层层理，由泥纹层和粉砂纹层组成，泥纹层与粉砂纹层之间突变接触，发育少量斜交缝和顺层缝。自 201 井，3654.21m，龙一$_2$

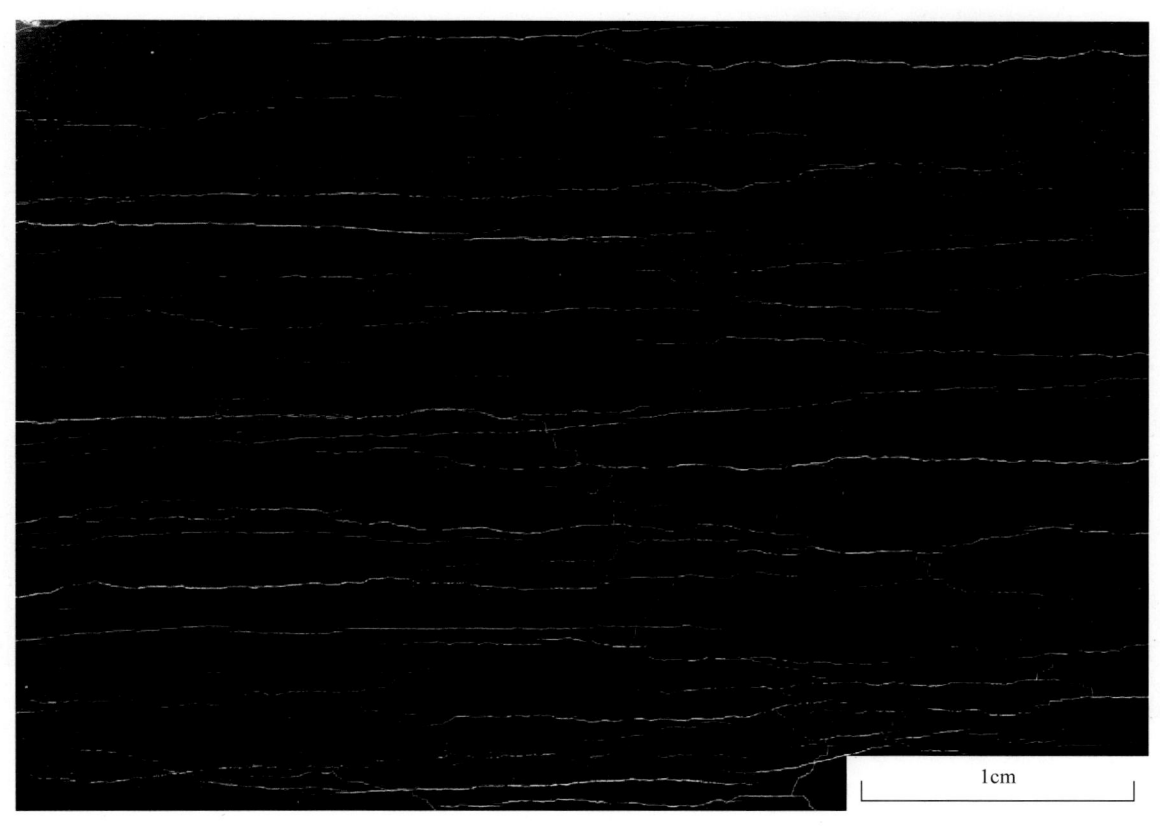

块状层理页岩，顺层缝发育，方解石充填。自 201 井，3634.09m，龙一$_2$

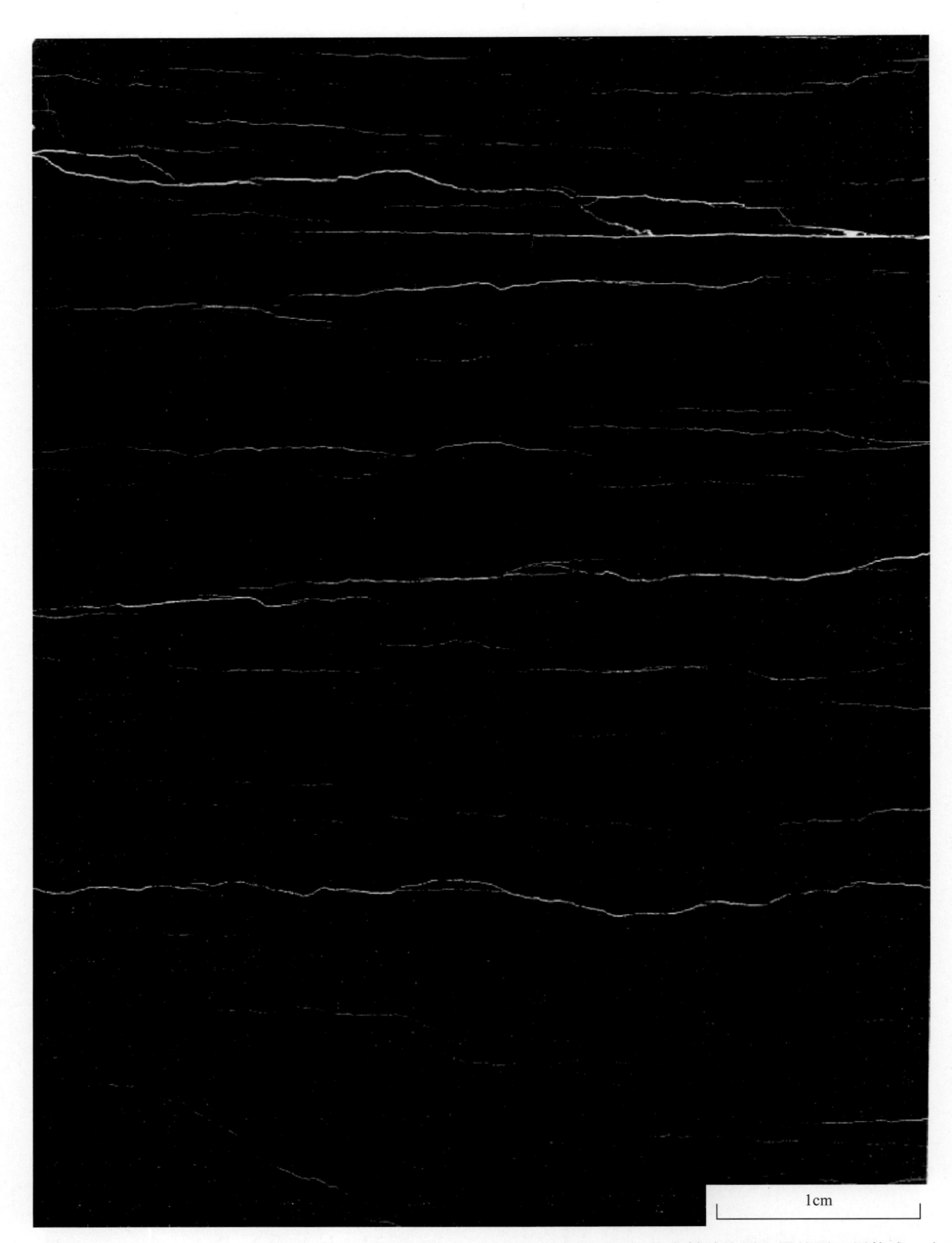

砂泥递变层理页岩，由砂泥正递变层和砂泥反递变层组成。砂泥正递变层（BNS）由粉砂纹层和泥纹层互层构成，由下至上，粉砂纹层和泥纹层单层均变薄；砂泥反递变层（BIS）由粉砂纹层和泥纹层互层组成，由下至上，粉砂纹层厚度逐渐增大，泥纹层厚度逐渐减薄，顺层缝发育。自201井，3628.37m，龙一$_2$

第五节 阳101H3-8井主要层理类型照片

生物碎屑泥灰岩，块状层理，阳101H3-8井，3793.8m，宝塔组

块状层理页岩，富含生物碎屑，发育水平顺层缝，阳 101H3-8 井，3793.02m，五峰组

均质型块状层理，富含生物碎屑，发育水平顺层缝，方解石充填，阳101H3-8井，3792.84m，五峰组

均质型块状层理，富含生物碎屑，发育水平顺层缝，方解石充填，阳101H3-8井，3791.3m，五峰组

生物扰动型块状层理页岩，局部地区均质化，阳 101H3-8 井，3790.68m，五峰组

生物扰动型块状层理，局部见均质状、斑点状，原生沉积构造完全遭受破坏，阳101H3-8井，3789.7m，五峰组

递变型水平层理页岩,以泥纹层为主,泥纹层渐变构成泥纹层组,阳101H3-8井,3788.69m,五峰组

递变型水平层理页岩，由泥纹层构成，多个泥纹层构成泥质层，单个泥质层呈递变状，阳 101H3-8 井，3787.28m，五峰组

条带状粉砂层理页岩,以泥纹层为主,中间夹有少量粉砂纹层,粉砂纹层呈条带状。发育少量顺层缝,阳101H3-8井,3785.22m,龙一$_1^1$

条带状粉砂型水平层理页岩，以泥纹层为主，中间夹有少量粉砂纹层，粉砂纹层呈条带状，
发育少量顺层缝，阳101H3-8井，3783.4m，龙一$_1^1$

砂泥递变层理页岩，中间夹有较厚层粉砂纹层。砂泥递变层理页岩中，粉砂纹层较薄，泥纹层较厚，
粉砂纹层与泥纹层呈渐变接触关系，阳101H3-8井，3781.95m，龙一$_1^2$

砂泥递变层理页岩，由粉砂纹层和泥纹层构成，粉砂纹层和泥纹层呈渐变接触关系。发育少量顺层缝，方解石充填，阳101H3-8井，3777.26m，龙一$_1^3$

砂泥递变层理页岩，以粉砂纹层为主，夹有较薄层的泥纹层，粉砂纹层与泥纹层呈渐变接触关系，阳101H3-8井，3775.17m，龙一$_1^3$

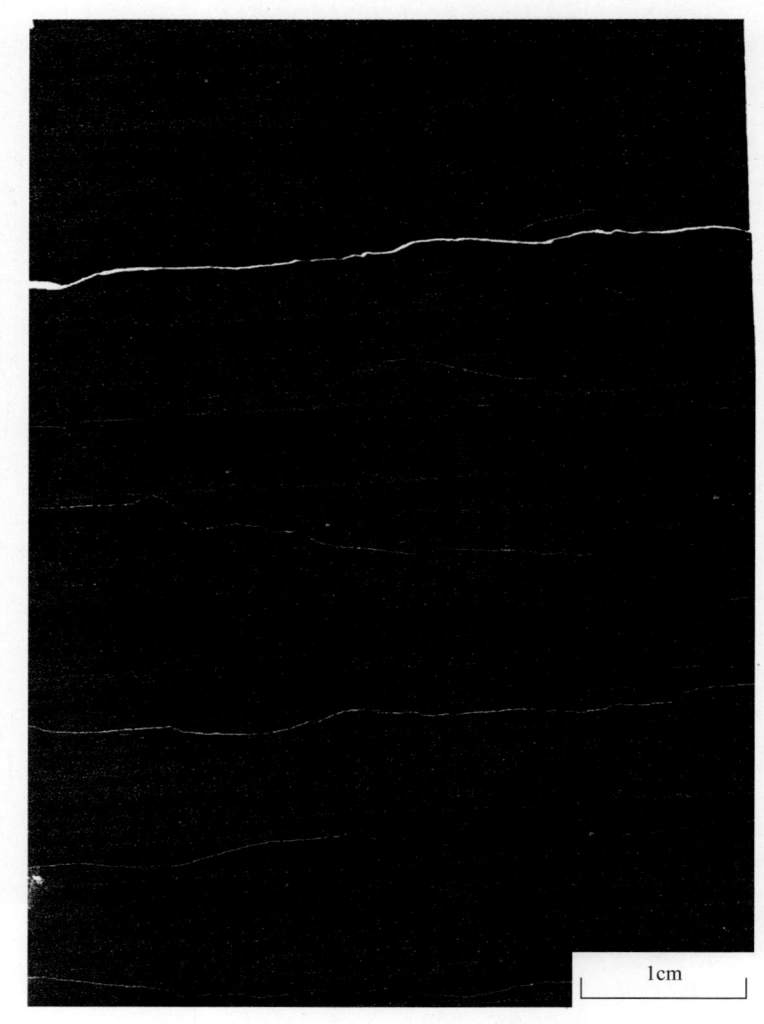

砂泥递变层理页岩，由粉砂纹层和泥纹层构成，粉砂纹层和泥纹层呈渐变接触关系，发育少量顺层缝，方解石充填，阳101H3-8井，3773.4m，龙一$_1^4$

砂泥递变层理页岩，以泥纹层为主，夹有较薄层的粉砂纹层，粉砂纹层与泥纹层呈渐变接触关系，样品底部见粉砂质层，阳101H3-8井，3769.61m，龙一$_1^4$

砂泥递变层理页岩，以泥纹层为主，夹有较薄层的粉砂纹层，粉砂纹层与泥纹层呈渐变接触关系，阳101H3-8井，3767.73m，龙一$_1^4$

砂泥递变层理页岩，以泥纹层为主，夹有较薄层的粉砂纹层，粉砂纹层与泥纹层呈渐变接触关系，阳101H3-8井，3765.29m，龙一$_1^4$

砂泥递变层理页岩，以泥纹层为主，夹有较薄层的粉砂纹层，粉砂纹层与泥纹层呈渐变接触关系，阳101H3-8井，3763.22m，龙一$_2$

砂泥互层型水平层理，泥纹层与粉砂纹层互层，阳101H3-8井，3761.34m，龙一$_2$

砂泥互层型水平层理，泥纹层与粉砂纹层互层，阳101H3-8井，3759.27m，龙一$_2$

波状层理页岩，粉砂纹层与泥纹层互层，粉砂纹层呈波状或透镜状，粉砂纹层与泥纹层呈突变接触关系，阳101H3-8井，3757.66m，龙一$_2$

砂泥互层型水平层理，泥纹层与粉砂纹层互层，阳101H3-8井，3754.94m，龙一₂

砂泥递变层理页岩，以粉砂纹层为主，夹有较薄层的泥纹层，粉砂纹层与泥纹层呈渐变接触关系，阳101H3-8井，3752.21m，龙一₂

砂泥递变层理页岩，以粉砂纹层为主，夹有较薄层的泥纹层，粉砂纹层与泥纹层呈渐变接触关系，方解石充填，阳101H3-8井，3750.36m，龙一$_2$

砂泥递变层理页岩，以粉砂纹层为主，夹有较薄层的泥纹层，粉砂纹层与泥纹层呈渐变接触关系，发育少量顺层缝，方解石充填，阳101H3-8井，3748.42m，龙一$_2$

砂泥递变层理页岩，以粉砂纹层为主，夹有较薄层的泥纹层，粉砂纹层与泥纹层呈渐变接触关系，方解石充填，阳101H3-8井，3744.5m，龙一$_2$

第五章　五峰组—龙马溪组不同层理页岩储层特征

第一节　孔隙类型及特征

一、纳米孔隙类型

五峰组—龙马溪组黑色页岩纳米孔隙发育，可分为有机质孔、无机孔和微裂缝三类（Zhou等，2016）。有机质孔整体呈气泡状，形状有圆状或半圆状，少数呈现拉长状、三角状或不规则状。除少数有机质孔在二维图像上呈现连通状外，多数有机质孔在二维图像上呈现孤立状，前人研究表明这些孤立状的有机质孔在三维空间上也相互连通并形成有效孔隙网络。有机质孔以3种方式赋存于干酪根中，即连片分布的有机质、黏土矿物之间的有机质及黄铁矿间的有机质（图5-1）。有机质丰度与成熟度和TOC含量有关（Curtis等，2012；Slatt和O'Brien，2011；Loucks等，2012），五峰组—龙马溪组R_o值大于2.0%，TOC含量大于2%，故有机质孔丰度大。

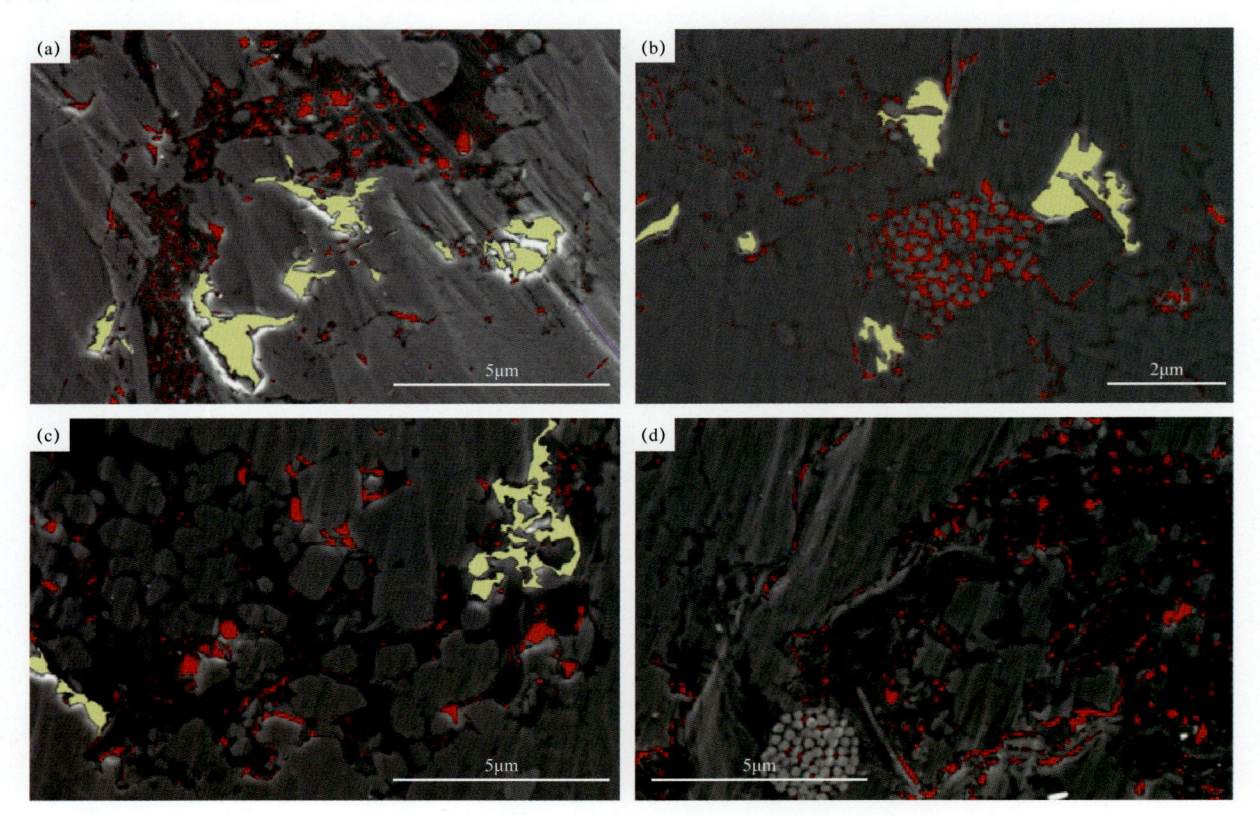

图5-1　五峰组—龙马溪组背散射照片显示不同孔隙特征

（a）有机质孔和无机孔，有机质孔主要分布于有机质中，无机孔多为粒间溶孔；（b）碳酸盐颗粒形成的粒间溶孔1，呈不规则状或港湾状；（c）碳酸盐颗粒形成的粒间溶孔2，呈不规则状或港湾状；（d）有机质孔呈圆状、椭圆状或拉长状，连续分布

无机孔大面积分布，主要有粒间溶孔（interparticle pore）和粒内孔（intraparticle pore）（Loucks 等，2012）。粒间溶孔主要包括颗粒孔隙、晶间孔和溶蚀孔。颗粒孔隙主要分布于黏土矿物、石英或碳酸盐颗粒之间，颗粒边缘常呈不规则状、拉长状等形态（图 5-1）。晶间孔主要分布于石英、草莓状黄铁矿和黏土矿物内部，形成蜂窝状孔隙结构。溶蚀孔主要发育于方解石、白云石等易溶蚀的矿物之间，颗粒边缘遭受溶蚀形成港湾状。与有机质孔不同，无机孔常呈分散状分布，孔隙之间连通性不好。黄铁矿颗粒常呈分散状分布于基质之中，造成晶间孔与其他类型孔隙不连通，从而对页岩储层物性贡献不大。

微裂缝十分发育，FIB-SEM 下常沿矿物颗粒或有机质分布，岩心或薄片下主要有顺层缝和非顺层缝。顺层缝多为层面滑移缝、页理缝和构造雁列缝，非顺层缝主要为剪切缝和拉张缝（Dong 等，2018）。顺层缝与层面平行或低角度相交，非顺层缝与层面高角度相交甚至垂直。扫描电子显微镜下，微裂缝多呈长条状，沿着颗粒边缘分布，直径一般为 100～500nm。

二、孔隙孔径分布

根据国际纯粹与应用化学联合会（IUPAC）的定义，孔径小于 2nm 的孔隙称为微孔，孔径大于 50nm 的孔隙称为宏孔（大孔），孔径为 2～50nm 的孔隙称为介孔（或称中孔）。四川盆地五峰组—龙马溪组龙一段黑色页岩孔隙主要为有机质孔、无机孔和微裂缝，其中有机质孔占比大于 97%，无机孔和微裂缝占比小于 3%（图 5-2）。有机质孔面孔率占比较大，无机孔和微裂缝面孔率占比较小（图 5-2b）。多数孔隙孔径介于 5～400nm，孔径小于 20nm 的介孔数量占比大于 70%，且随着孔径增大而减少（图 5-2c）。有机质孔孔径集中分布于 0～100nm，以孔径小于 20nm 的介孔数量最多（图 5-3a）；无机孔孔径多分布于 20～400nm，孔隙以孔径 100～400nm 的宏孔数量最多（图 5-3b、c）；微裂缝孔径分布于 0～400nm，但以裂缝长度 40～100nm 数量较多（图 5-3d）。

整体上，四川盆地五峰组—龙马溪组龙一段孔径 100～400nm 的宏孔面孔率较大，从 0～400nm 面孔率比例随着孔径的增大而增大（图 5-2d）。有机质孔随着孔径增大，面孔率逐渐增大，孔径为 100～400nm 的宏孔面孔率比例最大（图 5-4a）。石英晶间孔和溶蚀孔面孔率主要分布于 100～400nm（图 5-4b、c）。微裂缝面孔率主要分布于 0～40nm，其他区间较少（图 5-4d）。

三、孔隙组成纵向及演化平面分布

四川盆地龙马溪组龙一段页岩孔隙由下至上，面孔率逐渐降低（图 5-5a）。其中，龙一$_1^1$ 小层面孔率为 1.9%～2.8%，龙一$_1^2$ 小层为 0.3%～0.8%，龙一$_1^3$ 小层为 0.4%，龙一$_1^4$ 小层为 0.2%，而龙一$_2$ 亚段面孔率不足 0.1%。黑色页岩均由有机质孔、无机孔和微裂缝组成，从龙一$_1^1$ 小层至龙一$_2$ 亚段，随着面孔率的降低，各类型孔隙面孔率也相应降低。

四川盆地不同地区龙马溪组龙一段龙一$_1^1$ 小层面孔率大小及孔隙组成存在差异（图 5-5b）。其中，泸州地区面孔率为 4%～10%，威远地区为 2.5%～4.1%，长宁和巫溪地区为 2.2%～2.4%，渝西地区最低，为 1%～1.9%。在渝西地区中，无机孔含量最高，为 42%～79%（平均 66%）；长宁地区无机孔含量最低，为 29%～38%（平均 33.5%）。

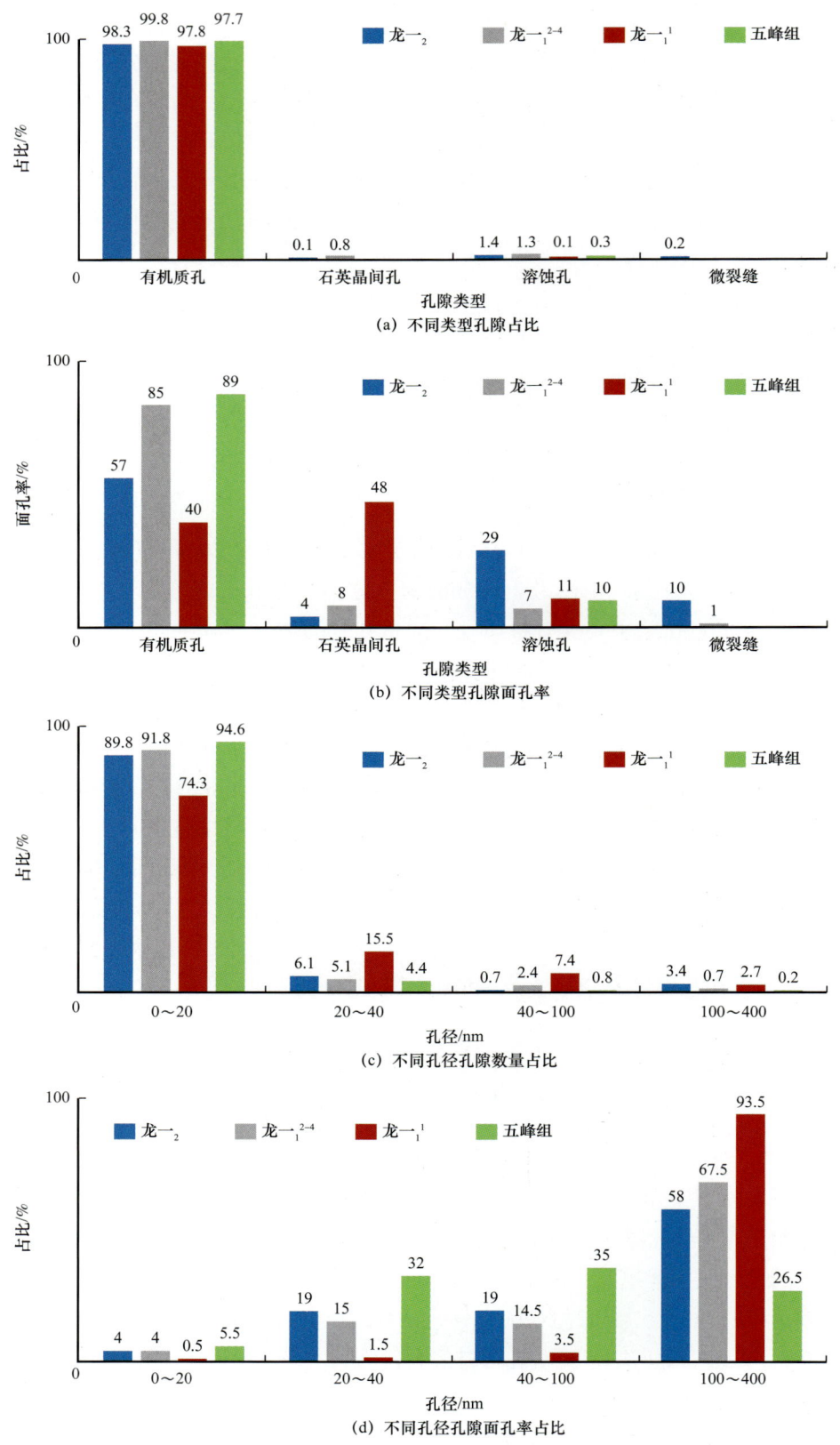

图 5-2　五峰组—龙马溪组不同类型孔隙数量和面孔率分布图

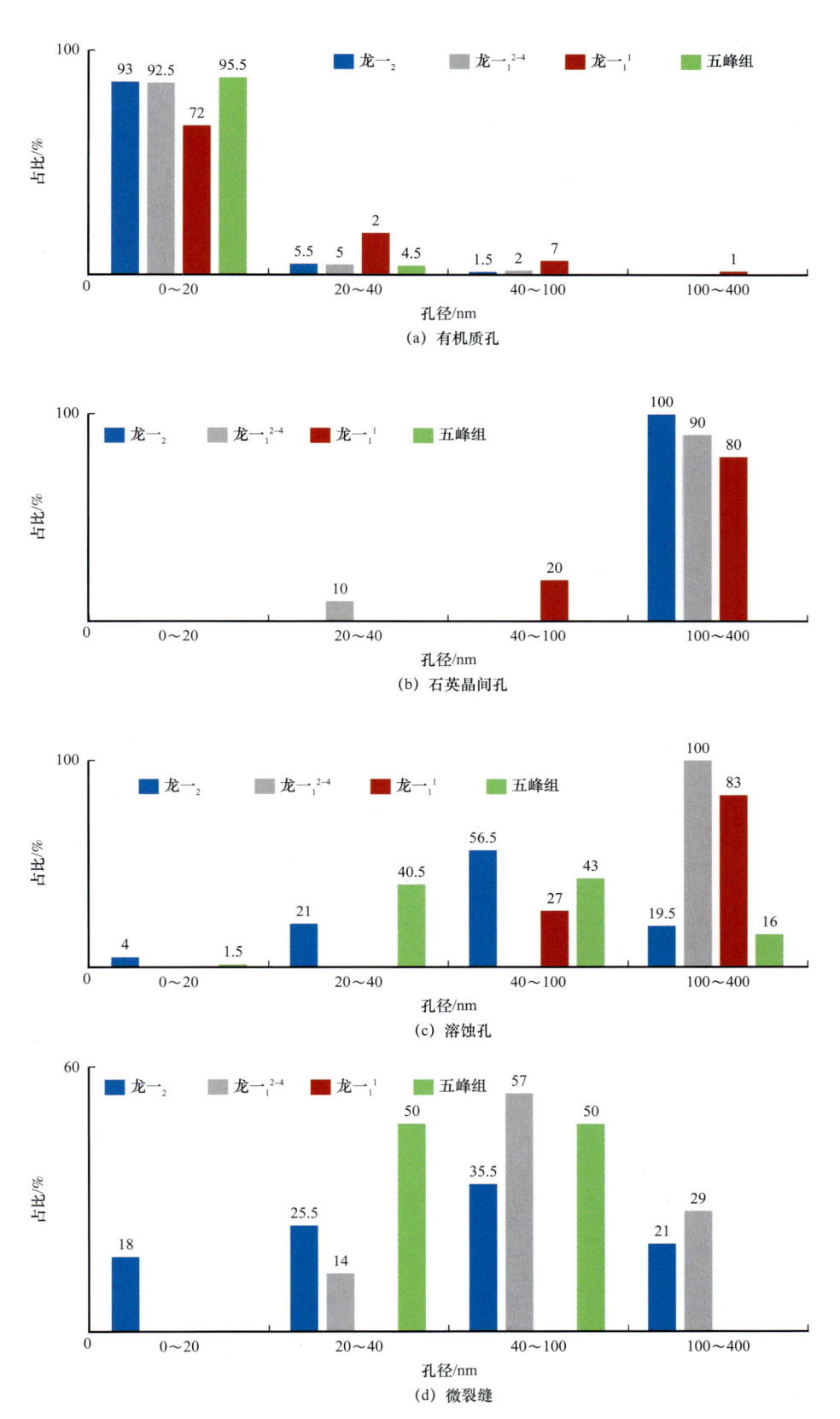

图 5-3　五峰组—龙马溪组龙一段不同类型孔隙孔径分布图

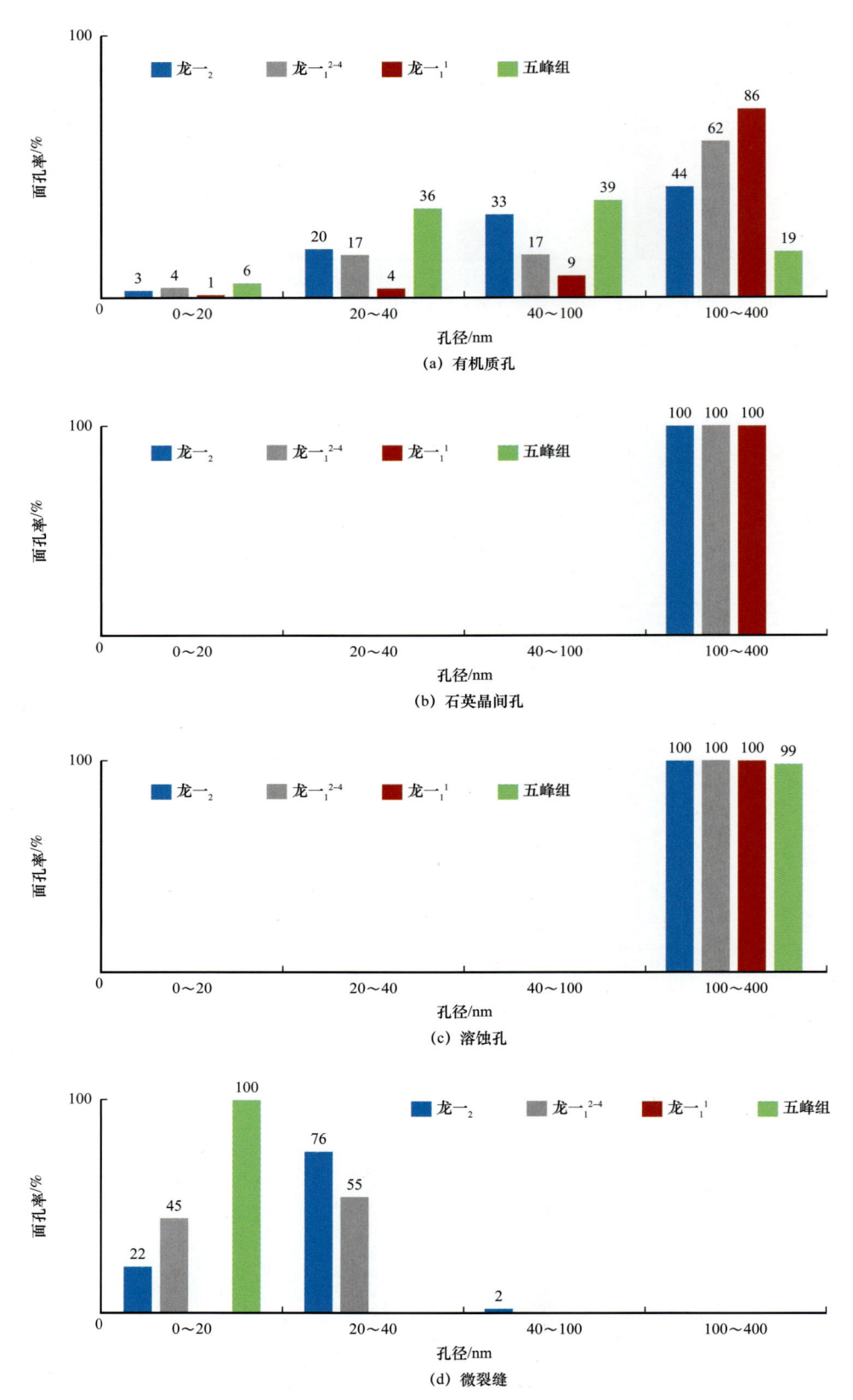

图 5-4 五峰组—龙马溪组龙一段不同类型孔隙不同孔径面孔率分布图

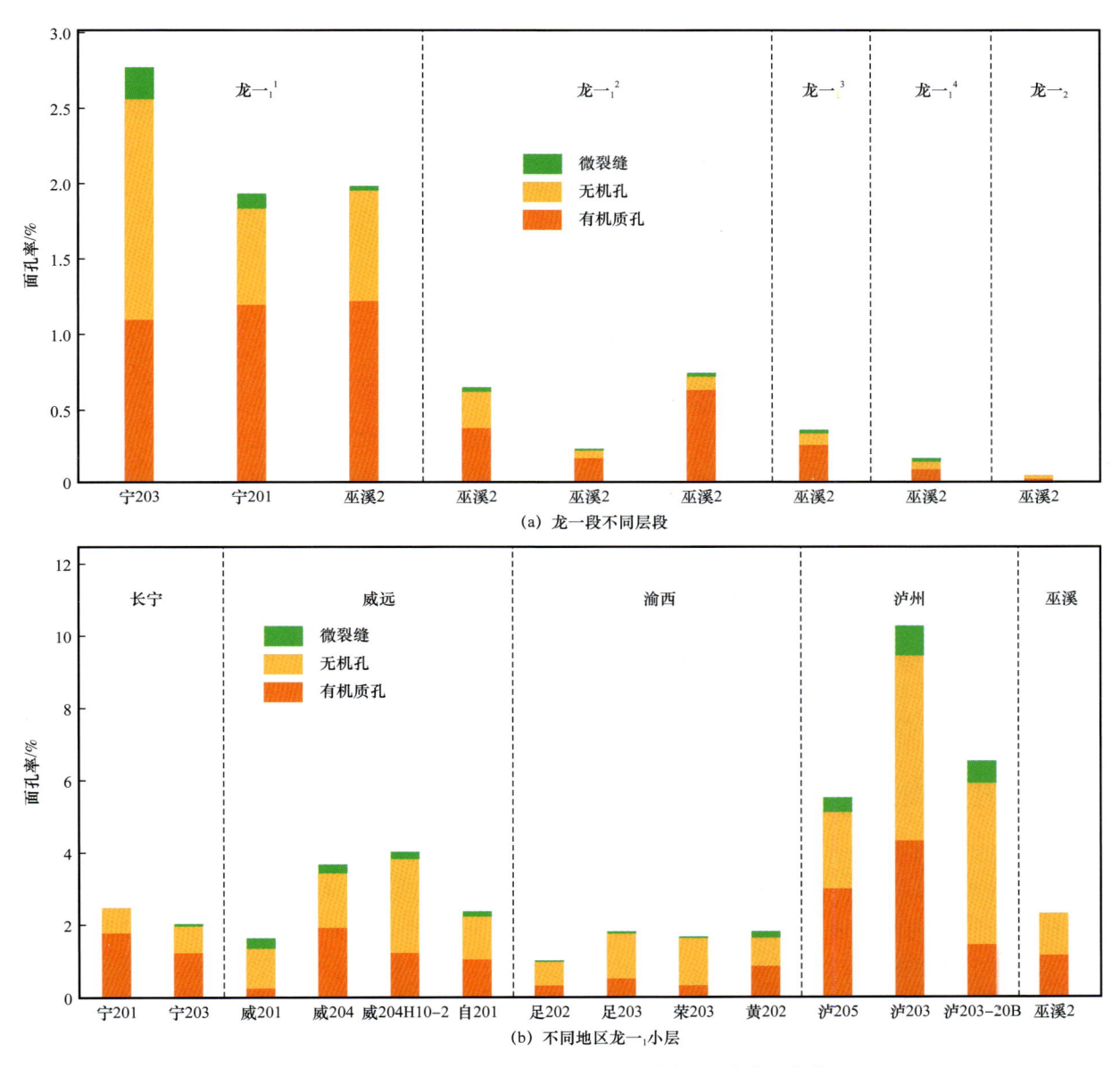

图 5-5 五峰组—龙马溪组不同层段及不同地区孔隙组成特征

第二节 泥纹层和粉砂纹层储层特征

一、纹层厚度和物质组成

龙马溪组龙一段含气页岩发育泥纹层和粉砂纹层。泥纹层和粉砂纹层最小单层厚度一般小于 30μm，最大厚度达 1000μm（图 5-6）。偏光显微镜与 SEM 图像综合分析表明，泥纹层单层厚度 64.8~92.8μm，平均 76.54μm；粉砂纹层单层厚度 23.2~87.3μm，平均 54.14μm。

泥纹层石英含量大于 70%，有机质含量大于 15%；粉砂纹层碳酸盐含量大于 50%，石英含量大于 20%，有机质含量 5%~15%。SEM 研究表明（图 5-7），泥纹层中泥质主要为石英（70%~90%）

(图 5-7c)、有机质（15%～25%）和少量其他矿物（5%～15%）；粉砂纹层中粉砂质主要为方解石（25%～35%）（图 5-7d）、白云石（25%～35%）（图 5-7e）和石英（10%～20%），局部黄铁矿富集，泥质主要为石英（20%～30%）和有机质（5%～10%）。泥纹层中石英颗粒粒径为 1～3μm，孤立分布或组成集合体；粉砂纹层中方解石和白云石颗粒粒径多为 20～40μm。偏光显微镜下泥纹层颜色较暗，常称作暗纹层，粉砂纹层颜色较亮，常称作亮纹层（施振生等，2018）。

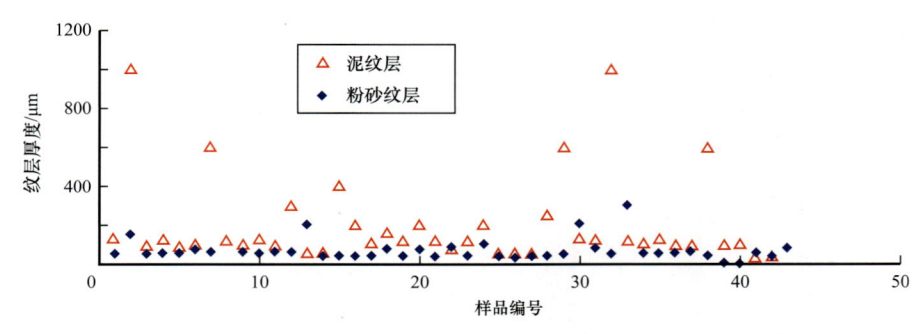

图 5-6　龙马溪组龙一段含气页岩泥纹层和粉砂纹层单层厚度

泥纹层有机质孔相互连通，粉砂纹层有机质孔相互不连通（图 5-8）。泥纹层有机质多呈弥散状、条带状或团块状分布（图 5-7a），不同有机质孔相互连通，在空间构成网状（图 5-8c）。粉砂纹层中粉砂质颗粒之间多呈点接触或线接触（图 5-7b），少数呈分散状，有机质呈条带状、弥散状或团块状分散于粉砂质颗粒之间（图 5-7b），多数相互之间不连通（图 5-8d）。泥纹层与粉砂纹层接触面处，由于矿物组分和颗粒粒度突变，有机质颗粒的纵向延伸受到阻碍。

二、孔隙类型及孔隙结构

黑色页岩发育有机质孔、无机孔和微裂缝。有机质孔分布于有机质中，形态有椭圆状、近球状、不规则蜂窝状、气孔状或狭缝状（图 5-9a、b），单个有机质中有机质孔面孔率 13.6%～33.8%。无机孔分布于矿物颗粒内或颗粒之间，形态有三角状、棱角状或长方形。无机孔可分为粒间溶孔（图 5-9c、d）和溶蚀孔（图 5-9e、f）。溶蚀孔主要为碳酸盐矿物和少量长石溶蚀而成。微裂缝主要分布于矿物颗粒之间或有机质内部或矿物颗粒与有机质之间（图 5-9a），呈条带状，常沟通各类孔隙。

泥纹层有机质孔丰度高，粉砂纹层无机孔丰度高。以 SEM 图像中单行长度 82.8μm、宽度 8.172μm 的区域分别统计泥纹层和粉砂纹层不同类型孔隙的丰度（图 5-10）。5 个泥纹层有机质孔数量分别为 3799、14775、9737、4540 和 6679，平均为 7906；粒间溶孔数量分别为 0、0、0、1、0；溶蚀孔隙数量分别为 7、25、5、1 和 18，平均为 11.2；微裂缝数量分别为 0、0、1、5 和 2，平均为 1.6。5 个粉砂纹层中，有机质孔数量分别为 2644、4915、3031、2642 和 1227，平均为 2891.8；粒间溶孔数量分别为 0、4、3、0、0；溶蚀孔数量分别为 36、21、24、26 和 17，平均为 24.8；微裂缝数量分别为 1、0、0、5 和 1，平均为 1.4。泥纹层有机质孔丰度是粉砂纹层的 2.73 倍，粉砂纹层的溶蚀孔丰度是泥纹层的 2.2 倍。

泥纹层有机质孔相互连通，构成网状；粉砂纹层有机质孔和无机孔均为分散状，相互不连通。泥纹层有机质孔沿着有机质广泛分布，有机质与有机质孔均相互连通，能在三维空间构成相互连通的网络（图 5-8a、c、e）。粉砂纹层中，无机孔多呈分散状（图 5-9h），有机质孔呈不连续状分布，从而造成粉砂纹层中各类孔隙相互之间不连通（图 5-8）。泥纹层与粉砂纹层之间，由于矿物组成及有机质分布的不连续，不同纹层之间孔隙连通性差。

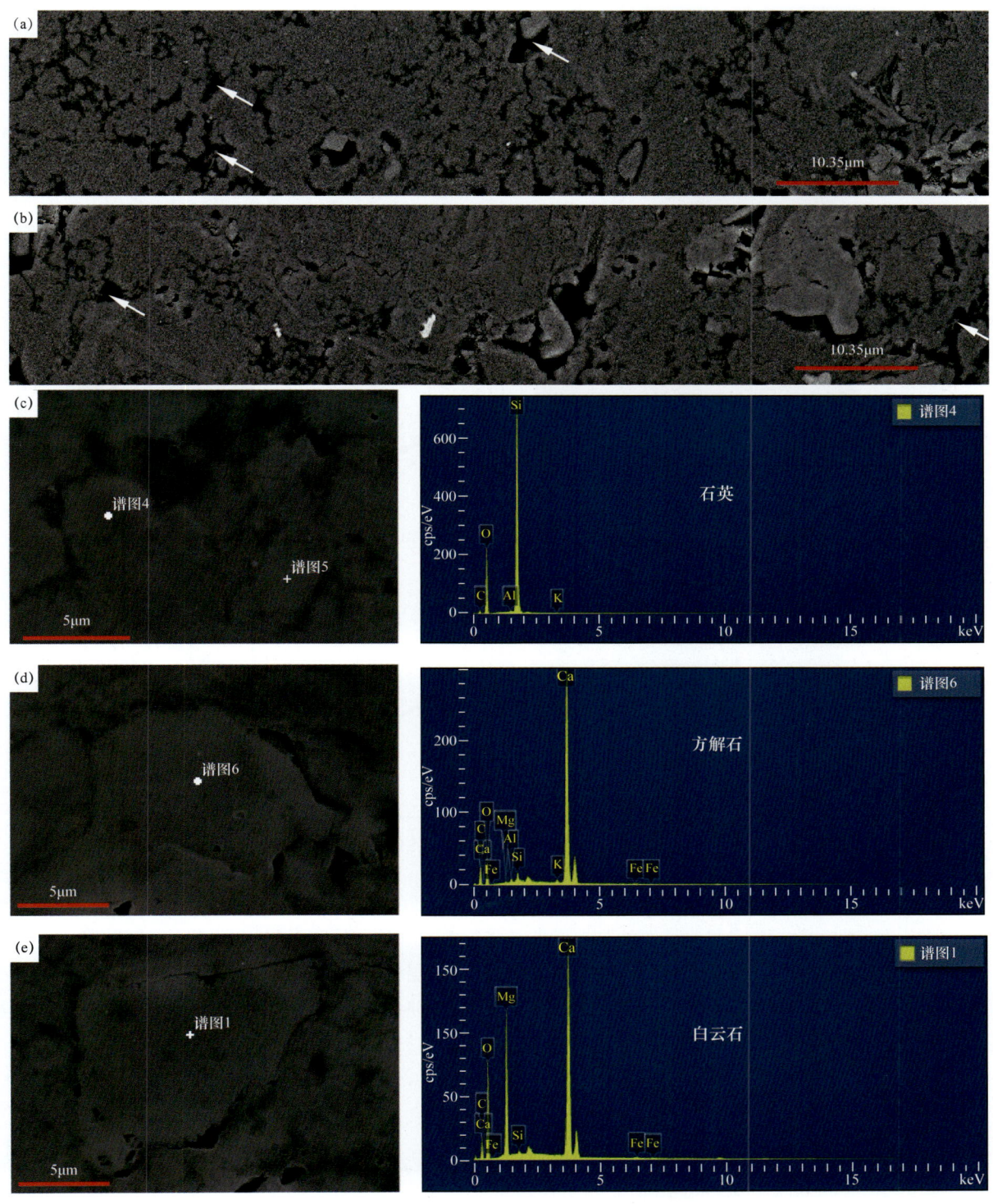

图 5-7 SEM 图像显示泥纹层和粉砂纹层物质组成及相互关系

白色箭头指向有机质。(a) 泥纹层；(b) 粉砂纹层；(c) 石英；(d) 方解石；(e) 白云石

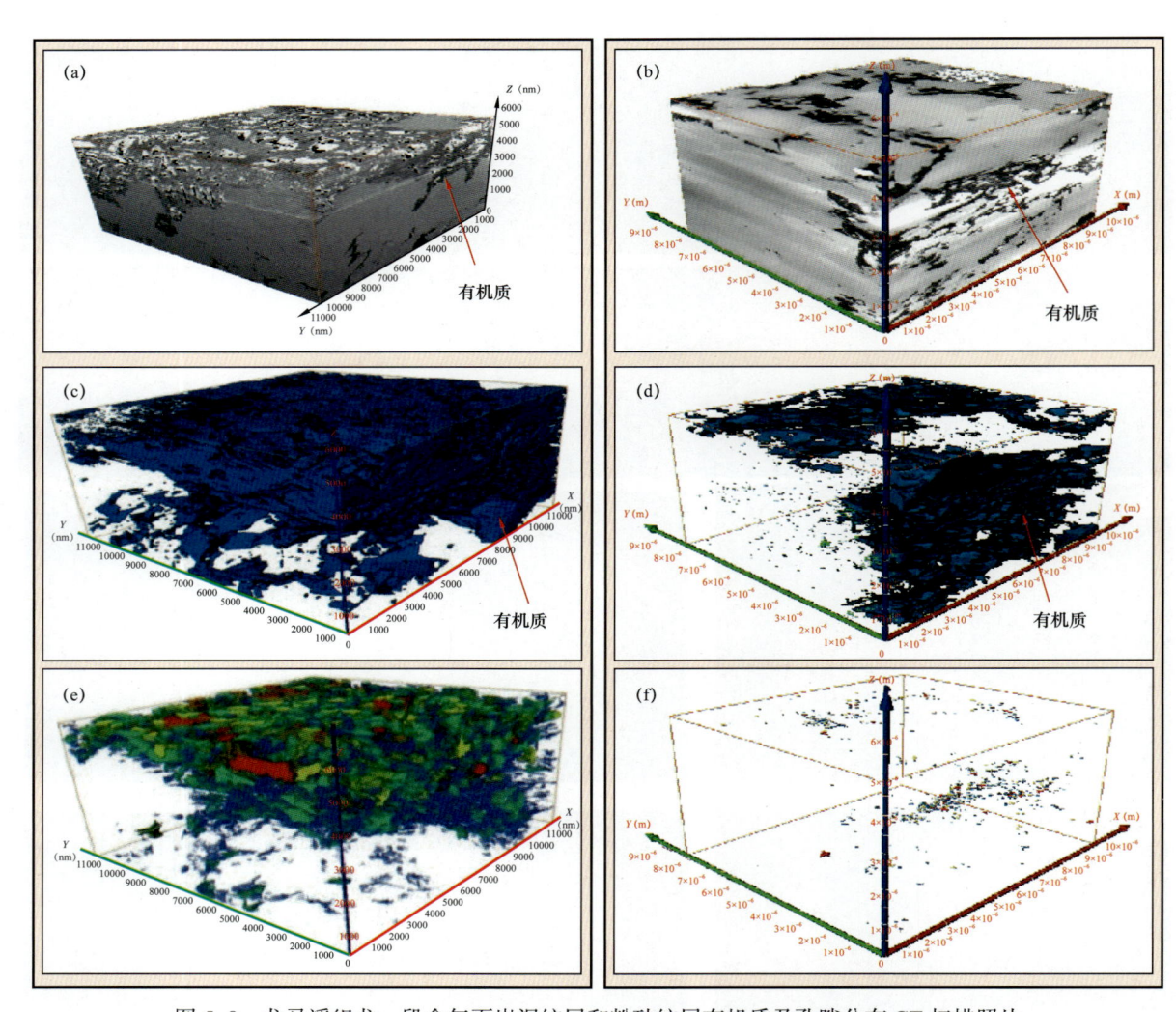

图 5-8　龙马溪组龙一段含气页岩泥纹层和粉砂纹层有机质及孔隙分布 CT 扫描照片

（a）泥纹层，威 204H10-5 井，龙一$_1^1$ 小层；（b）粉砂纹层，足 202 井，龙一$_1^1$ 小层；（c）泥纹层有机质呈连续状分布；（d）粉砂纹层有机质分布不连续；（e）泥纹层有机质孔相互连通，在三维空间呈网状，蓝色代表有机质孔，红色代表无机孔；（f）粉砂纹层有机质孔和无机孔均呈分散状分布，蓝色代表有机质孔，红色代表无机孔

泥纹层无机孔孔径小，粉砂纹层无机孔孔径大。泥纹层中，无机孔多数为微小颗粒溶蚀而形成的溶蚀孔（图 5-9g）；粉砂纹层中，无机孔多为较大颗粒溶蚀形成粒间溶孔或粒内溶孔，有些方解石甚至溶蚀形成网状溶蚀孔（图 5-9e、f、h）。

三、面孔率

纹层面孔率的大小可反映其孔隙度大小。研究表明，泥纹层面孔率与粉砂纹层基本一致。以 SEM 图像中单行长度 82.8μm、宽度 8.172μm 的区域分别统计泥纹层和粉砂纹层面孔率（图 5-11）。5 个泥纹层面孔率分别为 0.81%、2.8%、2.26%、1.08% 和 3.5%，平均为 2.09%；5 个粉砂纹层面孔率分别为 4.35%、1.8%、2.2%、1.73% 和 3.02%，平均为 2.62%，粉砂纹层面孔率平均值高出泥纹层 0.5%。前人研究认为，龙马溪组龙一段含气页岩中微孔含量占总有机质的 25%～35%（Wang 等，2019）。鉴于 SEM 图像只能识别孔径大于 10nm 的介孔和宏孔，通过折算可得泥纹层总面孔率应为 2.65%，粉砂纹层总面孔率应为 2.93%，故泥纹层和粉砂纹层面孔率差别不大。

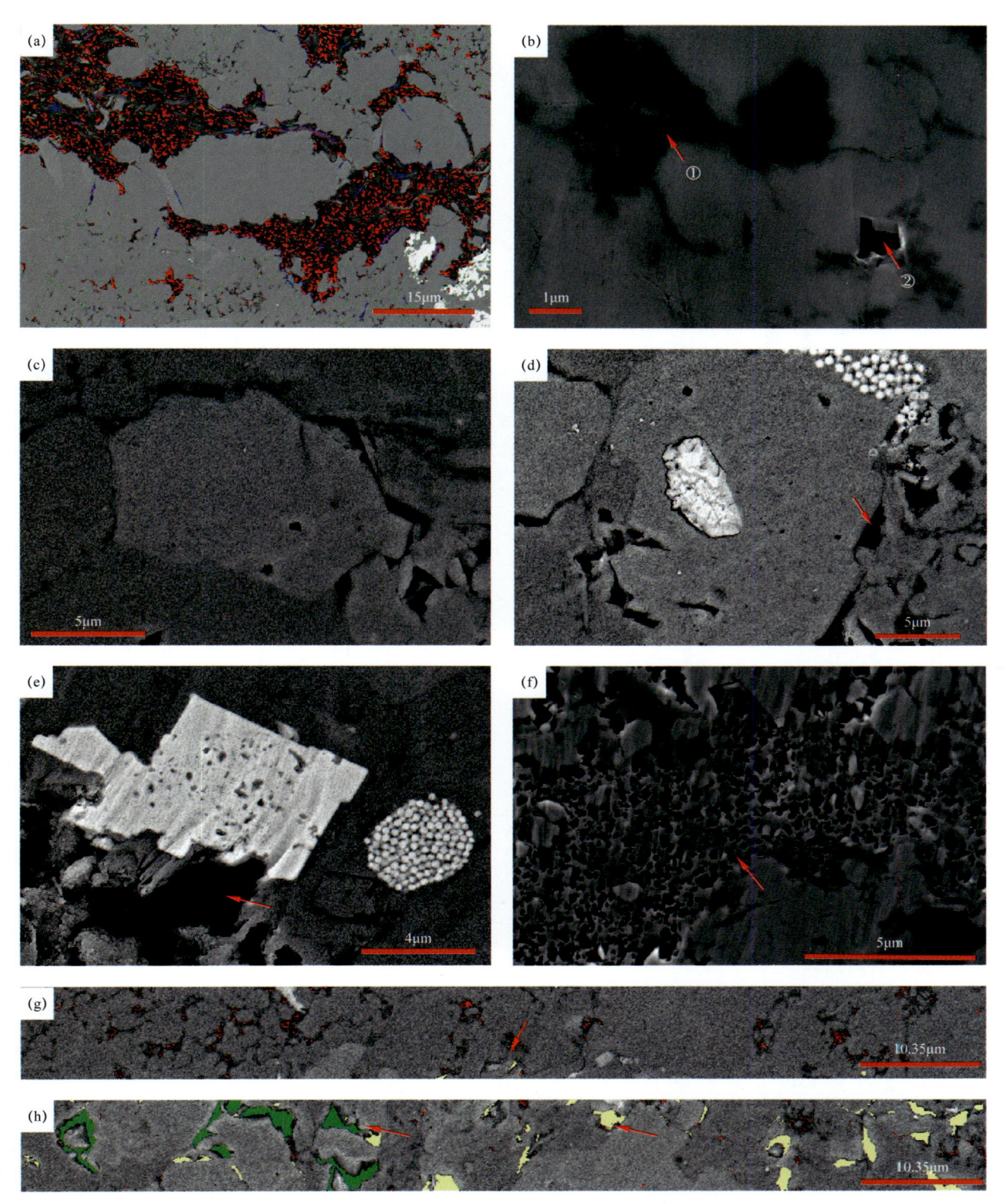

图 5-9　SEM 照片展示龙马溪组龙一段含气页岩孔隙类型及孔隙特征

（a）宁 209 井，龙一$_1^1$小层，红色为有机质孔，粉红色为微裂缝；（b）威 202 井，2573.5m，① 为有机质孔，② 为溶饱孔；（c）威 204 井，3529.9m，粒间溶孔；（d）盐津 1 井，1534.6m；（e）长宁双河剖面，龙一$_1^1$小层，溶蚀孔；（f）长宁双河剖面，龙一$_1^1$小层，溶蚀孔；（g）长宁双河剖面，龙一$_1^1$小层，泥纹层中有机质孔发育，红色代表有机质孔；（h）长宁双河剖面，龙一$_1^1$小层，无机孔发育，绿色代表溶蚀孔，浅黄色代表粒间溶孔

(a) 有机质孔分布图

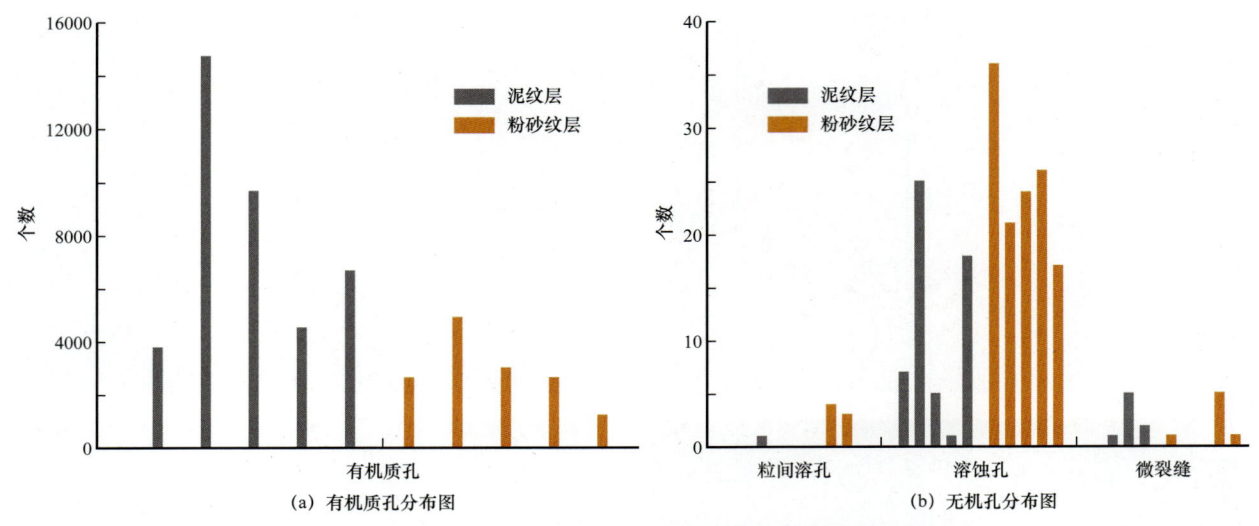

(b) 无机孔分布图

图 5-10 龙马溪组龙一段含气页岩泥纹层和粉砂纹层不同类型孔隙数量对比

(a) 泥纹层和粉砂纹层面孔率

(b) 泥纹层和粉砂纹层有机质孔和无机孔中面孔率占比

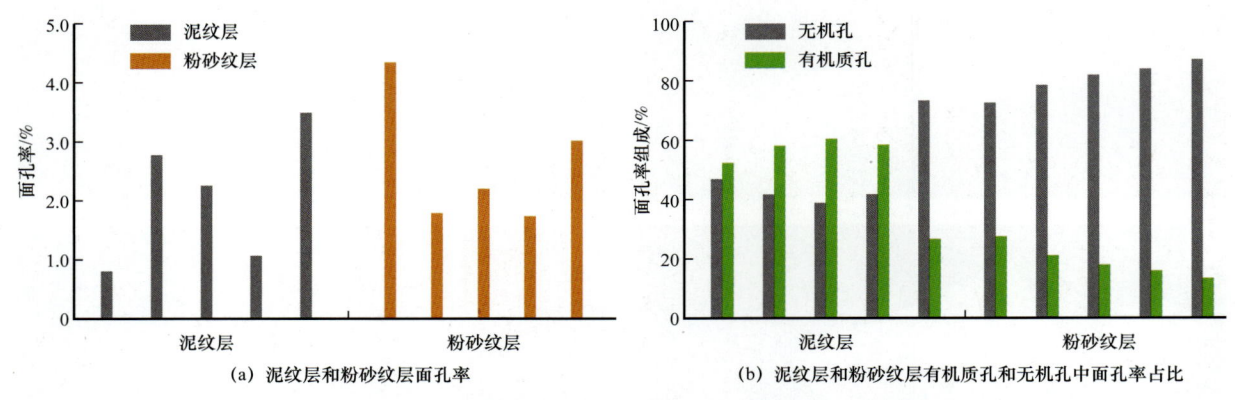

图 5-11 龙马溪组龙一段含气页岩泥纹层和粉砂纹层面孔率大小及不同类型孔中孔隙面孔率占比

泥纹层有机质孔面孔率高，粉砂纹层无机孔面孔率高（图 5-11b）。5 个泥纹层有机质孔面孔率占比分别为 52.9%、58.7%、60.6%、59% 和 26.6%，平均为 50.4%，有机质孔面孔率均高于无机孔；5 个粉砂纹层无机孔面孔率占比分别为 73.2%、78.3%、81.7%、83.5% 和 87.9%，平均为 80.9%，无机孔面孔率远高于有机质孔。

四、孔径分布

龙马溪组龙一段含气页岩以纳米孔隙为主（图 5-12）。孔隙孔径整体分布于 0~1000nm（图 5-13a），以 0~100nm 区间孔隙数量最多。

泥纹层 10~40nm 孔径区间孔隙数量最多，粉砂纹层 100~1000nm 孔径区间孔隙数量最多。有机质孔孔径集中分布于 0~100nm，其中 10~40nm 区间孔隙数量最多（图 5-13b）。无机孔中，粒间溶孔孔径分布于 200~1000nm，其中 500~1000nm 区间孔隙数量最多（图 5-13c）；溶蚀孔孔径分布于 40~1000nm，100~1000nm 区间孔隙数量最多（图 5-13d）。微裂缝长度介于 40~200nm（图 5-13e）。

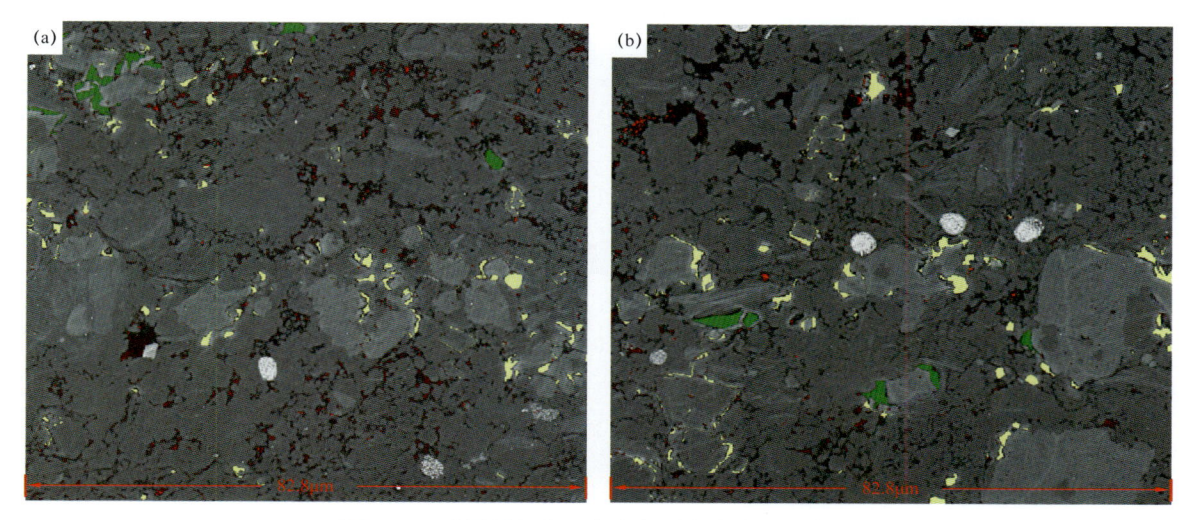

图 5-12 龙马溪组龙一段含气页岩孔隙组成特征
红色代表有机质孔，黄色代表粒间溶孔，绿色代表粒内溶孔
（a）自201井，3670.5m；（b）威202，2573.5m

泥纹层不同孔径区间有机质孔数量均高于粉砂纹层（图5-13b），粉砂纹层不同孔径区间的无机孔数量高于泥纹层（图5-13c、d）。以 SEM 图像中单行长度 82.8μm、宽度 8.172μm 的区域分别统计粉砂纹层和泥纹层不同孔径区间的孔隙数量（图5-13）。0～100nm 孔径区间，泥纹层有机质孔数量是粉砂纹层的 2～3 倍。200～1000nm 孔径区间，粉砂纹层粒间溶孔数量是泥纹层的 2～3 倍。100～1000nm 孔径区间，粉砂纹层溶蚀孔隙数量是泥纹层的 1～2 倍。

泥纹层有机质孔孔径较小，粉砂纹层有机质孔孔径较大。统计结果显示，泥纹层中孔径小于 100nm 的有机质孔面孔率占比高于粉砂纹层，而粉砂纹层孔径大于 100nm 的有机质孔面孔率占比高于泥纹层（图5-14）。其中，20～40nm 区间泥纹层有机质孔面孔率平均为 25.9%，粉砂纹层为 20.3%；40～100nm 区间泥纹层有机质孔面孔率平均为 31.8%，粉砂纹层为 24.1%；100～200nm 区间泥纹层有机质孔面孔率平均为 18.1%，粉砂纹层为 18.9%；200～500nm 区间泥纹层有机质孔面孔率平均为 17.9%，粉砂纹层为 23.6%；500～1000nm 区间泥纹层有机质孔面孔率平均为 6.3%，粉砂纹层为 13.1%。

五、微裂缝类型及数量

龙马溪组龙一段含气页岩发育大量微裂缝，按其与纹层面的关系，可分为顺层缝和非顺层缝（董大忠等，2018）。偏光显微镜下，顺层缝平行于纹层面或与纹层面微角度倾斜（图5-15a、b、c），非顺层缝斜交或垂直纹层界面（图5-15d）。顺层缝和非顺层缝常相互交切，构成网状（图5-15e）。龙马溪组龙一段含气顺层缝和非顺层缝多数被方解石（图5-15e、f）、有机质（图5-15g）、或硅质充填（图5-15h、i），少数被泥质、黄铁矿等充填物半充填或完全充填（郭彤楼，2014）。

泥纹层顺层缝发育，粉砂纹层顺层缝不发育。龙马溪组龙一段含气页岩顺层缝数量是非顺层缝的 3 倍，单缝长度是非顺层缝的 5～6 倍。顺层缝长度受泥纹层连续性和厚度控制，纹层越连续，长度越大，单层厚度越大，顺层缝越发育。顺层缝主要分布于泥纹层中，沿着泥纹层中部或泥纹层与粉砂纹层接触面分布（图5-15a、b、c），粉砂纹层顺层缝不发育。SEM 图像下，顺层缝和非顺层缝起点位于有机质内部或有机质与碎屑颗粒接触面（Lash 和 Engelder，2005），其长度和数量受顺层展布的有机质丰度控制。

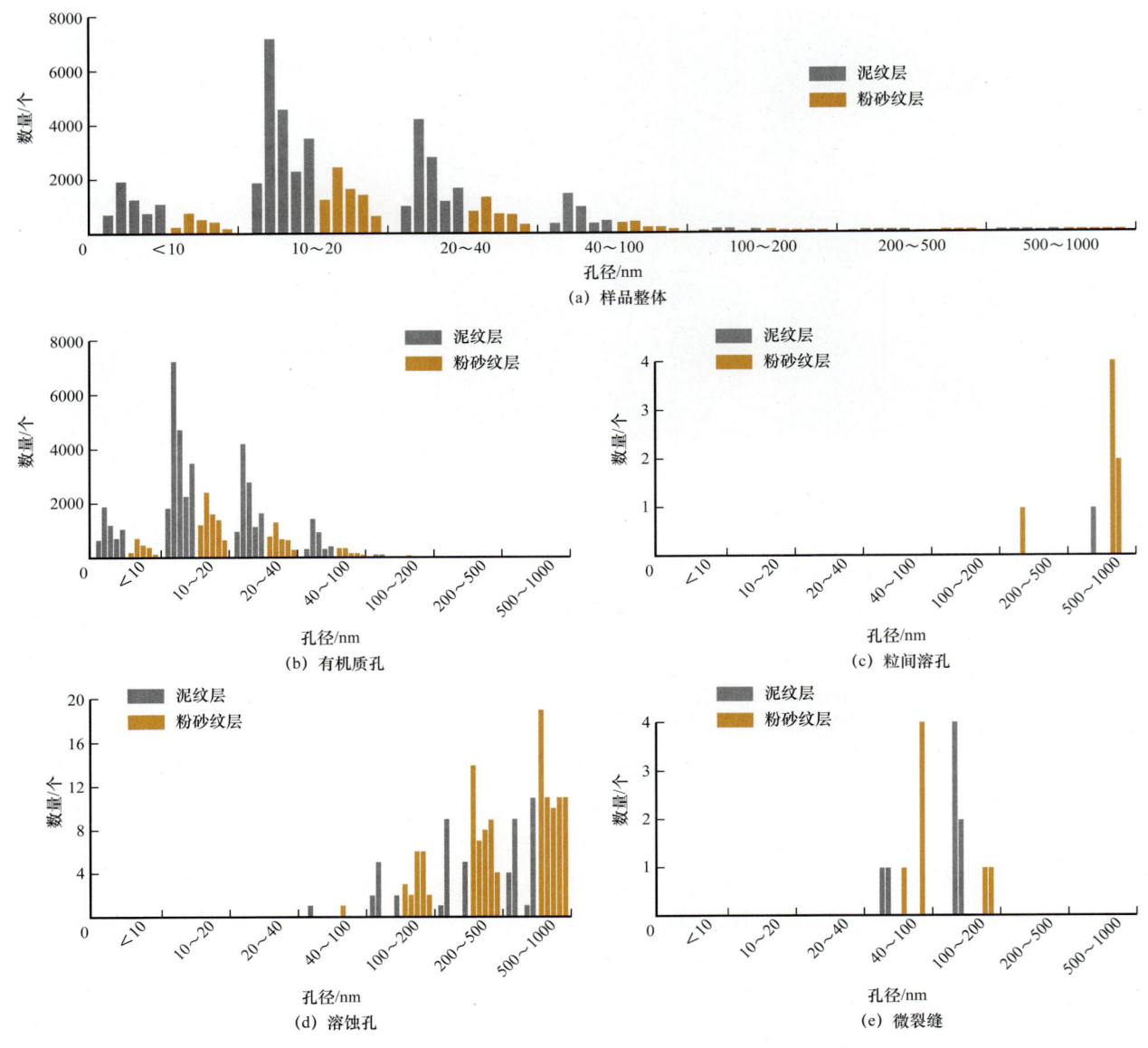

图 5-13　四川盆地龙马溪组一段含气页岩粉砂纹层和泥纹层不同孔隙孔径分布

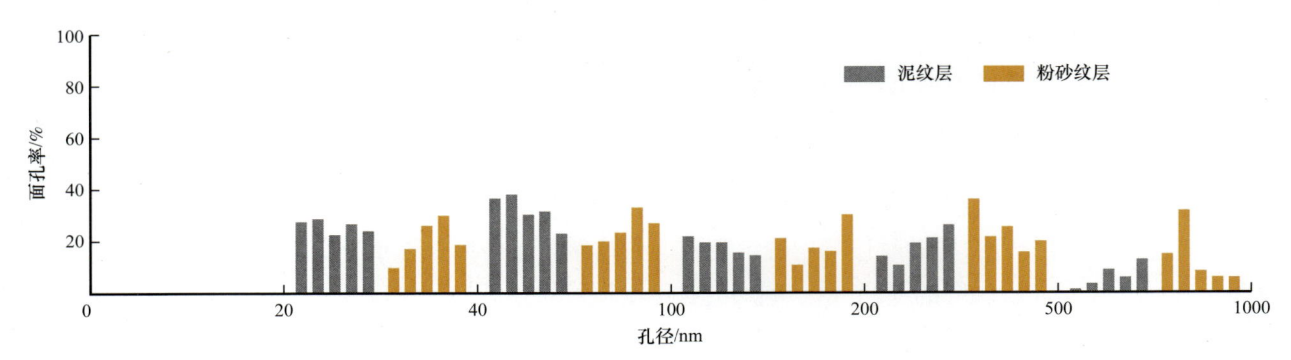

图 5-14　四川盆地龙马溪组龙一段含气页岩粉砂纹层和泥纹层有机质孔面孔率分布

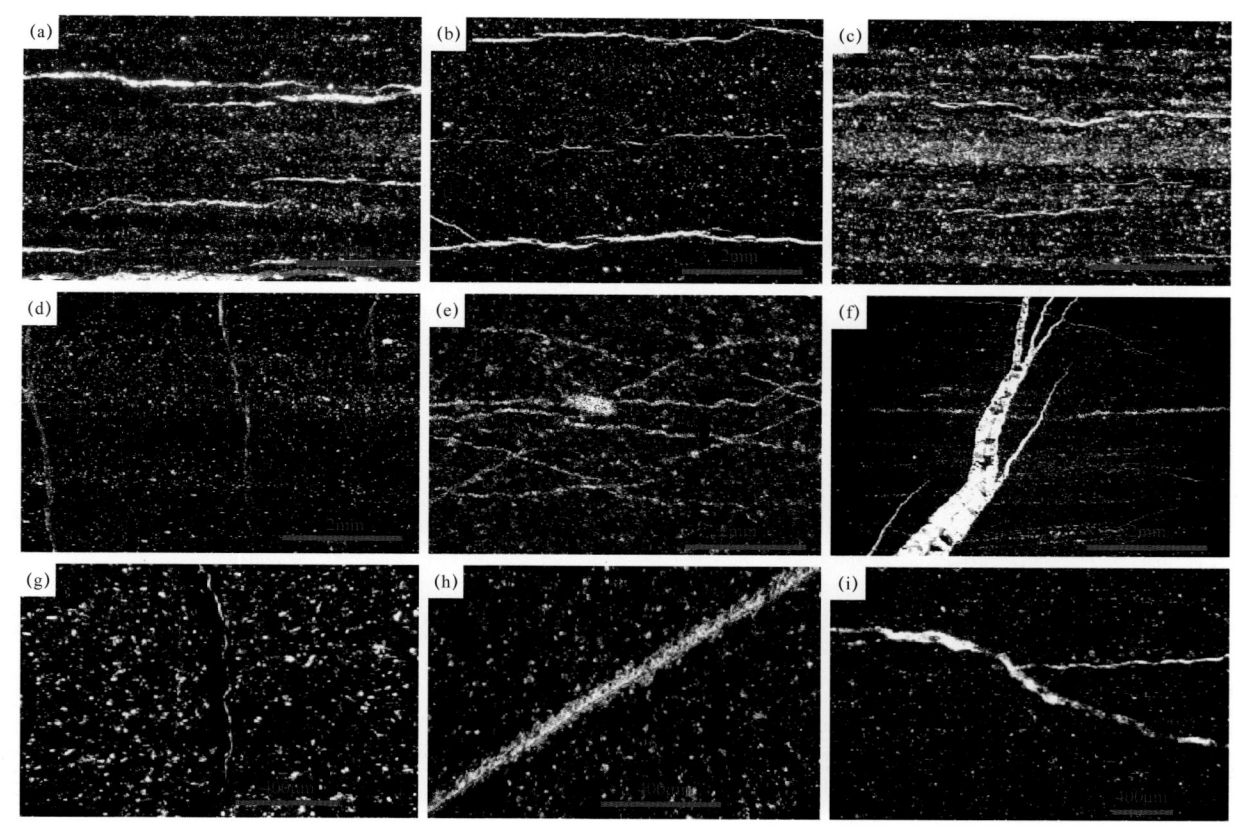

图 5-15　龙马溪组龙一段含气页岩微裂缝类型及其充填物特征

（a）长宁双河剖面，龙一$_1^1$小层，顺层缝；（b）长宁双河剖面，龙一$_1^1$小层，顺层缝；（c）长宁双河剖面，龙一$_1^1$小层，顺层缝；（d）长宁双河剖面，龙一$_1^1$小层，非顺层缝；（e）泸205井，龙一$_1^1$小层，顺层缝与非顺层缝相互交切，充填方解石；（f）泸205，龙一$_1^4$小层，微裂缝被方解石充填；（g）威201井，1542.5m，非顺层缝被有机质充填；（h）威202井，2573.5m，微裂缝被硅质充填；（i）威202井，2573.5m，微裂缝被硅质充填

第三节　不同层理页岩储层特征

一、不同层理页岩物性差异

条带状粉砂层理页岩和砂泥递变层理页岩孔隙度最高。条带状粉砂层理页岩水平孔隙度为5.43%～9.35%（平均为7.22%），平均值分别为砂泥互层层理页岩、递变层理页岩和均质层理页岩的1.73倍、6.94倍和3.10倍（表5-1、图5-16）；其垂直孔隙度为4.13%～9.04%（平均为6.47%），平均值分别为砂泥互层层理页岩、递变层理页岩和均质层理页岩的1.55倍、6.22倍和2.78倍。砂泥递变层理页岩水平孔隙度为4.90%，分别为砂泥互层层理页岩、递变层理页岩和均质层理页岩平均值的1.18倍、4.71倍和2.10倍（表5-1、图5-16）；其垂直孔隙度为5.98%，分别为砂泥互层层理页岩、递变层理页岩和均质层理页岩平均值的1.43倍、5.75倍和2.57倍。

表 5-1 不同层理页岩物性特征

层理	样品号	孔隙度/% 水平（H）	孔隙度/% 垂直（V）	孔隙度 H/V	渗透率/mD 水平（H）	渗透率/mD 垂直（V）	渗透率 H/V
条带状粉砂	8-31-1	6.85	6.40	1.07	0.184285	0.000655	281.35
	9-11-1	7.26	6.31	1.15	0.047955	0.002761	17.39
	8-10-1	9.35	9.04	1.04	0.22354	0.025925	8.62
	8-31-2	5.43	4.13	1.31	0.002291	0.000351	6.53
砂泥递变	9-19-2	4.90	5.98	0.82	0.010954	0.002876	3.81
砂泥互层	SLM4-1	4.17	4.21	0.99	0.005743	0.000714	8.04
均质	4-2-1	1.47	1.27	1.16	0.00149	0.000124	12.02
	M001	0.60	0.88	0.68	0.000931	0.000575	1.62
递变	5-26-2	1.93	1.18	1.68	0.000313	0.000364	0.86
	5-29-2	4.16	3.17	1.32	0.000342	0.000419	0.82
	SWF6-1-2	2.08	1.73	1.22	0.0003169	0.000316	1.00
	5-34-3	1.16	1.11	1.05	0.000028	0.000083	0.34

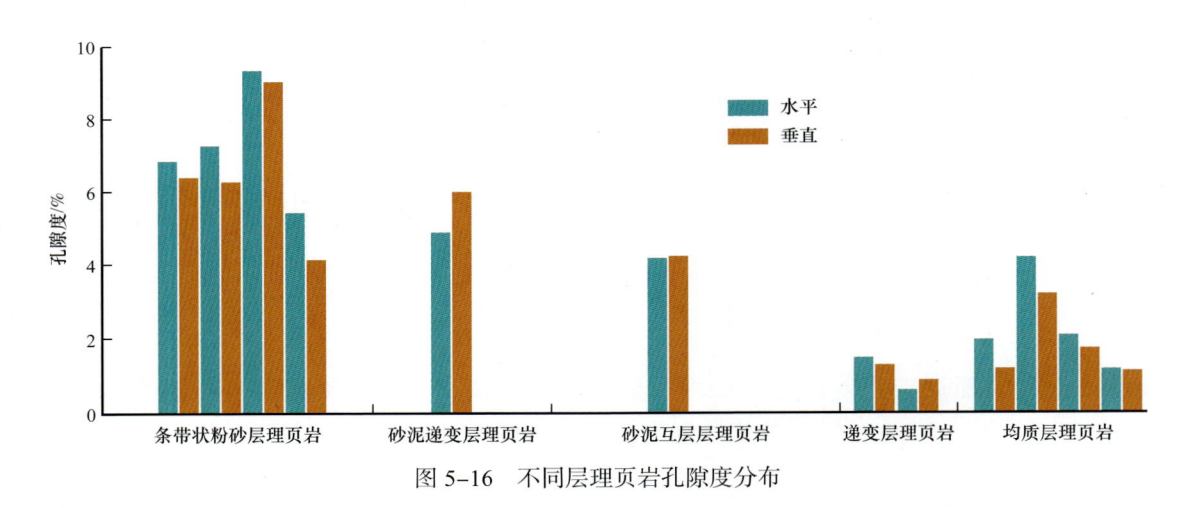

图 5-16 不同层理页岩孔隙度分布

条带状粉砂层理页岩和砂泥递变层理页岩水平渗透率最大。条带状粉砂层理页岩的水平渗透率最大为 0.184285mD，分别为砂泥薄互层层理页岩、递变层理页岩和均质层理页岩平均值的 32.09 倍、123.68 倍和 588.77 倍；样品号为 8-31-1 的垂直渗透率为 0.000655mD，分别为砂泥互层层理页岩、递变层理页岩和均质层理页岩平均值的 0.92 倍、5.28 倍和 1.80 倍（表 5-1、图 5-17）。砂泥递变层理页岩的水平渗透率为 0.010954mD，分别为砂泥互层层理页岩、递变层理页岩和均质层理页岩平均值的 1.91 倍、7.35 倍和 35.00 倍；砂泥递变层理页岩的垂直渗透率为 0.002876mD，分别为砂泥互层层理页岩、递变层理页岩和均质层理页岩平均值的 4.03 倍、23.19 倍和 7.90 倍（表 5-1、图 5-17）。

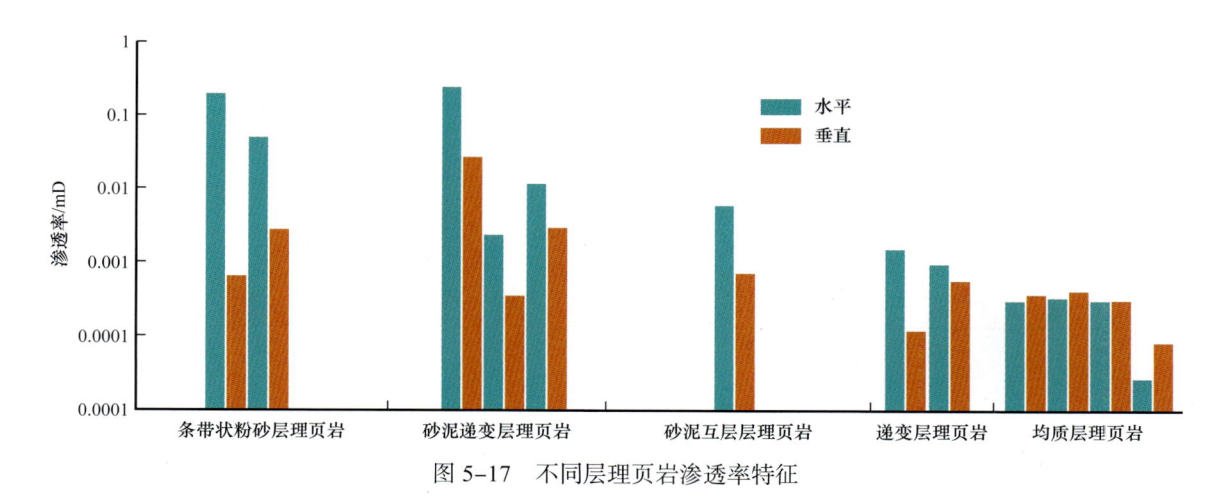

图 5-17 不同层理页岩渗透率特征

多数样品水平孔隙度/垂直孔隙度为 1.04～1.68（表 5-1、图 5-16）。其中，条带状粉砂层理页岩和砂泥递变层理页岩水平孔隙度/垂直孔隙度的平均值分别为 1.14 和 0.82，砂泥互层层理页岩、递变层理页岩和均质层理页岩的水平孔隙度垂直孔隙度分别为 0.99、1.05～1.68 和 0.68～1.16。研究所测得的孔隙度均为有效孔隙度，孔隙之间连通性影响孔隙度测量值。董大忠等（2018）研究表明，五峰组—龙马溪组页岩顺层缝和非顺层缝均较发育，但顺层缝密度较大、非顺层缝密度较低，故水平孔隙度稍大于垂直孔隙度。

条带状粉砂层理页岩和砂泥递变层理页岩水平渗透率远大于垂直渗透率，递变层理页岩和均质层理页岩的水平、垂直渗透率基本相近（表 5-1、图 5-17）。其中，条带状粉砂层理页岩和砂泥递变层理页岩水平渗透率/垂直渗透率的平均值分别为 281.35 和 3.81，而砂泥互层层理页岩和递变层理页岩水平渗透率/垂直渗透率的平均值分别为 8.04、1.62，而均质层理页岩水平渗透率与垂直渗透率接近。

二、不同层理页岩孔径和面孔率特征

黑色页岩有机质孔数量占比超过 98%，有机质孔中孔径为 5～200nm 的孔隙数目超过 95%（图 5-18），不同层理页岩孔隙组成稍有差异。5 类层理页岩中，递变层理页岩孔径小于 10nm 的孔隙数量约占 38%，孔径为 10～100nm 的纳米孔隙数量约占 59%，孔径为 100～200nm 的孔隙数量仅占 1%（图 5-18d）。而其他类型层理页岩孔径小于 10nm 的孔隙仅占 5%～6%，孔径为 10～100nm 的纳米孔隙占 85%～90%，孔径为 100～200nm 纳米孔隙占 3%～5%。Loucks 等（2012）根据对 Barnett 页岩的孔隙特征分析，提出纳米孔隙是页岩气储集的主要空间；Nelson（2009）提出页岩孔隙主要分布于 5～100nm 之间；Curtis 等（2010）提出页岩纳米孔隙直径主要分布于 4～200nm 之间；五峰组—龙马溪组纳米孔隙数量分布特征与前人认识一致。

条带状粉砂层理页岩、砂泥递变层理页岩和砂泥互层层理页岩中有机质孔隙度均大于 50%，而递变层理页岩和均质层理页岩有机质孔面积不足 30%（图 5-19）。5 类层理页岩的面孔率为 2.68%～4.36%，有机质孔面积占 20%～71.6%。条带状粉砂层理页岩、砂泥递变层理页岩和砂泥互层层理页岩有机质孔面积分别占 71.6%、61.4% 和 51.8%，均高于 50%。递变层理页岩和均质层理页岩有机质孔面积分别为 20% 和 29.5%，均不足 30%。递变层理页岩和均质层理页岩微裂缝含量分别为 7.4% 和 8.2%，条带状粉砂层理页岩、砂泥递变层理页岩和砂泥互层层理页岩微裂缝含量较低。

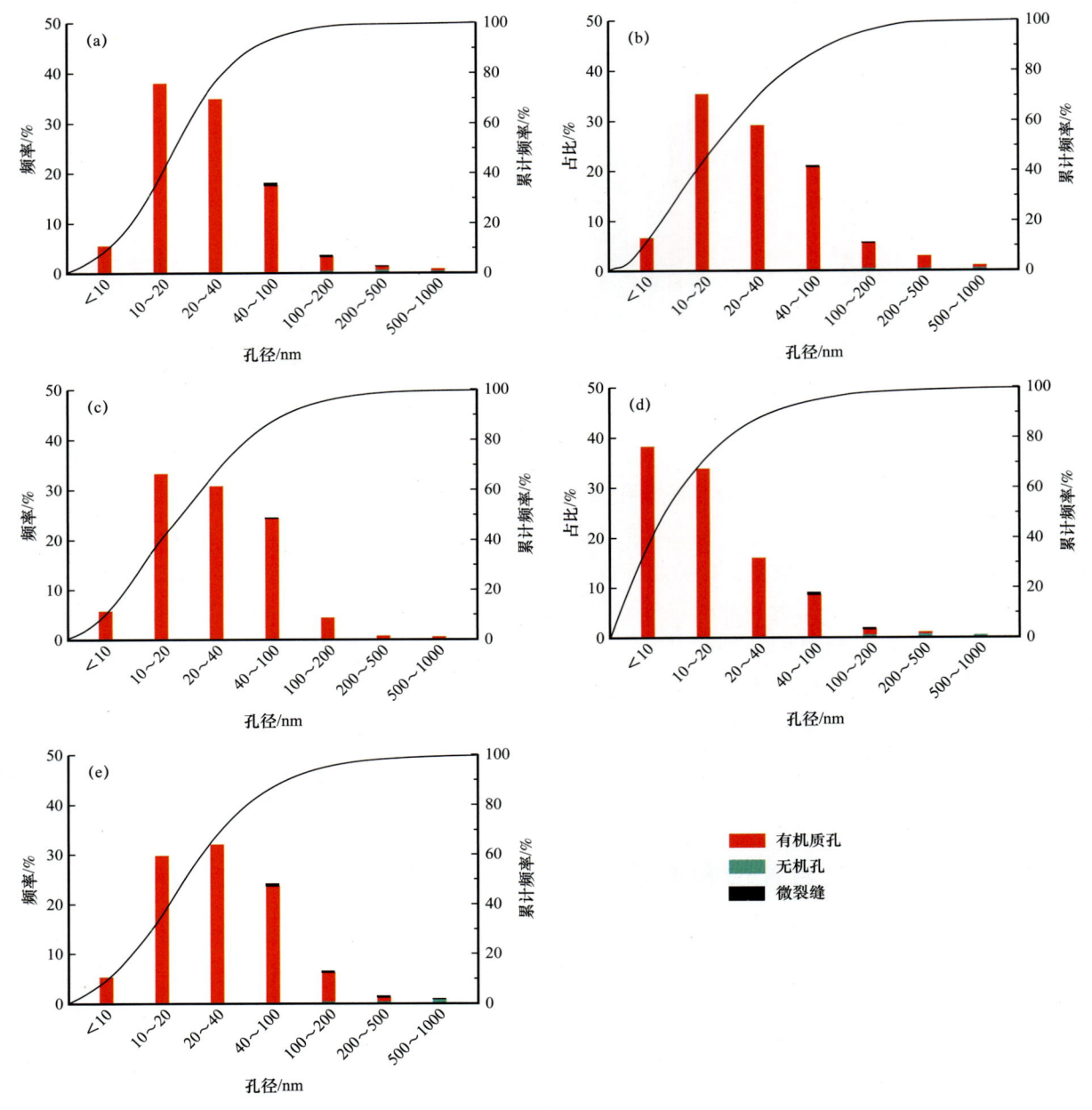

图 5-18 不同层理页岩纳米孔隙定量分布

（a）条带状粉砂层理页岩，90% 的纳米孔隙孔径为 10~100nm；（b）砂泥递变层理页岩，85% 的纳米孔隙孔径为 10~100nm；
（c）砂泥互层层理页岩，89% 的纳米孔隙孔径为 10~100nm；（d）递变层理页岩，约 38% 的纳米孔隙孔径为 10~100nm；
（e）块状层理页岩，约 87% 的纳米孔隙孔径为 10~100nm

黑色页岩 95% 以上的有机质孔面孔率由孔径大于 20nm 的孔隙贡献，98% 以上的无机孔面孔率由孔径大于 500nm 的孔隙贡献，99% 以上的微裂缝面孔率由孔径 40~500nm 的微裂缝贡献（图 5-20）。有机质孔面积分布中，砂泥递变层理页岩中孔径 500~1000nm 的面孔率相对较大（为 47.2%），其他层理页岩均不足 20%。递变层理页岩孔径小于 20nm 的面孔率为 6.1%，较其他类型层理页岩高。微裂缝面孔率分布中，递变层理页岩集中分布于 40~200nm，均质层理页岩的面孔率集中分布于 40~500nm，条带状粉砂层理页岩的面孔率集中分布于 100~500nm，砂泥递变层理页岩的面孔率集中分布于 100~200nm，而砂泥薄互层页岩的面孔率集中分布于 40~100nm。

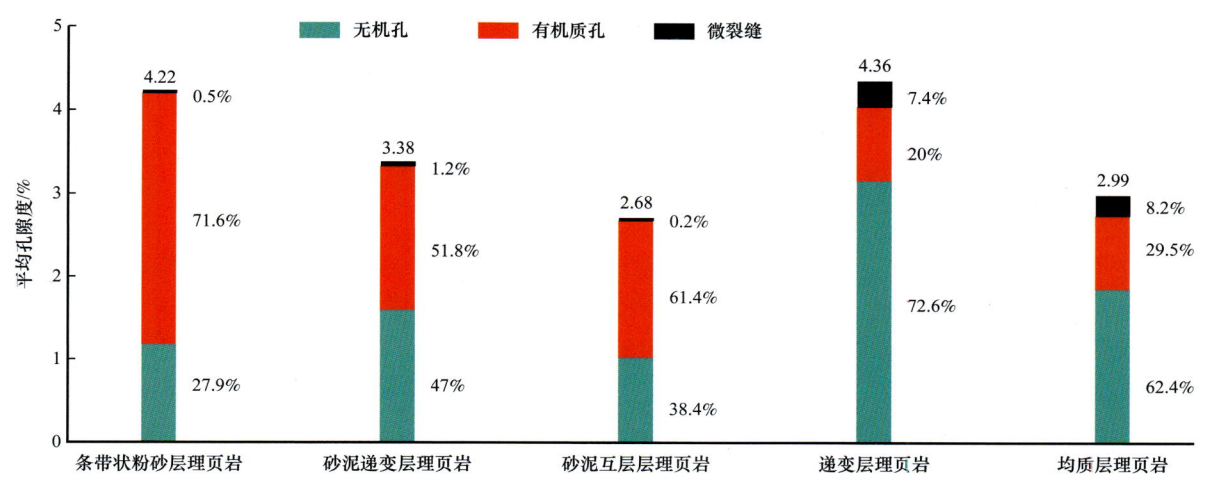

图 5-19 不同层理页岩孔隙类型及组成

无机孔、有机质孔、微裂缝数值为面孔率，条带状粉砂层理页岩、砂泥递变层理页岩、砂泥互层层理页岩中，有机质孔面孔率超过50%，而递变层理页岩和块状层理页岩，无机孔的面孔率超过50%

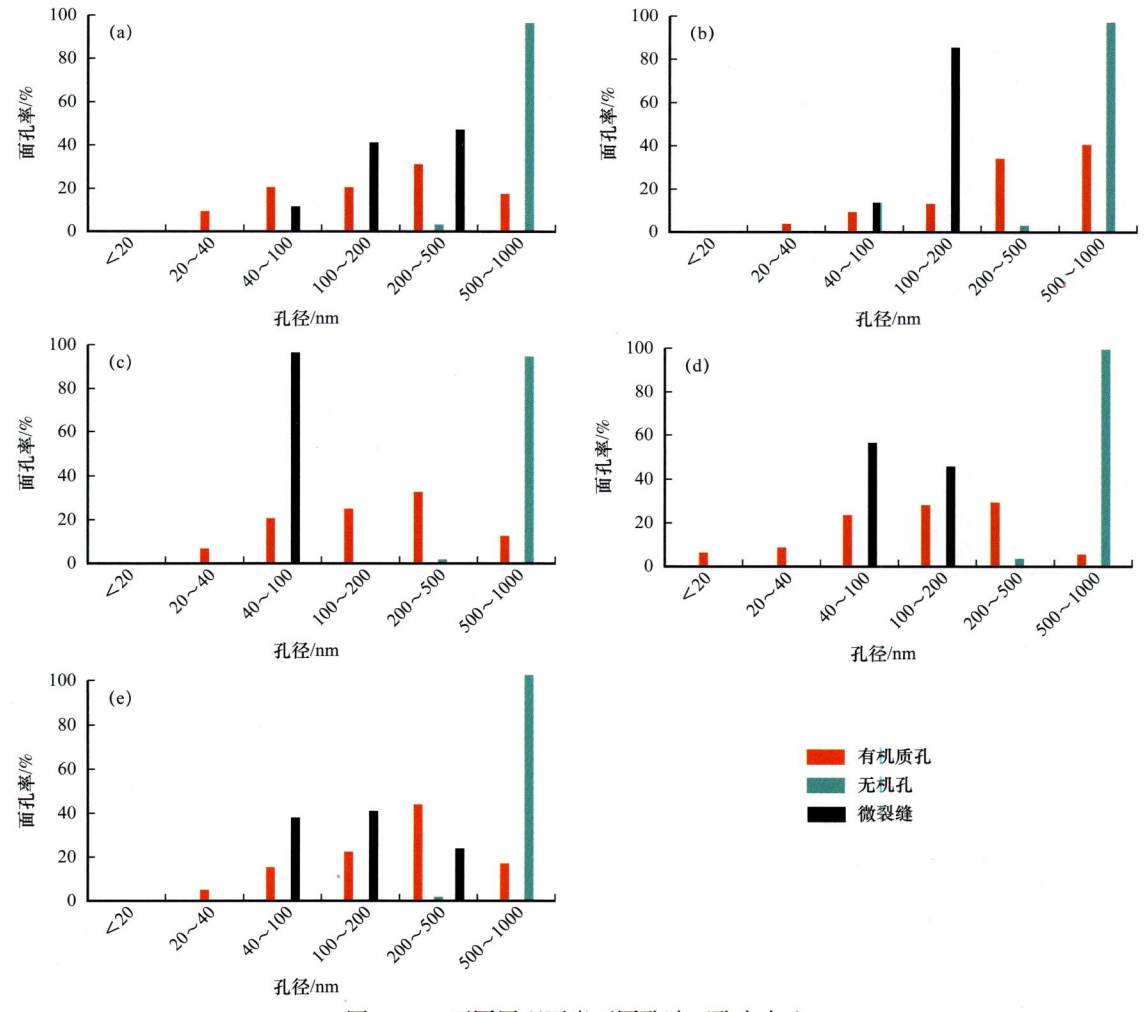

图 5-20 不同层理页岩不同孔隙面孔率占比

（a）条带状粉砂层理页岩；（b）砂泥递变层理页岩；（c）砂泥互层层理页岩；（d）递变层理页岩；（e）块状层理页岩

第四节　不同层理储层差异性成因

一、不同纹层储层特征差异性成因

纹层不同成因及成岩演化造成泥纹层和粉砂纹层的纹层厚度、物质组成、孔隙结构和面孔率等差异。泥纹层形成于勃发期的间隔期，硅质生物残骸大量缓慢堆积（图5-21），从而厚度大、有机质含量高。粉砂纹层形成于勃发期，由于其形成时间短，导致其厚度较小、有机质含量较低。同沉积时期，泥纹层和粉砂纹层均以无机孔为主，有机质孔不发育或欠发育（Löhr等，2015）。沉积成岩期，随着有机质热演化程度的增大，无机孔减少，有机质孔逐渐形成并增加（刘文平等，2017；杨锐等，2015；Ko等，2016），从而导致泥纹层有机质孔发育，粉砂纹层无机孔发育。由于泥纹层的脆性矿物含量低，压实程度高，孔径小于100nm的有机质孔面孔率占比高；粉砂纹层因为脆性矿物含量高，压实程度低，故孔径大于100nm的有机质孔面孔率占比高（Desbois等，2009；Schieber等，2010；高玉巧等，2018）。

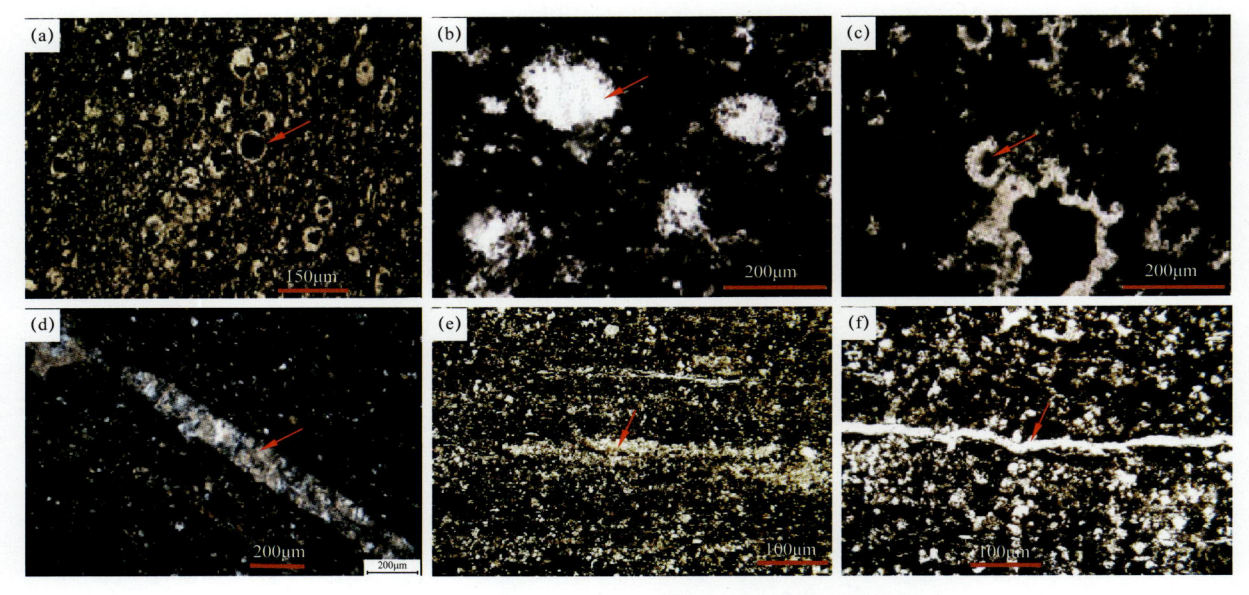

图5-21　龙马溪组龙一段含气页岩主要生物骨骼及特征

（a）放射虫骨骼顺层分布，单偏光，自201井，龙一$_1^1$小层；（b）放射虫骨骼被硅质充填，单偏光，威202井，龙一$_1^1$小层；（c）放射虫骨骼被有机质充填，少数被黄铁矿充填，单偏光，威204井，龙一$_1^1$小层；（d）放射虫骨骼被硅质充填，单偏光，足201井，龙一$_1^1$小层；（e）硅质海绵骨针，呈纺锤状断续分布，硅质充填，单偏光，长宁双河，龙一$_1^1$小层；（f）硅质海绵骨针，硅质充填，单偏光，长宁双河，龙一$_1^1$小层

物质组成差异造成泥纹层和粉砂纹层微裂缝差异。因为泥纹层有机质和硅质含量高，故更易形成微裂缝（丁文龙等，2011），且高有机质含量在生烃过程中更易形成生烃增压缝（Athy，1930；高玉巧等，2018；Lash和Engelder，2005；Schieber等，2016）。粉砂纹层中有机质和硅质含量相对较低，在相同的应力作用下形成微裂缝的可能性较小。同时，成岩早期粉砂纹层由于无机孔发育，其渗透性较好，不易形成生烃增压缝。另外，泥纹层与粉砂纹层接触面也多属于岩石力学强度薄弱面，微裂缝常易沿着接触面形成（熊周海等，2019）。

有机质孔含量和微裂缝造成泥纹层水平渗透率/垂直渗透率比值大。泥纹层有机质孔含量高，空间上相互连通，从而具有较强的渗透能力；粉砂纹层无机孔含量虽高，但多呈孤立状，很难构成有效的连通网络，从而渗透能力较差。平行纹层面方向，泥纹层中顺层缝相互连通，水平渗透能力较强（Lei 等，2015）。垂直纹层面方向，泥纹层和粉砂纹层非顺层缝密度均较低，且多数终止于纹层界面，垂直渗透能力较差。汪虎等（2019）研究表明，微裂缝可大大提高页岩样品渗透率，有微裂缝样品渗透率均值是无微裂缝页岩样品渗透率均值的 62.9 倍（图 5-22）。

图 5-22　大薄片照片显示龙马溪组一段含气页岩纹层界面特征

（a）长宁双河剖面，龙一$_1^1$小层，泥纹层与粉砂纹层交互，泥纹层与粉砂纹层界面连续、板状、平行；（b）长宁双河剖面，龙一$_1^1$小层，泥纹层与粉砂纹层交互，泥纹层与粉砂纹层界面连续、板状、平行；（c）足201井，4365.8m，泥纹层与粉砂纹层交互，泥纹层与粉砂纹层界面连续、板状、平行；（d）自201井，3670.5m，泥纹层与粉砂纹层交互，泥纹层与粉砂纹层界面连续、板状、平行；（e）盐津1井，1534.6m，泥纹层与粉砂纹层交互，泥纹层与粉砂纹层界面连续、板状、平行；（f）威204井，3529.9m，泥纹层与粉砂纹层交互，泥纹层与粉砂纹层界面连续、板状、平行

二、不同纹层组合物性差异成因

测量方法造成不同纹层组合孔隙度差异。本次孔隙度值均采用氦气法测得，且为有效孔隙度。黑色页岩中，有机质孔多构成有效孔隙度，而无机孔多构成无效孔隙度。泥纹层有机质孔含量高，其有效孔隙度高；粉砂纹层无机孔含量高，其无效孔隙度高。条带状粉砂纹层组合泥纹层占比最高，其有效孔隙度最大，砂泥薄互层纹层泥纹层占比最低，其有效孔隙度最低。

泥纹层/粉砂纹层含量比值差异造成不同纹层组合水平渗透率/垂直渗透率比值差异。条带状粉砂纹层组合泥纹层/粉砂纹层比值最高，其有机质孔含量最高、顺层缝密度最大，水平渗透率/垂直渗透率比值最大。砂泥递变纹层组合泥纹层/粉砂纹层比值相对较小，其有机质孔含量和顺层缝丰度相对较低，水平渗透率/垂直渗透率比值偏低。砂泥薄互层纹层组合泥纹层/粉砂纹层比值最低，其有机质孔含量和顺层缝丰度进一步降低，水平渗透率/垂直渗透率比值最小。

参 考 文 献

丁文龙, 许长春, 久凯, 等, 2011. 泥页岩裂缝研究进展[J]. 地球科学进展, 26(2): 135-144.
董大忠, 施振生, 孙莎莎, 等, 2018. 黑色页岩微裂缝发育控制因素: 以长宁双河剖面五峰组—龙马溪组为例[J]. 石油勘探与开发, 45(5): 763-774.
范方显, 1994. 古生物学教授[M]. 东营: 石油大学出版社, 1-287.
冯增昭, 1993. 沉积岩石学[M]. 北京: 石油工业出版社, 1-368.
冯增昭, 1994. 沉积岩石学[M]. 北京: 石油工业出版社, 70.
高玉巧, 蔡潇, 张培先, 等, 2018. 渝东南盆缘转换带五峰组—龙马溪组页岩气储层孔隙特征与演化[J]. 天然气工业, 38(12): 15-25.
郭彤楼, 2014. 四川盆地奥陶系储层发育特征与勘探潜力[J]. 石油与天然气地质, 35(3): 372-378.
郭彤楼, 2016. 中国式页岩气关键地质问题与成藏富集主控因素[J]. 石油勘探与开发, 43(3): 317-326.
郭旭升, 李宇平, 刘若冰, 等, 2014. 四川盆地焦石坝地区龙马溪组页岩微观孔隙结构特征及其控制因素[J]. 天然气工业, 34(6): 9-16.
郭旭升, 李宇平, 腾格尔, 等, 2020. 四川盆地五峰组—龙马溪组深水陆棚相页岩生储机理探讨[J]. 石油勘探与开发, 47(1): 193-201.
何陈诚, 何生, 郭旭升, 等, 2018. 焦石坝区块五峰组与龙马溪组一段页岩有机质孔孔隙结构差异性[J]. 石油与天然气地质, 39(3): 472-484.
胡斌, 王冠忠, 齐永安, 1997. 痕迹学理论与应用[M]. 中国矿业大学出版社: 1-209.
蒋裕强, 董大忠, 漆麟, 等, 2010. 页岩气储层的基本特征及其评价[J]. 天然气工业, 30(10): 7-12.
刘宝珺, 许效松, 潘杏南, 等, 1993. 中国南方古大陆沉积地壳演化与成矿[M]. 北京: 科学出版社, 1-134.
刘传联, 徐金鲤, 汪吕先, 2001. 藻类勃发: 湖相油源岩形成的一种重要机制[J]. 地质论评, 47(2): 207-210.
刘东生, 刘嘉麒, 吕厚远, 1998. 玛珥湖高分辨率古环境研究的新进展[J]. 第四纪研究, (4): 289-296.
刘江涛, 李永杰, 张元春, 等, 2017. 焦石坝五峰组—龙马溪组页岩硅质生物成因的证据及其地质意义[J]. 中国石油大学学报(自然科学版), 41(1): 34-41.
刘文平, 张成林, 高贵冬, 等, 2017. 四川盆地龙马溪组页岩孔隙度控制因素及演化规律[J]. 石油学报, 38(2): 175-184.
刘尧文, 王进, 张梦吟, 等, 2018. 四川盆地涪陵地区五峰—龙马溪组页岩气层孔隙特征及对开发的启示[J]. 石油实验地质, 40(1): 44-47.
卢龙飞, 秦建中, 申宝剑, 等, 2018. 中上扬子地区五峰组—龙马溪组硅质页岩的生物成因证据及其与页岩气富集的关系[J]. 地学前缘, 25(4): 226-236.
马永生, 蔡勋育, 赵培荣, 2018. 中国页岩气勘探开发理论认识与实践[J]. 石油勘探与开发, 45(4): 561-574.
秦亚超, 2010. 生物硅早期成岩作用研究进展[J]. 地质论评, 56(1): 89-98.
邱振, 邹才能, 2020. 非常规油气沉积学: 内涵与展望[J]. 沉积学报, 38(1): 1-29.
施振生, 邱振, 董大忠, 等, 2018. 四川盆地巫溪2井龙马溪组含气页岩细粒沉积纹层特征[J]. 石油勘探与开发, 45(2): 339-348.
施振生, 董大忠, 王红岩, 等, 2020. 含气页岩不同纹层及组合储集层特征差异性及其成因: 以四川盆地下志留统龙马溪组一段典型井为例[J]. 石油勘探与开发, 47(4): 829-840.
腾格尔, 申宝剑, 俞凌杰, 等, 2017. 四川盆地样品五峰组—龙马溪组页岩气形成与聚集机理[J]. 石油勘探与开发, 44(1): 69-78.
汪虎, 何治亮, 张永贵, 等, 2019. 四川盆地海相页岩储层微裂缝类型及其对储层物性影响[J]. 石油与天然气地质,

40（1）：41-49.

王超，张柏桥，舒志国，等，2019.焦石坝地区五峰组—龙马溪组页岩纹层发育特征及其储集意义［J］.地球科学，44（3）：972-982.

王飞宇，关晶，冯伟平，等，2013.过成熟海相页岩孔隙度演化特征和游离气量［J］.石油勘探与开发，40（4）：764-768.

王冠民，钟建华，2004.湖泊纹层的沉积机理研究评述与展望［J］.岩石矿物学杂志，23（1）：43-48.

王世谦，2017.页岩气资源开采现状、问题与前景［J］.天然气工业，37（6）：115-130.

武瑾，梁峰，吝文，等，2017.渝东北地区巫溪2井五峰组—龙马溪组页岩气储层及含气性特征［J］.石油学报，38（5）：512-524.

熊周海，操应长，王冠民，等，2019.湖相细粒沉积岩纹层结构差异对可压裂性的影响［J］.石油学报，40（1）：74-85.

徐洁，陶辉飞，陈科，等，2019.过成熟页岩在半封闭热模拟实验中孔隙结构的演化特征［J］.地球科学，44（11）：3736-3748.

杨锐，何生，胡东风，等，2015.焦石坝地区五峰组—龙马溪组页岩孔隙结构特征及其主控因素［J］.地质科技情报，34（5）：105-113.

杨孝群，李忠，2018.微生物碳酸盐岩沉积学研究进展——基于第33届国际沉积学会议的综述［J］.沉积学报，36（4）：639-650.

张廷山，杨洋，龚其森，等，2014.四川盆地南部早古生代海相页岩微观孔隙特征及发育控制因素［J］.地质学报，88（9）：1728-1740.

赵建华，金之均，金振奎，等，2016.四川盆地五峰组—龙马溪组含气页岩中石英成因研究［J］.天然气地球科学，27（2）：377-386.

赵杏媛，杨威，罗俊成，2001.塔里木盆地黏土矿物［M］.武汉：中国地质大学出版社，1-293.

朱筱敏，2008.沉积岩石学（第四版）［M］.北京：石油工业出版社.

邹才能，赵群，董大忠，等，2017.页岩气基本特征、主要挑战与未来前景［J］.天然气地球科学，28（12）：1781-1796.

Abouelresh M O, 2013.Multiscale erosion surfaces of the organic-rich Barnett Shale, Fort Worth Basin, USA［J］.Journal of Geological Research：759395.

Alldredge A L, Gotschalk C C, 1990. The relative contribution of marine snow of different origins to biological processes in coastal waters［J］. Continental Shelf Research, 10（1）：41-58.

Aplin A C, Macquaker J H S, 2011.Mudstone diversity：Origin and implications for source, seal, and reservoir properties in petroleum systems［J］. AAPG Bulletin, 95（12）：2031-2059.

Aplin A C, Macquaker J H S, 2011. Mudstone diversity：origin and implications for source, seal, and reservoir properties in petroleum systems［J］. AAPG Bulletin, 95（12）：2031-2059.

Athy L F, 1930. Density, porosity, and compaction of sedimentary rocks［J］. American Association of Petroleum Geologists Bulletin, 14：1-24.

Brenchley, P J, Marshall J D, Carden G A, et al, 1994. Bathymetric and isotopic evidencee for a short-lived Ordovician glaciation in a greenhouse period［J］. Geology, 22：295-298.

Brunton F R, Dixon O A, 1994. Siliceous sponge-microbe biotic associations and their recurrence through the phanerozoic as reef mound constructors［J］. Palaios, 9：370-387.

Campbell, 1967. Lamina, laminaset, bed and bedset［J］. Sedimentology, 8：7-26.

Canfield D E, 1989. Sulfate reduction and oxic respiration in marine sediments：implications for organic carbon preservation in euxinic environments [J]. Deep-Sea Research, 36 (1): 121-138.

Chalmers G R L, Bustin R M, 2017. A multidisciplinary approach in determining the maceral (kerogen type) and mineralogical composition of Upper Cretaceous Eagle Ford Formation: Impact on pore development and pore size distribution [J]. International Journal of Coal Geology, 171: 93-110.

Chen X, Bergström S M, Zhang Y D, et al, 2013. A regional tectonic event of Katian (Late Ordovician) age across three major blocks of China [J]. Chinese Science Bulletin, 58 (34): 4292-4299.

Chen X, Fan J X, Chen Q, et al, 2014. Toward a stepwise Kwangsian Orogeny [J]. Science China: Earth Sciences, 57: 379-387.

Chen X, Fan J X, Wang W H, et al, 2017. Stage-progressive distribution pattern of the Lungmachi black graptolitic shales from Guizhou to Chongqing, Central China [J]. Science China Earth Sciences, 60: 1133-1146.

Chen X, Fan J X, Zhang Y D, et al, 2015. Subdivision and delineation on the Wufeng and Lungmachi black shales in the subsurface areas of the Yangtze platform [J]. Journal of Stratigraphy, 39 (4): 351-358.

Chen X, Rong J Y, Li Y, et al, 2004. Facies patterns and geography of the Yangtze region, South China, through the Ordovician and Silurian transition [J]. Palaeogeography, Palaeoclimatology, Palaeoecology, 204: 353-372.

Chen X, Rong J Y, Mitchell C E, et al, 2000. Late Ordovician to earliest Silurian graptolite and brachiopod biozonation from the Yangtze region, South China, with a global correlation [J]. Geological Magazine, 137 (6): 623-650.

Chen X, Xiao C X, Chen H Y, 1987. Wufengian (Ashgillian) graptolite faunal differentiation and anoxic environment in south China [J]. Acta Palaeontologica Sinica, 26 (3): 326-338.

Chen Z, Jiang C, 2016. A revised method for organic porosity estimation in shale reservoirs using Rock-Eval data: example of Duvernay Formation in Western Canada Sedimentary Basin [J]. AAPG Bulletin, 100 (3): 405-422.

Curtis M E, Cardott B J, Sondergeld C H, et al, 2012. Development of organic porosity in the Woodford Shale with increasing thermal maturity [J]. International Journal of Coal Geology, 103: 26-31.

Desbois G, Urai J L, Kukla P A, 2009. Morphology of the pore space in claystones: Evidence from BIB/FIB ion beam sectioning and cryo-SEM observations [J]. Earth Discussions, 4 (1): 15-22.

Dong D Z, Shi Z S, Sun S S, et al, 2018. Factors controlling microfractures in black shales: a case study of Ordovician Wufeng Formation-Silurian Longmaxi Formation in Shuanghe profile, Changning area, Sichuan Basin, SW China [J]. Petroleum Exploration and Development, 45 (5): 763-774.

Einsele G, Overbeck R, Schwarz H U, et al, 1974. Mass physical properties, sliding and erodability of experimentally deposited and differentially consolidat4ed clayey muds [J]. Sedimentology, 21: 339-372.

Falcieri F M, Benetazzo A, Sclavo M, et al, 2014. Po River plume pattern variability investigated from model data [J]. Continental Shelf Research, 87: 84-95.

Fan J X, Melchin M J, Chen X, et al, 2012. Biostratigraphy and geography of the Ordovician-Silurian Lungmachi black shales in South China [J]. Scientia Sinica (Terrae), 42: 130-139.

Feng Z Z, 2004. Single factor analysis and multifactor comprehensive mapping method- reconstruction of quantitative lithofacies palaeogeography [J]. Journal of Palaeogeography, 6 (1): 3-19.

Finnegan S, Heim N A, Peters S E, et al, 2012. Climate change and the selective signature of the Late Ordovician mass extinction [J]. Proceedings of the National Academy of Sciences of the United States of America, 109: 6829-6834.

Gradstein F M, Ogg J G, Schmitz M, et al, 2012. The Geologic Time Scale 2012 [J]. Amsterdam: Elsevier. 1176.

Hedges JI, Keil RG, 1995. Sedimentary organic matter preservation: an assessment and speculative synthesis [J]. Marine Chemistry, 49: 81-115.

IUPAC, 1994. Physical chemistry division commission on colloid and surface chemistry, Subcommittee on characterization of porous solids : Recommendations for the characterization of porous solids [J]. Pure and Applied Chemistry, 66(8): 1739-1758.

Kämpf J, Myrow P, 2014. High-density mud suspensions and cross-shelf transport : On the mechanism of gelling ignition [J].Journal of Sedimentary Research, 84: 215-223.

Katz B J, Arango I, 2018. Organic porosity : a geochemist's view of the current state of understanding [J]. Organic Geochemistry, 123: 1-16.

Kineke G C, Woolfe K J, Kuehl S A, et al, 2000. Sediment export from the Sepik River, Papua New Guinea : evidence for a divergent dispersal system [J]. Continental Shelf Research, 20: 2239-2266.

Klaver J, Desbois G, Ural J L, et al, 2012. BIB-SEM study of the pore space morphology in early mature Posidonia Shale from the Hils area, Germany [J]. International Journal of Coal Geology, 103: 12-25.

Ko L T, Loucks R G, Zhang T, et al, 2016. Pore and pore network evolution of Upper Cretaceous Boquillas (Eagle Ford-equivalent) mudrocks : Results from gold tube pyrolysis experiments [J]. AAPG Bulletin, 100(11): 1693-1722.

Lambert A M, Kelts K R, Marshall N F, 1976. Measurements of density underflows from Walensee, Switzerland [J]. Sedimentology, 23: 87-105.

Larsen J W, Li S, 1997. Changes in the macromolecular structure of a Type 1 kerogen during maturation [J]. Energy & Fuels, 11: 897-901.

Lash G G, Engelder T, 2005. An analysis of horizontal microcraking during catagenesis : Example from the Catskill delta complex [J]. AAPG Bulletin, 89(11): 1433-1449.

Lazar O R, Bohacs K M, Macquaker J H S, et al, 2015. Capturing key attributes of fine-grained sedimentary rocks in outcrops, cores, and thin sections : Nomenclature and description guidelines [J]. Journal of Sedimentary Research, 85: 230-246.

Lei Y, Luo X, Wang X, et al, 2015. Characteristics of silty laminae in Zhangjiatan Shale of southeastern Ordos Basin, China : Implications for shale gas formation [J]. AAPG Bulletin, 99(4): 661-687.

Löhr S C, Baruch E T, Hall P A, et al, 2015. Is organic pore development in gas shales influenced by the primary porosity and structure of thermally immature organic matter? [J]. Organic Geochemistry, 87: 119-132.

Lonsdale P, Southard J B, 1974. Experimental erosion of North Pacific red clay [J]. Marine Geology, 17: 51-60.

Loucks R G, Reed R M, Ruppel S C, et al, 2012. Spectrum of pore types and networks in mudrocks and a descriptive classification for matrix-related mudrock pores [J]. AAPG Bulletin, 96(60): 1071-1098.

Ma Y S, Cai X Y, Zhao P R, 2018. China's shale gas exploration and development : understanding and practice. Petroleum Exploration and Development, 45(4): 561-574.

Macquaker J H S, Bohacs K M, 2007. On the accumulation of mud [J]. Science, 318(5857): 1734-1735.

Macquaker J H, Keller M A, Davies S J, 2010. Algal blooms and "marine snow" : mechanisms that enhance preservation of organic carbon in ancient fine-grained sediments [J]. Journal of Sedimentary Research, 80: 934-942.

Macquaker J H, Taylor K G, Keller M, et al, 2014. Compositional controls on early diagenetic pathways in fine-grained sedimentary rocks : Implications for predicting unconventional reservoir attributes of mudstones [J]. AAPG Bulletin, 98(3): 587-603.

Martin D P, Nittrouer C A, Ogston A S, et al, 2008. Tidal and seasonal dynamics of a muddy inner shelf environment, Gulf of Papua [J]. Journal of Geophysical Research, 113, F01S07.

Mastalerz M, Schimmelmann A, Drobniak A, et al, 2013. Porosity of Devonian and Mississipian New Albany shale across a maturation gradient : Insight from organic petrology, gas absorption, and mercury intrusion [J]. AAPG Bulletin, 97(10): 1621-1643.

Mathia E J, Bowen L, Thomas K M, et al, 2016. Evolution of porosity and pore type in organic-rich, calcareous, lower Toarcian Posidonia Shale [J]. Marine and Petroleum Geology, 75: 117-139.

Melchin M J, Mitchell C E, Holmden C, et al, 2013. Environmental changes in the Late Ordovician-early Silurian: Review and new insights from black shales and nitrogen isotopes [J]. Geological Society of America Bulletin, 125 (11-12): 1635-1670.

Middleton N J, Goudie A S, 2001. Saharan dust: sources and trajectories [J]. Transactions of the Institute of British Geographers, 26: 165-181.

Milliken K L, Curtis M E, 2016. Imaging pores in sedimentary rocks: Foundation of porosity prediction [J]. Marine and Petroleum Geology, 73: 590-608.

Milliken K L, Reed R M, 2010. Multiple causes of diagenetic fabric anisotropy in weakly consolidated mud, Nankai accretionary prism, IODP Expedition 316 [J]. Journal of Structural Geology, 31: 1887-1898.

Milliken K L, Rudnicki M, Awwiller D N, et al, 2013. Organic matter-hosted pore system, Marcellus Formation (Devonian), Pennsylvania [J]. AAPG Bulletin, 97 (2): 177-200.

Montgomery S L, Jarvie D M, Bowker K A, et al, 2005. Mississippian Barnett Shale, Fort Worth Basin, north-central Texas: gas-shale play with multi-trillion cubic foot potential [J]. AAPG Bulletin, 89 (2): 155-175.

Mou C L, Wang X P, Wang Q Y, et al, 2016. Mu E Z. 1974. Evolution, classification and distribution of Orthograptolite and Orthograptolite tree graptolite [J]. Scientia Sinica, 4 (2): 174-183.

Mulder T, Syvitski J P M, 1995. Turbidity currents generated at river mouths during exceptional discharges to the world's oceans [J]. The Journal of Geology, 103: 285-299.

Muller R, Nystuen J P, Wright V P, 2004. Pedogenic mud aggregates and paleosol development in ancient dryland river systems: Criteria for interpreting alluvial mudrock origin and floodplain dynamics [J]. Journal of Sedimentary Research, 74 (4): 537-551.

Nelson P H, 2009. Pore-throat sizes in sandstones, tight sandstones, and shales [J]. AAPG Bulletin, 93 (3): 329-340.

O'Brien N R, 1989. The origin of lamination in middle and upper Devonian black shales, New York state [J]. Northeastern Geology, 11: 159-165.

O'Brien N R, 1990. Significance of lamination in Toarcian (Lower Jurassic) shales from Yorkshire, Great Britain [J]. Sedimentary Geology, 67: 25-34.

Ogston A S, Sternberg R W, Nittrouer C A, et al, 2008. Sediment delivery from the Fly River tidally dominated delta to the nearshore marine environment and the impact of El Nino [J]. Journal of Geophysical Research, 113: 1-18.

Pattison S A J, 2005. Storm-influenced prodelta turbidite complex in the Lower Kenilworth Member at Hatch Mesa, Book Cliffs, Utah, USA: implications for shallow marine facies models [J]. Journal of Sedimentary Research, 75: 420-439.

Pederson T F, Calvert S E, 1990. Anoxia Vs productivity: What controls the formation of organic-carbon-rich sediments and sedimentary rocks [J]. AAPG Bulletin, 74: 454-466.

Perri E, Tucker M, 2018. Bacterial fossils and microbial dolomite in Triassic stromatolites [J]. Geology, 35 (3): 207-210.

Piper D J W, 1972. Turbidite origin of some laminated mudstones [J]. Geological Magazine, 109: 115-126.

Plint A G, 2014. Mud dispersal across a Cretaceous prodelta; Storm-generated, wave-enhanced sediment gravity flows inferred from mudstone microtexture and microfacies [J]. Sedimentology, 61: 609-647.

Plint A G, Macquaker J H S, Varban B L, 2013. Bedload transport of mud across a wide, storm-influenced ramp: Cenomanian-Turonian Kaskapau Formation, western Canada Foreland Basin [J]. Sedimentary Research, 82: 801-822.

Pommer M, Milliken K, 2015. Pore types and pore-size distributions across thermal maturity, Eagle Ford Formation, southern Texas [J]. AAPG Bulletin, 99 (9): 1713-1744.

Potter P E, Maynard J B, Pryor W A, 1980. Sedimentology of shale [M]. New York: Springer-Verlag, 306.

Rine J M, Ginsburg R N, 1985. Depositional facies of a mud shoreface in Suriname, South America: a mud analogue to sandy, shallow-marine deposits [J]. Journal of Sedimentary Research, 55: 633-652.

Rine J M, Smart E, Dorsey W, et al, 2013. Comparison of porosity distribution within selected North American shale units by SEM examination of argon-ion-milled samples. In: Camp W, Diaz E, Wawak B (Eds.), Electron microscopy of shale hydrocarbon reservoirs [J]. AAPG Memoir, 102: 137-152.

Rong J Y, 1984. Ecostratigraphic evidence of the Upper Ordovician regressive sequences and the effect of glaciation [J]. Journal of Stratigraphy, 8 (1): 19-29.

Rong J Y, Huang B, 2014. Study of mass extinction over the past thirty years: a synopis [J]. Scientia Sinica Terrae, 44: 377-404.

Ross D J K, Bustin R M, 2009. The importance of shale composition and pore structure upon gas storage potential of shale gas reservoir [J]. Marine and Petroleum Geology, 26: 916-927.

Rust, Nanson, 1989. Bedload transport of mud as pedogenic aggregates in modern and ancient rivers [J]. Sedimentology, 36 (2): 291-306.

Sageman B B, Murphy A E, Werne J P, et al, 2003. The relative roles of production, decomposition, and dilution in the accumulation of organic-rich strata, Middle-Upper Devonian, Appalachian basin [J]. Chemical Geology, 195: 229-273.

Schieber J, 1998. Possible indicators of microbial mat deposits in shales and sandstones: examples from the Mid-Proterozoic Belt Supergroup, Montana, USA [J]. Sedimentary Geology, 120: 105-124.

Schieber J, 1999. Distribution and deposition of mudstone facies in the Upper Devonian Sonyea Group of New York [J]. Journal of Sedimentary Research, 69: 909-925.

Schieber J, 1999. Microbial mats in terrigenous clastics: the challenge of identification in the rock record [J]. Palaios, 14: 3-12.

Schieber J, 2010. Common themes in the formation and preservation of intrinsic porosity in shales and mudstones-illustrated with examples across the Phanerozoic [J]. SPE-132370: 1-10.

Schieber J, 2011. Reverse engineering mother nature-Shale sedimentology from an experimental perspective [J]. Sedimentary Geology, 238: 1-22.

Schieber J, 2013. SEM observations on ion-milled samples of Devonian black shales from Indiana and New York: The petrographic context of multiple pore types [J]. AAPG Memoir, 102: 153-171.

Schieber J, Lazar R, Bohacs K, et al, 2016. An SEM study of porosity in the Eagle Ford Shale of Texas: Pore types and porosity distribution in a depositional and sequence-stratigraphic context [J]. Marine & Petroleum Geology, 110: 167-186.

Schieber J, Southard J, Thaisen K, 2007. Accretion of mudstone beds from migrating floccule ripples [J]. Science, 318 (5857): 1760-1763.

Schünemann M, Kühl H, 1993. Experimental investigation of the erosional behavior of naturally formed mud from the Elbe estuary and adjacent Wadden Sea, Germany. In: Mehta A J (ed.), Coastal and Estuarine Studies [M]. Washington, American Geophysical Union: 314-330.

Sheehan P M, 2001. The Late Ordovician mass extinction [J]. Annual Review of Earth and Planetary Sciences, 29: 331-364.

Shi Z S, Qiu Z, Dong D Z, et al, 2018. Laminae characteristics of gas-bearing shale fine-grained sediment of the Silurian

Longmaxi Formation of Well Wuxi2 in Sichuan Basin, SW China [J]. Petroleum Exploration and Development, 45 (2): 339-348.

Silver M W, Shanks A L, Trent J D, 1978. Marine snow: microplankton habitat and source of small-scale patchiness in pelagic populations [J]. Science, 201 (4353): 371-373.

Slatt R M, O'Brien N R, 2011. Pore types in the Barnett and Woodford gas shales: Contribution to understanding gas storage and migration pathways in fine-grained rocks [J]. AAPG Bulletin, 95 (12): 2017-2030.

Southard J B, Young R A, Hollister C D, 1971. Experimental erosion of calcareous ooze [J]. Journal of Geophical Research, 76: 5903-5909.

Stow D A V, Huc A Y, Bertrand P, 2001. Depositional processes of balck shales in deep water [J]. Marine and Petroleum Geology, 18: 491-498.

Su W B, He L Q, Wang Y B, et al, 2002. K-bentonite beds and high resolution integrated stratigraphy of the Uppermost Ordovician Wufeng and the lowest Silurian Longmaxi Formations in South China [J]. Science in China Series D: Earth Sciences, 32 (3): 207-219.

Tucker M E, Wright V P, 1990. Carbonate sedimentology [M]. Oxford: Blackwell: 1-482.

Turner J, 2002. Zooplankton fecal pellets, marine snow and sinking phytoplankton blooms [J]. Aquatic Microbial Ecology, 27 (1): 57-102.

Tyson R V, 2001. Sedimentation rate, dilution, preservation and total organic carbon: some results of a modeling study [J]. Organic Geochemistry, 32: 333-339.

Velde B, 1996. Compaction trends of clay-rich deep sea sediments [J]. Marine Geology, 133 (3-4): 193-201.

Wang Q, Wang T, Liu W, et al, 2019. Relationships among composition, porosity and permeability of Longmaxi shale reservoir in the Weiyuan Block, Sichuan Basin, China [J]. Marine and Petroleum Geology, 102: 33-47.

Wang Y, Liu L, Zheng S, et al, 2019. Full-scale pore structure and its controlling factors of the Wufeng-Longmaxi shale, southern Sichuan Basin, China: Implications for pore evolution of highly overmature marine shale [J]. Journal of Natural Gas Science and Engineering, 67: 134-146.

Warrick J A, DiGiacomo P M, Weisberg S B, et al, 2007. River plume patterns and dynamics within the Southern California Bight [J]. Continental Shelf Research, 27: 2427-2448.

Weight R W R, Anderson J B, Fernandez R, 2011. Rapid mud accumulation on the central Texas shelf linked to climate change and sea level rise [J]. Journal of Sedimentary Research, 81: 743-764.

Werne J P, Sageman B B, Lyons T W, et al, 2002. An integrated assessment of a "type euxinic" deposit: evidence for multiple controls on black shale deposition in the middle Devonian Oatka Creek Formation [J]. American Journal of Science, 302: 110-143.

Winterwerp J C, 2002. On the flocculation and settling velocity of estuarine mud [J]. Continental Shelf Research, 22 (9): 1339-1360.

Wright V P, Marriott S B, 2007. The dangers of taking mud for granted: Lessons from Lower Old Red Sandstone dryland systems of South Wales [J]. Sedimentary Geology, 195: 91-100.

Yan D T, Chen D Z, Wang Q C, et al, 2010. Large-scale climatic fluctuations in the latest Ordovician on the Yangtze block, south China [J]. Geology, 38 (7): 599-602.

Yan D T, Chen D Z, Wang Q C, et al, 2012. Predominance of stratified anoxic Yangtze Sea interrupted by short-term oxygenation during the Ordo-Silurian trasition [J]. Chemical Geology, 291: 69-78.

Yawar Z, Schieber J, 2017. On the origin of silt laminae in laminated shales [J]. Sedimentary Geology, 360: 22-34.

Zargari S, Canter K L, Prasad M, 2015. Porosity evolution in oil-prone source rocks [J]. Fuel, 153: 110-117.

Zhang Y D, Chen X, 2008. Diversity evolution and environmental background of Ordovician graptolites [J]. Science in China Series D: Earth Sciences, 38(1): 10-21.

Zhao S X, Yang Y M, Zhang J, et al, 2016. Micro-layers division and fine reservoirs contrast of Lower Silurian Longmaxi Formation shale, Sichuan Basin, SW China [J]. Natural Gas Geoscience, 27(3): 470-487.

Zheng H R, Gao B, Peng Y M, et al, 2013. Sedimentary evolution and shale gas exploration direction of the Lower Silurian in Middle-Upper Yangtze area [J]. Journal of Palaeogeography, 15(5): 645-656.

Zhou S W, Yan G, Xue H Q, et al, 2016. 2D and 3D nanopore characterization of gas shale in Longmaxi formation based on FIB-SEM [J]. Marine and Petroleum Geology, 73: 174-180.

Zhu X M. Sequence Stratigraphy [M]. Shandong: University of Petroleum Press 1-234.

Zou Caineng, Qiu Zhen, Poulton SW, et al, 2018. Ocean euxinia and climate change "double whammy" drove the Late Ordovician mass extinction [J]. Geology, 46(6): 535-538.

Zou C N, Dong D Z, Wang Y M, et al, 2015. Shale gas in China: Characteristics, challenges and prospects (I) [J]. Petroleum Exploration and Development, 42(6): 689-701.

Zou C N, Qiu Z, Wei H Y, et al, 2018. Euxinia caused the Late Ordovician extinction: Evidence from pyrite morphology and pyritic sulfur isotopic composition in the Yangtze area, South China [J]. Palaeogeography, Palaeoclimatology, Palaeoecology, 511: 1-11.